电子信息前沿专著系列　　"十四五"时期国家重点出版物出版专项规划项目

国家出版基金项目
NATIONAL PUBLICATION FOUNDATION

有机薄膜
晶体管存储器

● 凌海峰　解令海　仪明东　黄维　著

Organic Thin-film
Transistor Memory

人民邮电出版社
北　京

图书在版编目（CIP）数据

有机薄膜晶体管存储器 / 凌海峰等著. -- 北京：
人民邮电出版社，2023.8
（电子信息前沿专著系列）
ISBN 978-7-115-61027-0

Ⅰ．①有… Ⅱ．①凌… Ⅲ．①薄膜晶体管—有机材料
—存贮器—研究 Ⅳ．①TP333

中国国家版本馆CIP数据核字(2023)第015273号

内 容 提 要

存储器是信息技术的核心载体，无论是计算还是通信，都要以存储为其开端和终点，因此存储版块在信息产业的发展中具备先导性和需求刚性。有机薄膜晶体管存储器是新世代存储技术的研究热点，它结合了闪速存储器的结构优势和有机半导体材料的分子优势，具有质量小、柔性好、可低温加工及可大面积制造等特点，可应用于开发柔性存储芯片。

本书在阐述有机薄膜晶体管存储器的发展历程、工作原理和功能材料的基础上，全面讲述有机薄膜晶体管存储器的典型器件结构、加工工艺和存储性能调控策略，并介绍其在神经形态电子、感存算一体化新原理器件方面的最新研究成果，最后对有机薄膜晶体管存储器的发展前景进行探讨。

本书可供高等院校微电子、材料、凝聚态物理、人工智能和神经生物学等专业的师生阅读，也可供相关行业中进行有机薄膜晶体管存储器理论、材料、器件研究及应用的科研工作者和相关企业的产品开发人员参考。

◆ 著　　　　凌海峰　解令海　仪明东　黄　维
　　责任编辑　贺瑞君
　　责任印制　李　东　焦志炜
◆ 人民邮电出版社出版发行　　北京市丰台区成寿寺路 11 号
　　邮编　100164　　电子邮件　315@ptpress.com.cn
　　网址　https://www.ptpress.com.cn
　　北京捷迅佳彩印刷有限公司印刷
◆ 开本：700×1000　1/16
　　印张：16.75　　　　　　　　2023 年 8 月第 1 版
　　字数：337 千字　　　　　　2023 年 8 月北京第 1 次印刷

定价：149.00 元

读者服务热线：(010)81055552　印装质量热线：(010)81055316
反盗版热线：(010)81055315
广告经营许可证：京东市监广登字 20170147 号

电子信息前沿专著系列

总　　序

电子信息科学与技术是现代信息社会的基石，也是科技革命和产业变革的关键，其发展日新月异。近年来，我国电子信息科技和相关产业蓬勃发展，为社会、经济发展和向智能社会升级提供了强有力的支撑，但同时我国仍迫切需要进一步完善电子信息科技自主创新体系，切实提升原始创新能力，努力实现更多"从 0 到 1"的原创性、基础性研究突破。《中华人民共和国国民经济和社会发展第十四个五年规划和 2035 年远景目标纲要》明确提出，要发展壮大新一代信息技术等战略性新兴产业。面向未来，我们亟待在电子信息前沿领域重点发展方向上进行系统化建设，持续推出一批能代表学科前沿与发展趋势，展现关键技术突破的有创见、有影响的高水平学术专著，以推动相关领域的学术交流，促进学科发展，助力科技人才快速成长，建设战略科技领先人才后备军队伍。

为贯彻落实国家"科技强国""人才强国"战略，进一步推动电子信息领域基础研究及技术的进步与创新，引导一线科研工作者树立学术理想、投身国家科技攻关、深入学术研究，人民邮电出版社联合中国电子学会、国务院学位委员会电子科学与技术学科评议组启动了"电子信息前沿青年学者出版工程"，科学评审、选拔优秀青年学者，建设"电子信息前沿专著系列"，计划分批出版约 50 册具有前沿性、开创性、突破性、引领性的原创学术专著，在电子信息领域持续总结、积累创新成果。"电子信息前沿青年学者出版工程"通过设立专家委员会，以严谨的作者评审选拔机制和对作者学术写作的辅导、支持，实现对领域前沿的深刻把握和对未来发展的精准判断，从而保障系列图书的战略高度和前沿性。

"电子信息前沿专著系列"首批出版的 10 册学术专著，内容面向电子信息领域战略性、基础性、先导性的应用，涵盖半导体器件、智能计算与数据分析、通信和信号及频谱技术等主题，包含清华大学、西安电子科技大学、哈尔滨工业大学（深圳）、东南大学、北京理工大学、电子科技大学、吉林大学、南京邮电大学等高等院校国家重点实验室的原创研究成果。本系列图书的出版不仅体现了传播学术思想、积淀研究成果、指导数据分析的结构化表征学习实践应用等方面的价值，而且对电子信息领域的广大科研工作者具有示范性作用，可为其开展科研工作提供切实可行的参考。

希望本系列图书具有可持续发展的生命力，成为电子信息领域具有举足轻重影响力和开创性的典范，对我国电子信息产业的发展起到积极的促进作用，对加快重要原创成果的传播、助力科研团队建设及人才的培养、推动学科和行业的创新发展都有所助益。同时，我们也希望本系列图书的出版能激发更多科技人才、产业精英投身到我国电子信息产业中，共同推动我国电子信息产业高速、高质量发展。

2021 年 12 月 21 日

前　言

　　存储器是半导体产业的重要分支，占全球半导体产业规模的 1/4～1/3。传统的存储器主要使用光、电或磁信号进行信息存储，主要分为 3 种：磁存储器，如软盘、硬盘驱动器（Hard Disk Drive，HDD，常称机械硬盘）；光存储器，如 CD、DVD；半导体存储器，如闪速存储器（Flash Memory，Flash，简称闪存）、随机存取存储器（Random Access Memory，RAM）和只读存储器（Read Only Memory，ROM）。其中，以 Flash 为代表的非易失性存储技术成为当今大数据、云计算时代的基石。

　　Flash 的核心技术——硅基场效应晶体管的制备需要经过光刻、高温沉积等复杂的加工过程，还需要昂贵的工艺成本和漫长的制备周期。人工智能、物联网、5G 的到来加速了数字化浪潮，人们对电子设备也提出了柔性化、智能化、轻薄化、低功耗等更高的需求。有机薄膜晶体管（Organic Thin-film Transistor，OTFT）是由具有半导体特性的有机化合物制成的电子器件。与传统的硅基场效应晶体管相比，OTFT 可在室温下通过印刷工艺实现低成本、大面积、高通量的制备，且可应用于柔性显示、射频标签、可穿戴传感器、柔性存储器等，具有多功能化的特点，在柔性电子领域的研究也受到广泛的关注。基于 OTFT 的存储器是国内外的研究热点之一，具有高速度、低功耗、多功能及高通量溶液加工等优势，不仅能够实现信息存储功能，还具有多级存储能力、写读物理分离结构和多模态融合传感能力，在下一代存储级内存、神经形态电子器件、感存算一体化可穿戴电子设备等领域有着出色的应用潜力。

　　本书共分 8 章，总结了南京邮电大学光电材料研究所近十年来在 OTFT 存储器领域的研究成果。第 1 章～第 3 章从工作原理的角度，对 OTFT 的工作机制和性能评价参数进行了详细的阐述，介绍了存储器中功能层材料的类型，并简要介绍了各功能层材料的特性需求。第 4 章～第 8 章分别对连续型聚合物驻极体中的微纳结构、纳米浮栅中的微纳结构、异质结、存储机制的直观表征和新型 OTFT 进行了分析和讨论。作者团队结合课题组的研究工作，不仅在本书中阐述基本概念、工作原理、物理机制、表征手段和材料选择，还提出对该领域的理解和观点，总结并评述该领域的发展前景。

　　本书由凌海峰教授组织撰写并统稿，由黄维院士审校。其中，第 1 章、第 2

章由凌海峰教授编写；第 3 章、第 4 章由解令海教授指导，邵赫博士、硕士研究生陈捷锋和华静撰写；第 5 章、第 6 章由仪明东教授指导，王一如博士、博士研究生王乐撰写；第 7 章、第 8 章由凌海峰教授指导，郑朝月博士、博士研究生付敬伟撰写。硕士研究生付名扬负责图片处理和辅助材料整理。本书得到了国家自然科学基金、科技部国家重点研发计划、江苏省自然科学基金、中国电子学会首届电子信息前沿青年学者出版工程等一批项目的支持，在此表示感谢。在编写本书的过程中，作者团队参考了一些国内外相关领域的研究进展和成果，在此向文献作者表示诚挚的谢意。本书的撰写工作也得到了南京邮电大学有机电子与信息显示国家重点实验室的大力支持，在此一并表示感谢。

由于水平有限，书中不妥之处在所难免，恳请广大读者指正，以便本书再版时修正、补充和完善。

作者

2022 年 7 月

于南京邮电大学材料科学与工程学院

符号说明

符号	含义
μ	场效应迁移率
I_{ON}/I_{OFF}	电流开关比
V_{GS}	栅极电压
V_{DS}	源漏电压
V_{th}	阈值电压
t_{prog}	写入时间
V_P	夹断电压
I_{DS}	源漏电流
W	沟道宽度
L	沟道长度
ε_r	介电常数
e	元电荷
ε_0	真空介电常数
C_i	单位面积电容
E_g	带隙（又称禁带宽度或能隙）
E_{in}	内建电场强度
E_T	隧穿电场强度
I_{ill}	明电流
I_{dark}	暗电流
P	光敏度
R	光响应度
R_q	均方根粗糙度

主要术语对照表

缩略名称	英文名称	中文名称
APy	Aminopyrene	1-氨基芘
AFM	Atomic Force Microscope	原子力显微镜
Br$_2$PTCDI-C18	1,7-dibromo-N,N′-dioctadecyl-3,4,9,10-perylenetetracarboxylic diimide	1,7-二溴-N,N′-二十八烷基-3,4,9,10-苝四甲二亚胺
BGTC	Bottom-gate Top-contact	底栅顶接触
BDL	Blocking Dielectric Layer	阻挡绝缘层
CDT-BT	Cyclopentadithiophene-benzothiadiazole	环戊二噻吩-苯并噻二唑
COC	Copolymers of Cycloolefin	环烯烃共聚物
CuPc	Copper(Ⅱ)-phthalocyanine	酞菁铜
C$_{60}$	[60]Fullerene	碳60
CTL	Charge Trapping Layer	电荷俘获层
CBM	Conduction Band Minimum	导带底
C-AFM	Conductive Atomic Force Microscope	导电原子力显微镜
DPP	1,4diketopyrrolo[3,4-c]-pyrroles	吡咯并吡咯二酮
DNTT	Dinaphtho[2,3-b:2′,3′-f]thieno[3,2-b]thiophene	双萘并[2,3-b:2′,3′-f]噻吩并[3,2-b]噻吩
DPPT-TT	Poly[[2,3,5,6-tetrahydro-2,5-bis(2-octyldodecyl)-3,6-dioxopyrrolo[3,4-c]pyrrole-1,4-diyl]-2,5-thiophenediylthieno[3,2-b]thiophene-2,5-diyl-2,5-thiophenediyl]	聚并二噻吩-吡咯并吡咯二酮
DDFTTF	5,5′-bis(7-dodecyl-9H-fluoren-2-yl)-2,2′-bithiophene	5,5′-双(7-十二烷基-9H-fluoren-2-yl)-2,2′-联噻吩
DPN	N,N-diphenyl-N-(3-(triethoxysilyl)propyl) amine	N,N-二苯基-N-(3-(三乙氧基硅烷基)丙基)胺
diF-TESADT	2,8-Difluoro-5,11-bis(triethylsilylethynyl)-anthradithiophene	2,8-二氟-5,11-双(三乙基甲硅烷基乙炔基)-蒽基噻吩
DRAM	Dynamic Random Access Memory	动态随机存取存储器
EDLT	Electric-double-layer Transistor	双电层晶体管
EFM	Electrostatic Force Microscope	静电力显微镜
F8BT	Poly(9,9-dioctylfluorene-alt-benzothiadiazole)	聚(9,9-二辛基芴并苯噻二唑)
Fc	Ferrocene	二茂铁

缩略名称	英文名称	中文名称
FeOFET	Ferroelectric Organic Field-effect Transistor	铁电有机场效应晶体管
FG	Floating-gate	浮栅
Flash	Flash Memory	闪速存储器
FN	Fowler-Nordheim(Tunneling)	福勒-诺德海姆（隧穿）
GO	Graphene Oxide	氧化石墨烯
HHTP	2,3,6,7,10,11-triphenylenehexol	2,3,6,7,10,11-六羟基三亚苯
HMDS	1,1,1,3,3,3-hexamethyldisilazane	六甲基二硅氮烷
HOMO	Highest Occupied Molecular Orbital	最高已占轨道
IDT-BT	Indacenodithiophene-benzothiadiazole	环戊二噻吩-苯并噻二唑
KPFM	Kelvin Probe Force Microscope	开尔文探针力显微镜
LUMO	Lowest Unoccupied Molecular Orbital	最低未占轨道
MIS	Metal-Insulator-Semiconductor	金属-绝缘体-半导体
NAND	Not And	与非
NFC	Near Field Coupling	近场耦合
NFG	Nano-floating-gate	纳米浮栅
NOR	Not Or	或非
NVM	Non-volatile Memory	非易失性存储器
OC_1C_{10}-PPV	Poly[2-methoxy-5-(3′,7′-dimethyloctyloxy)]-p-phenylene vinylene	聚[2-甲氧基-5-(3′,7′-二甲基辛氧基)]-对亚苯基乙烯
OECT	Organic Electrochemical Transistor	有机电化学晶体管
OFET	Organic Field-effect Transistor	有机场效应晶体管
OTFT	Organic Thin-film Transistor	有机薄膜晶体管
P(NDI2OD-T2)	Poly{[N,N′-bis(2-octyldodecyl)-naphthalene-1,4,5,8-bis (dicarboximide)-2,6-diyl]-alt-5,5′-(2,2′-bithiophene)}	聚{[N,N′-双(2-辛基十二烷基)-萘-1,4,5,8-双（二羧酰亚胺)-2,6-二基]-alt-5,5′-(2,2′-二噻吩)}
P(VDF-TrFE-CTFE)	Poly (vinylidene fluoride-trifluoroethylene-chlorotrifluoroethylene)	聚(偏氟乙烯-三氟乙烯-三氟氯乙烯)
P(VDF-TrFE)	Poly(vinylidene fluoride-trifluoroethylene)	聚(偏氟乙烯-三氟乙烯)
P13	N,N′-Ditridecylperylene-3,4,9,10-tetracarboxylic diiMide	N,N′-二十三烷基䒦-3,4,9,10-四羧酸二酰亚胺
P3HT	Poly(3-hexylthiophene)	聚(3-己基噻吩)
P4MS	Poly(4-methyl-styrene)	聚(4-甲基苯乙烯)
PANI	Polyaniline	聚苯胺

续表

缩略名称	英文名称	中文名称
PC	Polycarbonate	聚碳酸酯
PDI-8	N,N′-dioctyl-perylene-diimide	N,N′-二辛基苝二亚胺
PEDOT:PSS	Poly(3,4-ethylenedioxythiophene):poly(styrenesulfonate)	聚(3,4-乙烯二氧噻吩):聚苯乙烯磺酸
PEN	Polyethylene Naphthalate	聚萘二甲酸乙二醇酯
PEO	Polyethylene Oxide	聚环氧乙烷
PES	Polyethersulfone	聚醚砜
PET	Polyethylene Terephthalate	聚对苯二甲酸乙二酯
PFO	Poly(9,9-dioctylfluorene)	聚(9,9)二辛基芴
PI	Polyimide	聚酰亚胺
PMMA	Poly(methyl methacrylate)	聚甲基丙烯酸甲酯
PN	N-phenyl-N-(3-(triethoxysilyl)propyl) amine	N-苯基-N-(3-(三乙氧基硅烷基)丙基)胺
PPy	Polypyrrole	聚吡咯
PS	Polystyrene	聚苯乙烯
PVA	Polyvinyl Alcohol	聚乙烯醇
PVK	Poly(N-vinylcarbazole)	聚乙烯基咔唑
PVN	Poly(2-vinylnaphthalene)	聚(2-乙烯基萘)
PVP	Polyvinyl Pyrrolidone	聚乙烯吡咯烷酮
PVPyr	Poly(2-vinylpyridine)	聚(2-乙烯基吡啶)
PyPN	N-phenyl-N-pyridyl amine	N-苯基-N-吡啶基氨基
PαMS	Poly(alpha-methylstyrene)	聚(α-甲基苯乙烯)
RAM	Random Access Memory	随机存取存储器
ROM	Read Only Memory	只读存储器
SAM	Self-assembled Monolayer	自组装单分子层
SEM	Scanning Electron Microscope	扫描电子显微镜
SM	Superlattice Monolayer	超晶格单分子层
SPM	Scanning Probe Microscope	扫描探针显微镜
SRAM	Static Random Access Memory	静态随机存取存储器
TDL	Tunneling Dielectric Layer	隧穿绝缘层
TEM	Transmission Electron Microscope	透射电子显微镜
TIPS-pentacene	6,13-bis(triisopropylsilylethynyl)pentacene	6,13-双(三异丙基甲硅烷基乙炔基)并五苯

缩略名称	英文名称	中文名称
TLM	Transfer Line Method	转移线性测量法
TPA(PDAF)$_n$ (n=1,2,3)	diazafluorene-derivatives-triphenylamine	三苯胺基二氮杂芴衍生物
TTF	Tetrathiafulvalene	四硫富瓦烯
UPS	Ultraviolet Photoelectron Spectroscopy	紫外光电子能谱
VBM	Valance Band Maximum	价带顶
XRD	X-ray Diffraction	X 射线衍射

目　　录

第1章　绪论

　　存储工具的发展，使得人类文明可以被保留和传承。从远古的结绳记事，到石刻、岩画、竹简、纸张，再到现代的计算机技术，人类记录和存储信息的方式发生了巨大的变化。伴随着半导体科学与技术的发展，1947 年，即第二次世界大战刚刚结束两年后，威廉·肖克利（William Shockley）、约翰·巴丁（John Bardeen）和沃尔特·布拉顿（Walter Brattain）发明了世界上第一个晶体管。晶体管被认为是 20 世纪人类最伟大的发明之一。晶体管存储器技术的出现，标志着人类文明进入信息时代。

　　根据工作机制，OTFT 存储器可以分为有机场效应晶体管（Organic Field-effect Transistor，OFET）存储器、铁电有机场效应晶体管（Ferroelectric Organic Field-effect Transistor，FeOFET）存储器、双电层晶体管（Electric-double-layer Transistor，EDLT）存储器、有机电化学晶体管（Organic Electrochemical Transistor，OECT）存储器 4 类。其中，OFET 存储器是研究最广泛的一类 OTFT 功能器件，也是本书介绍的重点。

　　本章首先介绍晶体管存储器的发展简史，然后介绍存储器的分类和计算机系统的分级存储结构，最后介绍 OTFT 存储器在类脑神经形态新原理电子器件领域的重要应用和挑战。

1.1　晶体管存储器发展简史

　　在 20 世纪中期前，电信号的放大主要是通过电子管（真空三极管）实现。真空三极管是一种在电路中控制电子流动的电子器件，其中参与工作的电极被封装在一个真空的容器内（管壁大多为玻璃），因而得名。真空三极管制作起来很困难、寿命很短，而且体积大、耗能高、易损坏，严重限制了其应用范围，人们一直希望能够用固态器件来替换它。

　　人们通常把半导体导电能力随电场的变化而变化的现象称为"场效应"。晶体管的成功研制，是与半导体科技的发展密不可分的。人类对半导体的研究始于 19 世纪初期，也就是晶体管发明前 70 年。那时，人们已经发现了半导体材料的几大基本特性：掺杂性、热敏性、光敏性、负电阻温度系数和整流效应。在那个时期，人们既不理解决定材料特性的基本理论，也不能自己制备高质量的材料，表征技术也很粗糙，只能用试错法来摸索。真正的转折出现在 1926 年新量子力学理论诞生以后。1931 年，英国的威尔逊（A.Wilson）将量子理论应用到晶体里，提出了能带理论，终于能够解释金属、半导体和绝缘体在导电性上的差别——带隙决定了半导体的特性。1932 年，他又提出了杂质能级和缺陷能级的概念，为理解掺杂半导体的导电机理做出了重大贡献。1939 年，苏联的达维多夫（A. Davydov）、英国的莫特（N. Mott）和德国的肖特基（W. Schottky）分别独立提出了势垒理论，解释了金属-半导体接触的整流效应。1940 年，塞兹（F. Seitz）出版了《现代固体理论》。至此，晶体管的基础理论就建立起来了。与此同时，半导体材料的生长技术也有了长足的进步。在 20 世纪 40 年代，人们将垂直冷却法用于硅和锗，并首次观察到了 PN 结。拉晶法和逐区精炼法也是在那个时期提出的，并且从锗熔液和硅熔液里拉出了单晶。到了第二次世界大战结束的时候，相关理论和材料都已完备，晶体管的诞生也就水到渠成了。

如图 1.1 所示，能带结构通常会涉及以下几个概念：费米能级以下的称为价带（Valence Band，VB），价带能量最大的地方称为价带顶（Valance Band Maximum，VBM）；费米能级以上的称为导带（Conduction Band，CB），导带能量最小的地方称为导带底（Conduction Band Minimum，CBM）。CBM 和 VBM 之间的宽度称为带隙（Bandgap，又称禁带宽度或能隙），一般用 E_g 表示。导体的带隙很小或为 0，在室温下其电子很容易因获得能量而跳跃至导带，所以能够导电；绝缘体则因为带隙很大（通常大于 9eV），其电子很难跳跃至导带，所以无法导电。一般半导体的带隙为 1~3eV，介于导体和绝缘体之间，只要给予适当的激发能量，或改变其带隙，这种材料就能导电。因此，半导体是指常温下导电性能介于导体（电阻率小于 $10^{-5}\Omega\cdot m$）和绝缘体（电阻率大于 $10^{8}\Omega\cdot m$）之间的材料。按化学成分的不同，半导体可分为元素半导体和化合物半导体两大类。硅和锗就是元素半导体的典型代表。

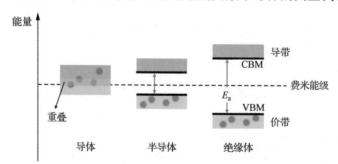

图 1.1　导体、半导体、绝缘体的能带示意图

场效应晶体管（Field-effect Transistor，FET）的概念最初由物理学家和电气工程师朱利叶斯·埃德加·李林菲尔德（J. E. Lilienfeld）于 1925 年提出，他于 1930

年获得了该专利[1]。他提出场效应晶体管的行为与电容器相似，在源极和漏极之间具有导电通道。施加在栅极上的电压可以控制流过该系统的电荷载流子的数量。但是，李林菲尔德无法基于该概念构建一个实用的半导体器件。在 20 世纪 40 年代，美国贝尔实验室计划针对几种新材料（包括硅和锗）进行有目标的基础研究，以了解其潜在的应用前景，为此成立了"半导体小组"，肖克利是组长，成员包括巴丁和布拉顿。肖克利研究小组试图制造场效应晶体管，但他们多次尝试都失败了，主要是由于表面态、悬空键，以及锗和铜复合材料的问题。巴丁和布拉顿在尝试诊断失败原因的过程中，从硅转向锗，并发现了点接触晶体管（Point Contact Transistor，PCT）。在此基础上，肖克利发明了三明治结构的双极性结型晶体管（Bipolar Junction Transistor，BJT），其最外面的两层是 N 型半导体，中间则是 P 型半导体。BJT 是一种简单的场效应晶体管，比点接触晶体管更稳定。晶体管出现后，人们就能用一个小巧的、功率消耗小的电子器件，来代替体积大、功率消耗大的电子管了。晶体管的问世，是 20 世纪的一项重大发明，它使得现代半导体工艺成为可能，为许多半导体公司的兴起做出了重大贡献，如仙童半导体、英特尔等。

到 20 世纪 50 年代末期，巴丁等人的理论和实验工作使得半导体表面态的类型和影响变得更加清晰。贝尔实验室的埃及工程师穆罕默德·阿塔拉（Mohamed Atalla）发现在清洁的硅表面上生长薄二氧化硅会导致表面态的中和，这被称为表面钝化。这是一个重大飞跃，它允许硅取代锗作为晶体管的半导体材料，并使得硅集成电路的大规模生产成为可能。1959 年，阿塔拉和姜大元（Dawon Kahng）发明了金属氧化物半导体场效应晶体管（Metal Oxide Semiconductor FET，MOSFET）[2]，这是 1925 年李林菲尔德提出的场效应晶体管概念的具体实现。这项成果在国际电子器件会议（International Electron Devices Meeting，IEDM）上一经发布，便受到了众多制造厂家与研究人员的瞩目。MOSFET 是电压控制器件，而 BJT 是电流控制器件。MOSFET 是利用多数载流子导电，所以称为单极型器件；BJT 是既有多数载流子，也利用少数载流子导电，所以被称为双极型器件。MOSFET 的源极（S）和漏极（D）可以互换使用，栅极电压也可正可负，灵活性比 BJT 好。此外，MOSFET 功耗小、切换速度快、制造成本低廉且使用面积较小，可以很方便地大量集成在一块硅片上，使得构建高密度集成电路成为可能。互补金属氧化物半导体（Complementary Metal Oxide Semiconductor，CMOS）电路是使用 P 型 MOSFET 和 N 型 MOSFET 的组合来实现逻辑门和其他数字电路。因此，MOSFET 是第一款真正的紧凑型晶体管，为大规模集成电路的快速发展奠定了坚实的基础。到现在，60 亿个晶体管所占面积不过相当于一张信用卡的大小而已。1961 年，美国无线电公司研究组发现，可以在一张邮票大小的衬底上通过蒸镀半导体材料来制备晶体管，并由此提出了薄膜晶体管的概念。这一发现不仅大大提高了晶体管的集成度，更是有力地促进了 OTFT 的发展进程。

半导体存储器可分为非易失性存储器（Non-Volatile Memory，NVM）和易失性存储器（Volatile Memory）。非易失性是指当停止对存储器供电时，保存在其中的信息不会丢失。商用非易失性存储器的数据保持指标为至少 10 年。易失性存储器是指掉电后保存的信息立刻丢失的一类存储器。非易失性存储器的初期发展经历了从 ROM、可编程只读存储器（Programmable ROM，PROM）、可擦除可编程只读存储器（Erasable Programmable ROM，EPROM）到电可擦除可编程只读存储器（Electrically Erasable Programmable ROM，EEPROM）的过程。

ROM 与半导体技术一样"古老"，它的存储单元为一个半导体器件（如二极管、BJT 或 MOSFET），因此其中存储的数据只能在制造过程中进行编程，工作时只能从 ROM 中读出事先存储的数据，而不像 RAM 那样能快速、方便地进行改写。1956 年，华裔美籍科学家周文俊（Wen Tsing Chow）发明了 PROM，允许用户通过施加高压脉冲改变其物理结构，从而对其中内容进行一次精确的编程。

1967 年，贝尔实验室的施敏（S. M. Sze）和姜大元在 MOSFET[见图 1.2（a）]中间加了一层金属作为浮栅（Floating Gate，FG）来存储电荷，发明了浮栅型 MOSFET[见图 1.2（b）][3]。浮栅型 MOSFET 的发明，使得英特尔分别于 1971 年和 1979 年先后发布了第一个 EPROM 和第一个 EEPROM。一旦经过高电压编程，EPROM 只有在强紫外线的照射下才能够进行擦除，而 EEPROM 只需在指定的引脚加上一个高电压即可进行写入或擦除。但是，EEPROM 的读取和擦除速度非常缓慢。

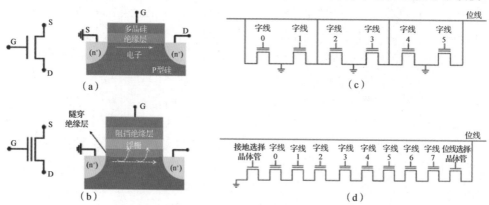

图 1.2　浮栅型 MOSFET 和 Flash 的电路符号及结构示意图
（a）MOSFET 的电路符号及器件结构　（b）Flash（浮栅型 MOSFET）的电路符号及器件结构
（c）NOR Flash 的存储结构　（d）NAND Flash 的存储结构

1980 年，日本东芝的桀冈富士雄（Fujio Masuoka）首先提出了 NOR（或非）Flash 的概念。NOR Flash 以浮栅型 MOSFET 作为基本存储单元，每个存储单元以并联的方式连接到位线，方便对每个单元进行单独的存取操作，如图 1.2（c）所示。其特点是结构简单、可以实现一次性的直接寻址，读取速度较快。富士雄在 1984 年的 IEDM 上发表了这项发明。英特尔看到了 NOR Flash 的潜力，与东芝签订了交叉授权许可协议，改良了富士雄发明的技术，在 1988 年成功实现 NOR Flash 的低成本批量生产。1986 年，富士雄再次提出了 NAND（与非）Flash 的概念。NAND Flash 中各存储单元之间是串联的，支持对一定数量的存储单元进行集体操作，如图 1.2（d）所示。在 1989 年的 IEEE 国际固态电路会议（IEEE International Solid-State Circuits Conference，ISSCC）上，东芝发表了 NAND Flash 架构，并于 1994 年实现了 NAND Flash 的产业化。1997 年，IEEE 授予富士雄特殊贡献奖。Flash 技术彻底地改写了人类信息时代的面貌。表 1.1 展示了 5 种存储器的性能对比。

表 1.1　5 种存储器的性能对比

性能	ROM	PROM	EPROM	EEPROM	Flash
集成密度	大	大	大	小	大
非易失性	是	是	是	是	是
低功耗	是	是	是	是	是
可以覆写	否	否	否	是	是
读写擦速度快	否	否	是	是	是
品质稳定	是	是	否	是	是
低成本	否	否	是	否	是

Flash 主要使用单晶硅作为沟道，用多晶硅（Polysilicon）或氮化硅（Si_3N_4）作为浮栅材料，用二氧化硅（SiO_2）作为绝缘层，导电的多晶硅同时也作为栅极使用。向 Flash 单元内写入数据的过程就是注入电荷的过程。NOR Flash 通过热电子注入方式给浮栅充电，而 NAND Flash 则通过福勒–诺德海姆（Fowler-Nordheim，FN）隧穿效应给浮栅充电。在写入新数据之前，必须先将原来的数据擦除，也就是将浮栅的电荷去俘获，两种 Flash 都是通过 FN 隧穿效应放电。NAND Flash 的单比特成本低、体积小，常用于需要快速反复写入的大容量应用，如 U 盘、固态硬盘（Solid State Drive，SSD）等。而 NOR Flash 由于结构的关系，单位生产成本较高，比较适合小容量（一般在 64MB 以下）且需要快速读取（一般为几十纳秒）的应用，如主板 BIOS、路由器、机顶盒等。

三星、美光、东芝等公司使用的 Flash 先进制程是 20nm 工艺，比目前 CPU 的 7nm 工艺要"落后"。这并不是 Flash 制造商不想提升制程，而是 NAND Flash 的工作原理决定了它难以继续微缩，需要维持成本、存储密度、可靠性、传输速度和功耗之间的平衡。继续提升制程的话，Flash 单元中能存储的电子数量过少，数据会非常容易出现误读。随着人工智能、大数据等信息技术的飞速发展，人们对存储容量的需求也快速增加。为了提高 Flash 的存储容量，业界主要采用多阶存储单元技术和 3D 堆叠技术。图 1.3 展示了单层单元（Single-level Cell，SLC）和多层单元（Multi-level Cell，MLC）这两种 NAND Flash 技术的工作原理。NAND Flash 是一种电压器件，对其写入（编程）就是对其充电，并且需根据电压阈值来判定存储的数据。"0"表示已编程，如果没有充电或电压阈值低于判定点，就表示"1"，即已擦除。SLC 表示每个单元可以存储一位（1bit），而 MLC 表示每个单元可以存储两位（2bit），因此 MLC 的数据密度要比 SLC 大一倍。与 SLC 相比，MLC 的电压阈值被分成了 4 份，这样会直接影响性能和稳定性，如相邻的存储单元间会互相干扰，造成电压不稳定而出现比特错误。因为有额外的读写操作（PE Cycle），所以 MLC NAND Flash 的速度较慢、功耗较大。此外，反复的高电压充放电会使电子强行通过绝缘层进入或离开浮栅层，导致绝缘层的损伤。随着 PE Cycle 的增加，MLC NAND Flash 的绝缘层会越来越薄，势垒作用越来越弱，最终导致浮栅中的电子逸失，造成数据丢失。相较而言，SLC NAND Flash 的优点是传输速度更快、功耗更小且存储单元的寿命更长。SLC 的制程在 43nm 和 32nm 时具有更好的可靠性。然而 SLC 的成本较高，大多数用在工业和企业场景中。与 SLC 相比，MLC 的成本较低，主要用在最常见的消费型 SSD、U 盘。MLC 最早由英特尔于 1997 年 9 月开发成功。截至本书成稿之时，市场上主要以 SLC 和 MLC 存储为主，并进一步发展出三层单元（Trinary-level Cell，TLC）和四层单元（Quad-level Cell，QLC）技术，以满足大容量的市场需求。现在市面上见到的 U 盘，大部分都是 TLC NAND Flash，好一点的可能会采用 MLC NAND Flash。此外，Flash 制造商还采用立体堆叠工艺，将 NAND Flash 在垂直方向进行堆叠和互连，以提高单位面积的存储容量。最早由东芝在 2007 年提出的 BiCS 三维（Three-dimensional，3D）Flash 结构，可以提升存储密度。3D Flash 的先进性不再体现于制程，而是表现为堆叠层数的发展。在三星、SK 海力士、美光之后，我国的长江存储基于独特的 Xtacking 架构，于 2021 年宣布推出了 128 层堆栈的 3D TLC NAND Flash。

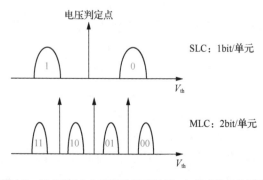

图 1.3　SLC 和 MLC 这两种 NAND Flash 技术的工作原理

随着摩尔定律的演进，硅基 Flash 晶体管的尺寸已接近小型化的量子极限，即 10nm 工艺以下。在这个尺寸以下，存储在浮栅结构中的电荷容易泄漏。若要进一步提高存储容量、存储速度和可靠性，只有另辟蹊径。OFET 概念的提出可以追溯到 20 世纪 70 年代。在传统的认知中，聚合物被认为是绝缘体。从 1977 年白川英树（H. Shirakawa）和艾伦·黑格（A. J. Heeger）等人发现通过掺杂的方法可将聚乙炔薄膜从绝缘体变为半导体[4]开始，有机电子学的诞生和迅速发展为 OTFT 存储器的发明提供了可能。无机 Flash 中的半导体层、绝缘层、电极都可以采用有机材料替代。与硅半导体相比，有机半导体具有多方面的优点：可进行分子结构设计，通过修饰或掺杂获得功能更加优异的材料；分子大小为 1～100nm（从小分子到聚合物），因此可以提高存储密度、缩小存储器的尺寸。有机薄膜的成膜技术也更多，可采用喷墨打印、卷对卷印刷等低温溶液加工工艺，实现高通量、大面积、低成本生成。另外，有机半导体材料具有本征柔性，在柔性衬底上的延展性较好，这进一步拓宽了薄膜晶体管存储器的应用场景范围。

1986 年，三菱电机的津村明（Akira Tsukamura）等人提出以聚噻吩（Polythiophene）作为有机半导体，并以 SiO_2 作为绝缘层的第一个 OTFT[5]。聚噻吩是一种能够传导电荷的共轭聚合物，可以替代昂贵的金属氧化物半导体。该 P 型 OTFT 工作在增强模式，空穴迁移率约为 $10^{-5}cm^2/(V \cdot s)$，电流开关比超过 10^2。2001 年，法国滨海大学的韦卢等人在基于六噻吩（Sexithiophene）的 OTFT 中，采用压电陶瓷锆钛酸铅（PZT）作为铁电栅绝缘层材料代替 SiO_2，发现铁电栅绝缘层材料不仅可以降低 OTFT 的操作电压，还存在铁电极化诱导的回滞存储现象，这也是首个铁电型 OTFT[6]。2002 年，美国贝尔实验室的卡茨等人分别以 P 型有机半导体材料（PTPTP）和 N 型有机半导体材料（F15-NTCDI）作为半导体层，并分别利用疏水聚合物电介质（Dielectric）聚 4-甲基苯乙烯（P4MS）、环烯烃共轭聚合物作为绝缘层，实现了基于聚合物驻极体的 OTFT 存储器[7, 8]。随着人们对有机半导体材料的广泛研究，以及对晶体管结构的优化和工艺的改善，OTFT 存储器也迎来了历史性的发展机遇。

由于依靠不断缩小存储单元尺寸来提升单位面积存储能力的传统方法面临着器件尺寸的物理极限等瓶颈，研究人员逐渐将目光投向了能够在单一器件上实现高密度存储的多级存储器。有机半导体材料一般对光照较敏感，在光照条件下其电学性质会有一定的变化。2001 年，印度尼赫鲁科研中心的纳拉扬提出了第一个用栅极电压调控的有机光响应晶体管（Photo MOSFET）[9]。该器件采用聚(3-辛基噻吩)（P3OT）作为光敏半导体，并采用聚乙烯醇（Polyvinyl Alcohol，PVA）作为栅绝缘层。随后，该课题组提出了基于该有机光响应晶体管观察到的光生电流非线性弛豫现象[10]。他们指出，可以利用光和电的共同调控实现写入、擦除和读取操作，这是首次将有机存储与光响应结合在一起。虽然他们得到的存储维持时间不足 500s，但采用光信号调控 OFET 存储性能的研究由此拉开了序幕。研究人员发现用适当波长的光照射 OFET 存储器时，OFET 的转移特性曲线会随着光照强度（简称光强）的大小和照射时间的长短发生有规律的偏移，并且能在电场或光场的作用下回到其初始位置，实现信息的存储。这种光非接触辅助调控的 OFET 存储器又被称为有机光电晶体管存储器（Organic Phototransistor Memory，OPTM）。OPTM 的基本模块包括 OFET、光探测器和非易失性存储器。将光照作为 OFET 存储器的调控手段，意味着可以减小读写擦的操作电压，因为光照可以使有机半导体内产生更多的光致载流子，这对减小存储器件的操作电压有积极意义。光照不仅可以在电压写入/电压擦除的过程中作为辅助手段，还可以成为一个独立的编程方法，实现电压写入/光照擦除、光照写入/电压擦除或完全的光照写入/光照擦除。与电压编程方法相比，引入光照的编程方法可以有效地提高存储器的编程可操作性和工作速度。将电存储器与光探测器集成在同一个器件中，OPTM 也为有机多功能集成电路（存储、人工突触、自适应电子等）开辟了新的研究方向，具有良好的产业开发价值。

截至本书成稿之时，从国内外总体研究进展来看，OPTM 仍面临以下 5 项挑战。

（1）编程手段单一。目前的存储操作，大部分都是将光照和外部电压共同作为信息写入和擦除的手段，而将光照单独作为信息写入和擦除手段的光调控的研究仍然比较少。

（2）操作电压偏高。大部分 OPTM 的操作电压达到 50V 以上，这导致低功耗模式下信息的写入或擦除比较困难。

（3）维持时间过短，读写擦循环次数过少。

（4）光诱导的电存储机理有待进一步阐释和系统探讨。在场效应晶体管的结构框架下，受栅极电压、源漏电压和预存电荷产生的内建电场等电势因素的综合影响，光生激子的产生、扩散和分离过程会有别于太阳能电池和光探测器。此外，电荷俘获的位置也需要进一步研究：第一种观点是存储在有机半导体层/介电层界面；第二种观点是存储在介电层中；第三种观点是光照导致有机半导体的导电性改变，进而实现存储。

（5）目前的研究仍聚焦在光辅助的存储现象及存储行为上，对光响应特性和存储特性的共同增强效应缺乏研究，限制了感存算一体化新原理光电器件的功能集成和应用研发。

我国在 OFET 领域的研究始于 1997 年，中国科学院化学研究所（简称中科院化学所）胡文平、刘云圻、朱道本在学术期刊《物理》上发表了第一篇 OFET 的综述论文[11]。此后，中科院化学所、清华大学、北京大学、复旦大学、吉林大学、兰州大学、天津大学、南京邮电大学等高等院校和科研单位围绕有机半导体的材料设计、机制理论、印刷工艺、功能性晶体管等方面展开了较为广泛而深入的研究。我国在高场效应迁移率有机半导体材料方面的研究处于国际领先地位，已发表的应用于 OFET 的有机半导体材料的场效应迁移率已经远超非晶硅（α-Si）水平 $[0.5\sim1\text{cm}^2/(\text{V·s})]$，最高达到几十 $\text{cm}^2/(\text{V·s})$ 量级。除了铁电聚合物和聚合物电介质，新型的零维（Zero-dimensional，0D）量子点、一维（One-dimensional，1D）纳米线、二维（Two-dimensional，2D）纳米片等均被用作电荷俘获材料。由刘云圻、黄维、胡文平发起并组织的全国有机场效应晶体管会议自 2018 年开始举办。该会议旨在就 OFET 材料、器件及其相关学术、技术和工程研究领域前沿的科学问题和科研成果进行广泛且深入的交流和研讨，已发展成我国 OFET 工作者公认的高水平交流平台。

1.2　存储器的分类与分级存储结构

存储器是信息系统的基础核心芯片，发展存储器的必要性在于其"大"和"重要"。"重要"体现在存储芯片是电子系统的"粮仓"、数据的载体，关乎数据的安全；"大"体现在其市场规模足够大，约占全球半导体总体市场的 1/3（见图 1.4，据世界半导体贸易统计组织 2021 年度数据统计）。自 2010 年以来，存储芯片逐渐成为半导体行业发展的主要驱动力。因此，业界有所谓的存储芯片是集成电路产业的温度计和风向标之说。

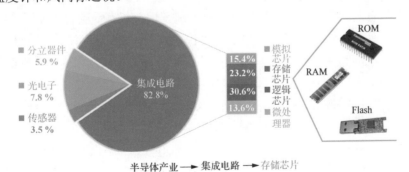

图 1.4　存储芯片的市场占有率

根据存储性能及使用方法的不同，存储器有多种不同的分类方法，如图 1.5 所示。

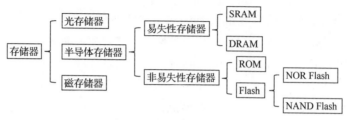

图 1.5　存储器分类示意图

（1）根据存储方式分类

随机存储器：任何存储单元的内容都能被随机存取的存储器，且存取时间与存储单元的物理位置无关。

顺序存储器：只能按某种顺序来存取内容的存储器，存取时间与存储单元的物理位置有关。

（2）根据存储器的读写功能分类

ROM：存储内容固定不变，且只能读出而不能写入的半导体存储器。

随机存取存储器（Random Access Memory，RAM）：既能读出又能写入的半导体存储器。

（3）根据信息的可保存性分类

易失性存储器：断电后信息即消失的存储器，需要不间断地提供一个恒定电源或者定期刷新脉冲。RAM 属于易失性存储器。

非易失性存储器：断电后仍能保存信息的存储器。ROM 属于非易失性存储器。

（4）根据在计算机系统中的作用分类

一个存储器的性能通常用速度、存储容量、价格这 3 个主要指标来衡量。一般情况下，存储设备的读写速度越快，平均单位容量的价格越高，存储容量越小。为了在这三者之间取得平衡，现代计算机系统采用分级存储结构，如图 1.6 所示。该结构的好处是可使整个存储器系统有更快的读写速度、尽可能大的存储容量，以及相对较低的制造与运行成本。CPU 能直接访问的存储器称为内存储器（简称内存），包括高速缓冲存储器（Cache，简称缓存）和主存储器（Main Memory，简称主存）。CPU 不能直接访问的存储器称为外存储器（简称外存，又称辅助存储器），外存的信息必须调入内存才能被 CPU 使用。

缓存是计算机系统中的高速、小容量易失性存储器，它位于高速的 CPU 和低速的主存之间，用于匹配两者的速度，达到高速存取指令和数据的目的，主要由静态随机存取存储器（Static Random Access Memory，SRAM）组成。其中，"静态"是指当设备保持供电时，存储器不需要刷新电路就能保存它内部存储的数据，而掉电时其存储的数据会丢失。如图 1.7 所示，SRAM 是 6T 结构，其中 T 就是指晶体管

（Transistor），即 SRAM 中每一个二进制位（0 和 1）的数据存储需要 6 个晶体管来完成。其中，4 个晶体管（$VF_1 \sim VF_4$）组成两个交叉连接的反相器，负责存储；另 2 个晶体管（VF_5 和 VF_6）是控制开关，用于控制数据从存储单元到位线的传递。

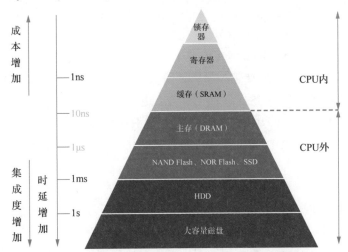

图 1.6　现代计算机系统的金字塔型分级存储结构示意图

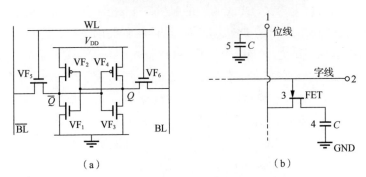

（a）　　　　　　　　　　　（b）

图 1.7　SRAM 和 DRAM 的基本结构示意图
（a）SRAM　（b）DRAM

　　主存用来存放计算机正在执行的大量程序和数据，主要由 DRAM 组成。DRAM 是 1T1C 结构，即每一个二进制位的存储单元由一个晶体管和一个小电容组成。若写入位为"1"，则电容器充电；若写入位为"0"，则电容器不充电。读出时，DRAM 用晶体管来读与之相连的电容器的电荷状态。与 SRAM 相比，DRAM 的结构更简单，因此集成度比较高，就相同存储容量的芯片而言，DRAM 的价格也大大低于 SRAM。这两个优点使 DRAM 成为计算机内存的主要类型。但 DRAM 需要由刷新电路控制，这使得它的接口比 SRAM 要复杂一些。受电容器充放电时间的影响，DRAM 的存取速度一般比 SRAM 慢。

　　外存是计算机系统的大容量辅助存储器，属于非易失性存储器，用于存放操作系统、已安装的应用程序及部分用户文件，包括文档、图片、音乐、视频等。CPU 无法直接访问外存，只有将外存中的数据复制到内存，才能为 CPU 所用。与主存相比，外存的特点是存储容量大、单位成本低，但访问速度慢。常见的外存有硬盘、软盘、光盘、U 盘等。硬盘包括 HDD 和 SSD。HDD 是由若干个涂有磁性材料的铝合金圆盘（简称磁盘）组成。当 HDD 工作时，磁盘会旋转，通过在磁盘上移动磁头，可以将指定数据写入该磁盘，也可以读取该磁盘中已存储的数据。与 HDD 不同，SSD 内部没有磁头和旋转的磁盘，它主要由多个 NAND Flash 芯片组合而成。与 HDD 相比，SSD 具有读写效率更高、运行无噪声、功耗更低等优点。随着制作成本的不断下降，SSD 已经逐渐替代 HDD，成为台式计算机和便携式计算机中的标准硬盘。HDD 和软盘都是基于磁性材料，而 SSD 和 U 盘是基于 Flash 技术。

存储芯片的市场占有率约为全球半导体总市场的 30%，被认为是集成电路产业的温度计和风向标。其中，DRAM 和 NAND Flash 约占据了存储芯片市场的 96%（其中，二者约各占一半），NOR Flash 及 ROM 合计约占 3%。可见，DRAM 和 NAND Flash 是现代计算系统、智能手机和数据处理设备的主流存储芯片。存储芯片市场的集中度高，无论是 DRAM 还是 NAND Flash，都呈现寡头垄断格局。根据 DRAMeXchange 的数据，DRAM 的市场份额主要由三星、海力士、美光这 3 家厂商占据，占有率高达 90%以上。NAND Flash 市场的主要厂商有三星、东芝、闪迪、美光、海力士和英特尔，其中三星的市场占有率约为 36%。在我国存储芯片的产业布局中，合肥长鑫存储主要生产 DRAM，武汉长江存储主要生产 3D NAND Flash，北京兆易创新则在 NOR Flash 市场占有一席之地。

当前，物联网和大数据技术的高速发展对超高密度、大容量非易失性存储技术产生了巨大需求。传统的 Flash 技术使用硅材料同时作为半导体沟道和存储介质，严重依赖减小单元尺寸来增加单位面积的存储容量。1965 年，英特尔创始人之一戈登·摩尔（Gordon Moore）提出"摩尔定律"（Moore's Law）：集成电路上可以容纳的晶体管数量每经过约 18 个月便会增加一倍，性能也会提升一倍，产品价格会降低一半。然而，晶体管是一个物理对象，它与其他所有物理对象一样受物理定律的约束，这意味着晶体管的尺寸存在物理限制。一个硅原子的宽度为 0.2nm，当晶体管的工艺进入 10nm 节点以下，除了高精度光刻带来的制造成本上涨，各种量子效应在晶体管内部发挥的作用也会越来越明显，控制电子的流动变得越来越困难，严重影响存储单元的可靠性。此外，柔性可穿戴电子产品对柔性存储器也提出了迫切的需求。为了提高硅电子器件的形变容限，现有的研究多采用图案化结构设计或将器件厚度降低到几微米，然而这些方法通常需要复杂的制造过程。在这种环境下，业界试图利用新材料和新概念发明一种更好的存储器技术来替代 Flash 技术，以更有效地缩小存储器、提高存储性能。如图 1.8 所示，作为原型产品，相变存储器（Phase Change Random Access Memory，PCM）、阻变存储器（Resistive Random Access Memory，RRAM）、自旋转移力矩随机存取存储器（Spin-transfer Torque Random Access Memory，STT-MRAM）、铁电存储器（Ferroelectric Random Access Memory，FeRAM）等新技术也在快速发展。从底层原理来说，这 4 类新兴的存储技术都是通过改变存储介质的电阻值来获得可区分的"0"和"1"状态。目前，PCM 以英特尔与美光联合研发的 3D Xpoint 为代表；磁变存储器以美国 Everspin 推出的 STT-MRAM 为代表；RRAM 目前暂无商用产品，代表公司有美国 Crossbar、中国新忆科技。

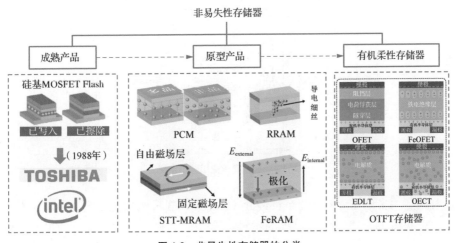

图 1.8　非易失性存储器的分类

大容量非易失性存储器技术的发展呈现出了以 NAND Flash 为主导，诸多新型存储器角逐未来的局面。与其他新兴的有机存储技术相比，虽然 OFET 的研究起步较晚，但其具有成型的商业化产品作为研究基础，且具备与目前 CMOS 电路兼容度高、与柔性衬底兼容性好等诸多优点，拥有广阔的商业和应用前景，具有巨大的发展潜力。

1.3　神经形态电子学与突触晶体管

计算机存储系统的分级存储结构，很好地解决了存储容量、速度、成本三者之间的矛盾。这些不同速度、不同存储容量、不同价格的存储器，用硬件、软件或软硬件结合的方式连接起来，构成了当代计算机硬件系统的基本逻辑结构，即冯·诺依曼（Von Neumann）结构。如图 1.9 所示，该结构的特点是"程序存储、共享数据、顺序执行"，需要 CPU 从存储器取出指令和数据进行相应的计算。指令和数据存储在同一个存储器中，造成了系统对存储器过分依赖的情况。CPU 访问存储器的速度制约了系统运行的速度，而信息交换速度的提高又受制于存储器的速度、性能和结构等诸多条件。存储器的分级结构使不同类型的存储器之间存在"存储墙"的影响，导致存储器的运行速度和非易失性之间的性能失配越来越明显，进一步限制了计算机的工作速度，这就是所谓的冯·诺依曼瓶颈。冯·诺依曼结构计算机基于二进制逻辑，是为算术和逻辑运算而生的，目前在数值处理方面已经实现较高的速度和准确度。而在面对非结构化数据分析、大图像处理等复杂计算任务时，不同级别的存储器层次之间的数据通信往往存在较大的延迟和功耗。因此，计算机体系结构和存储技术方面迫切需要实现重大突破。

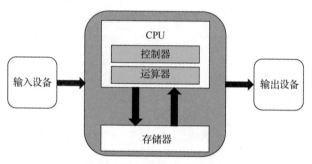

图 1.9 冯·诺依曼结构示意图

人脑是由多达 $10^{11} \sim 10^{12}$ 个神经元（Neuron）组成的信息处理系统，它有着完全不同于传统冯·诺依曼计算机的结构：首先，大脑在结构上是大规模并行的、3D 组织的和空间紧凑的；其次，它的存储与计算是一体的。此外，大脑具有高度的可塑性、容错性和鲁棒性，可自主学习，对环境高度适应，并且所需的功耗极低（约 20W）。实现类脑功能主要有基于软件的方法和基于硬件的方法。由于基于软件的方法实质上还是在具有有限并行度的传统序列机上工作，因此用较少的资源来实现类脑计算仍是个严峻的挑战。20 世纪 80 年代末期，研究人员和工程师开始寻求从硬件层面实现类脑功能。加州理工学院的卡沃·米德（Carver Mead）教授提出了神经形态工程（Neuromorphic Engineering）的概念，描述了使用包含模拟电子器件的超大规模集成电路来模拟神经系统中存在的神经生物学结构，从此拉开神经形态硬件电路研究的序幕[12]。

神经元是人脑的基本组成单元，由胞体（Soma）、树突（Dendrite）（从胞体延伸出的细枝状的结构）和轴突（Axon）组成。神经突触（Synapse）是轴突末梢与树突之间宽度为 20～30nm 的间隙，是神经元之间发生联系的部位，也是实现信息传递的核心部位。神经元之间通过 10^{15} 个突触互连，构成精巧而复杂的神经网络。如图 1.10 所示，神经元会因刺激而产生动作电位，该动作电位的幅值大约为

100mV、持续时间为 0.1～1ms。这个尖峰信号从前一个神经元的轴突经过末梢的突触传递给下一个神经元的树突。具体过程为：动作电位在突触前神经元中开启电压控制的钙离子（Ca^{2+}）通道，释放出兴奋性或抑制性的神经递质；神经递质最终与突触后神经元上的离子通道受体结合，包括 Na^{+}通道、K^{+}通道、Cl^{-}通道等。当 Na^{+}通道受到神经递质的刺激而打开时，Na^{+}会内流，使得突触后神经元的膜电位快速升高。当膜电位超过阈值时，Na^{+}通道和 K^{+}通道的打开与关闭共同作用，最终导致动作电位的产生。由正离子进入导致的突触后神经元兴奋性电流被称为兴奋性突触后电流（Excitatory Post-synaptic Current，EPSC），而由负离子进入导致的突触后神经元抑制性电流被称为抑制性突触后电流（Inhibitory Post-synaptic Current，IPSC）。这两种电流的持续时间为 1～10^{4}ms。这个先由神经元产生尖峰电位再通过突触传递的过程，就是大脑进行复杂计算时最基本的信息流动和处理过程。

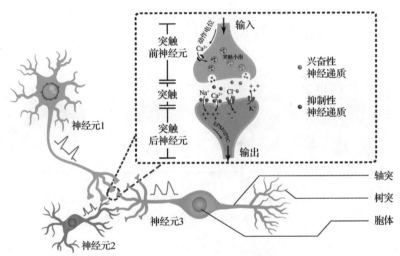

图 1.10　神经元和生物突触示意图

　　唐纳德·赫布（Donald Olding Hebb）于 1949 年提出的赫布理论（Hebbian Theory）描述了大脑在学习的过程中神经元所发生的变化，即突触前神经元对突触后神经元持续、重复的刺激可以导致突触传递效能的增加。两个神经元之间连接的强度或振幅被称为突触权重（Synaptic Weight），其连接强度可调节的特性被称为突触可塑性（Synaptic Plasticity）。突触可塑性被认为是大脑进行学习和记忆的基础，如图 1.11 所示。根据突触权重改变持续时间的尺度，突触可塑性可分为：短时程塑性（Short-term Plasticity），一般持续几毫秒到几分钟；长时程塑性（Long-term Plasticity），一般持续数小时甚至更长的时间。短时程塑性涉及许多神经活动，如短时记忆、简单学习、视觉输入、信息处理等。双脉冲易化（Paired-pulse Facilitation，PPF）是一种典型的短时程塑性形式。长时程塑性包括长时程增强（Long-term Potentiation，LTP）和长时程抑制（Long-term Depression，LTD）。在大脑中，LTP 行为对相关记忆进行强化。LTD 对记忆的形成也不可或缺，因为它对所记忆的内容进行了选择、检验和核实。LTP 和 LTD 相互协调、密切相关，形成长时程记忆（Long-term Memory，LTM）。在 20 世纪 90 年代末期，一种被称为尖峰时序依赖可塑性（Spike-timing-dependent Plasticity，STDP）的赫布学习形式被提出。这种塑性聚焦突触前后尖峰电位的时序对突触权重的影响[13]。但如果两个神经元恰好在同一时刻激发，那么任何一个都不能导致或参与另一个的激发。如果要参与突触后神经元的激发，突触前神经元需要在突触后神经元激发前激发。STDP 的发现深刻表明了赫布理论蕴含的时间顺序的重要性。鉴于 STDP 的简洁性、生物学合理性及拥有计算能力等特点，它被广泛用于模式识别、时间序列学习、一致性检测、导航及方向选择等计算神经科学的研究。除此之外，尖峰的个数、持续时长、幅值大小等都会影响突触可塑性。

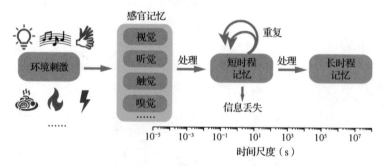

图 1.11　短时程塑性到长时程塑性过渡的示意图

面向后摩尔时代，人工突触电子器件是从硬件层面构建神经形态工程的基本单元。神经形态电子学（Neuromorphic Electronics）正是旨在研发能够模拟突触行为、实现突触计算功能的人工突触电子器件。硅基 CMOS 技术已成功地实现了大规模神经形态系统集成，如 IBM 的 TrueNorth 芯片[14]和英特尔的 Loihi 芯片[15]。这些类脑芯片主要使用 SRAM 和 DRAM 作为突触元件，然而这两类存储结构的复杂性导致芯片上需要使用大量的晶体管。此外，突触权重在易失性存储器中进行存储和更新，会增加人工神经网络（Artificial Neural Network，ANN）的能耗和训练时间。因此，如果权重的存储和更新可以在单个非易失性存储器中实现，就可以在片上（On-chip）实现非常紧凑和高效的神经形态计算系统。

卡沃·米德（Carver Mead）在 1996 年提出了单个浮栅型 MOSFET 人工突触的概念。该器件可以进行突触学习功能的模拟，单突触功耗为 10^{-8}J[16]。截至本书成稿之时，已有很多单突触电子器件被提出，用来实现突触仿生和神经形态计算等功能，主要分为两端器件和三端器件两大类。两端器件主要包括 RRAM 和 PCM；三端器件主要是指晶体管存储器件，如场效应晶体管、铁电晶体管、EDLT 和电化学晶体管等。如图 1.12 所示，突触晶体管的结构与生物突触的结构高度相似。栅极可以看作突触前神经元，源极、漏极和导电沟道可以看作突触后神经元，可移动的载流子（电子、离子或光子）可以看作神经递质，沟道电导可以看作突触权重。与两端器件相比，三端的突触晶体管具有物理上分离的输入和输出端口。在工作时，可以通过栅极电压脉冲写入信息并通过漏极电压将其读出，等效于信号传输通过半导体沟道进行，而突触权重则通过栅极端口独立调制。这种工作方式赋予了突触晶体管同时实现信号传输和学习功能的能力。从功能完备性的角度，通过使用不同的功能区域和物理机制，可以在一个突触晶体管中实现短时程塑性和长时程塑性的共存和独立表达。突触晶体管在构建大规模阵列时可以很大限度地避免由寄生电流导致的潜通电流（Sneak Paths）现象。此外，由于晶体管灵活的结构特性，突触晶体管可以实现多栅耦合输入和混合栅（如光、力、热等）输入调控，在构建突触网络时具有布线简易的优点，能够实现强大的近感存算和感内存算电路。

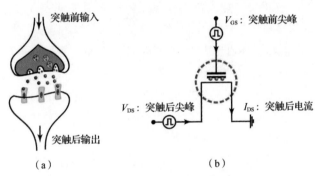

图 1.12　生物突触与突触晶体管结构对比
（a）生物突触　（b）突触晶体管

2010 年，法国里尔大学的多米尼克·韦斯（Dominique Weis）等人提出了以并五苯作为半导体沟道、以金纳米颗粒（Au Nano-particle，Au-NP）作为电荷俘获层的首个 OFET 突触晶体管（见图 1.13）[17]。在该突触晶体管中，突触权重可以通过被俘获在 Au-NP 中的电荷量进行动态调整，生物突触的短时程塑性行为可以在传统晶体管和忆阻晶体管两种工作模式下实现。该工作初步展示了 OTFT 存储器模拟生物突触功能的潜力。近十年来，有机突触晶体管在突触功能模拟、神经元功能模拟、神经形态计算、小规模柔性神经形态电路等方面均取得了积极的进展，展示出广阔的科学研究和产业应用前景。

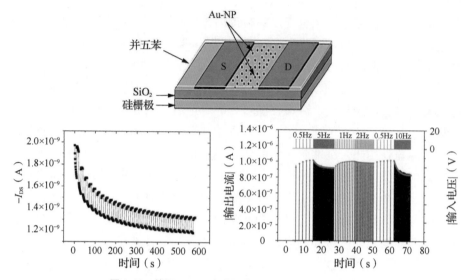

图 1.13　基于 Au-NP 电荷俘获层的 OFET 突触晶体管

　　OTFT 存储器备受关注的应用领域包括大容量非易失性存储、光电存储及人工突触。OTFT 存储器属于"数字式"数据存储，而脑启发的人工突触则是"模拟式"存储器的典型应用，OPTM 有望在感存算一体化人工视觉领域占有一席之地。尽管 OTFT 存储器在材料体系、工作机制、功能拓展、柔性集成等方面取得了令人鼓舞的研究成果，但该技术在实现大规模产业化方面仍需要广大研究人员和工程技术人员的协同攻关。例如，虽然 OTFT 材料体系选择众多，但研究人员大多仍以半导体材料的研究为主，对其他配套材料（尤其是存储层材料）的研究不够重视；在生产方面，目前还缺乏大规模、低成本印刷工艺与之兼容。此外，标准化的材料、器件、工艺技术平台尚未建立。

　　集成电路产业是国民经济中基础性、关键性和战略性的产业。对于未来社会的发展方向，包括 5G、人工智能、物联网、自动驾驶等，存储芯片都是必不可少的基础。所以，存储芯片产业的强弱是国家综合实力强大与否的重要标志。新型存储开始逐步迈向产业化，将有可能重塑未来存储市场的格局。我国正在大力发展存储产业，提前布局新型存储，这将是建立未来存储产业生态的重要部分。我国在 OTFT 领域的基础研究、应用研究都处于世界前列，这是我国在下一代电子信息产业变革中实现"弯道超车"的机遇之一。期待在不久的将来，OTFT 存储器能够成为柔性电子的核心驱动力，为加快实现高水平科技自立自强贡献力量。

第2章 工作原理

每个 Flash 芯片中都有海量的存储单元，Flash 记录数据的关键在于浮栅层。经典物理学认为：粒子越过势垒，存在阈值能量；粒子能量小于此能量则不能越过，大于此能量则可以越过。量子力学则认为，即使粒子能量小于阈值能量，很多粒子冲向势垒时，会有一些粒子反弹，也会有一些粒子能过去，称作量子隧穿（Quantum Tunneling）。与 Flash 技术一脉相承，OFET 存储器也是一种电压控制型器件，写入和擦除均基于隧穿效应。

2.1 有机场效应晶体管的结构及工作原理

OFET 是一种薄膜叠层器件，一般由有机半导体（Organic Semiconductor，OSC）层、栅绝缘（Dielectric 或 Insulator）层、源极（Drain）、漏极（Source）、栅极（Gate）和衬底组成。如图 2.1 所示，有机半导体层又被称为有源层或沟道层，栅绝缘层又被称为栅介电层。向沟道注入电荷载流子的电极称为源极，经过导电沟道后输出电流的电极称为漏极。源极和漏极之间的区域称为宽度为 W 和长度为 L 的导电沟道（Conductive Channel）。典型的场效应晶体管可以被视为一个由栅极和有机半导体层组成的，可以通过栅极上的电压来控制沟道内载流子密度的平板电容器。当施加栅极电压（V_{GS}）时，有机半导体层靠近栅绝缘层界面处会产生感应电荷，在一定的外加源漏电压（V_{DS}）的作用下，感应电荷会沿着导电沟道参与导电，能够大大改变半导体材料的电阻率。形象地说，这种控制关系就如同水阀通过阀门（栅极）来调节水（源漏电流）的流量一般。

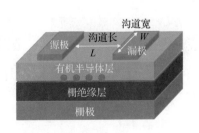

图 2.1 OFET 的结构示意图

OFET 处于工作状态时，传输载流子的导电沟道位于有机半导体材料最靠近栅绝缘层的一个或几个原子分子层。沟道长度 L 就是平时所说的"制程数字"，它是载流子在源极和漏极之间的传输路径，能够决定场效应迁移率，进而影响写入速度和存储窗口。在 CMOS 工艺中，实际沟道长度很难测量。一般以实际制造完成后的栅极引脚宽度，即多晶硅栅极的线宽来代表制程，这个线宽比实际沟道的长度略大一点。制程越先进，电子从一个极到另一个极所流经的距离就越短，晶体管的反应就越迅速。随着 MOSFET 的制程进入 22nm，短沟道效应开始出现。这是因为晶体管的开关受到栅极电场的控制，但源极和漏极在形成电路时也存在电场，当沟道长度持续缩短时，越来越近的源极、漏极电场会对栅极的控制产生干扰。为了加强对沟道的控制，MOSFET 工艺被鳍式场效应晶体管（Fin Field-effect Transistor，FinFET）工艺替代，等效制程的概念因此被提出。例如，英特尔 FinFET 的 14nm 等效制程，相当于传统的 24nm 制程工艺。因此，当前芯片业界所指的制程，已不再是晶体管的沟道长度，更多的是指单位面积上集成的晶体管密度。

根据栅极在器件整体结构中的位置，OFET 可分为底栅结构和顶栅结构两类；根据源极、漏极与有机半导体层之间的相对位置，OFET 又可分为顶接触结构和底接触结构两类（见图 2.2）。底栅结构的器件制备方式相对简单，可以很好地兼容光刻技术，也利于获得良好的器件性能，因此使用比较广泛。而对于顶栅结构的器件而言，由于栅极和栅绝缘层材料将有机半导体层很好地保护了起来，因此有助于提高器件的环境稳定性。

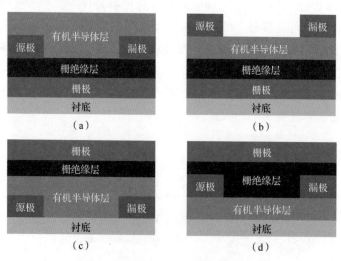

图 2.2　常见的 OFET 结构和类型示意图
（a）底栅底接触　　（b）底栅顶接触
（c）顶栅底接触　　（d）顶栅顶接触

OFET 的结构也可以看作一个平行板电容器（见图 2.3），当施加一个栅极电压（V_{GS}），在器件中产生电场时，晶体管中靠近栅绝缘层的位置就会感应出电荷并且堆积。当施加一定的源漏电压（V_{DS}，又称驱动电压）时，器件中的载流子就会定向迁移，从而形成电流。根据有机半导体中多数载流子的特性，OFET 可分为 P 型（空穴传输）、N 型（电子传输）和双极型 3 种。对于 P 型 OFET，栅极电压和源漏电压一般为负；对于 N 型 OFET，源漏电压和栅极电压一般为正。

通过调控栅极电压和源漏电压，OFET 可以在不同的模式下（累积模式、耗尽模式）工作。

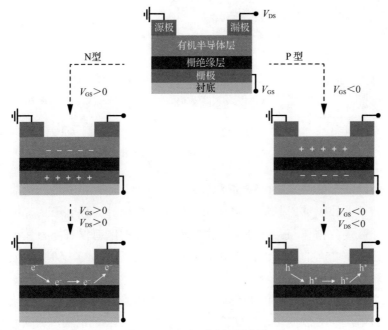

图 2.3　OFET 工作原理示意图

2.2　有机场效应晶体管存储器的结构及工作原理

存储器需要器件表现出两种不同的物理状态来表示二进制代码"0"和"1"。OFET 是易失性的，这意味着一旦操作电压被移除，积累的电荷就会耗尽，OFET 就会回到初始状态。与传统的 Flash 存储器的结构相比，OFET 存储器也是在有机半导体层和栅极之间插入浮栅层（电荷俘获层）。通过外部电压控制有机半导体与电荷俘获材料之间的电荷相互作用，准永久地改变导电沟道中可移动载流子的浓度，进而改变 OFET 的阈值电压，从而实现信息存储。如图 2.4 所示，根据诱导阈值电压转变的过程，OFET 存储器的基本工作原理分为两类。

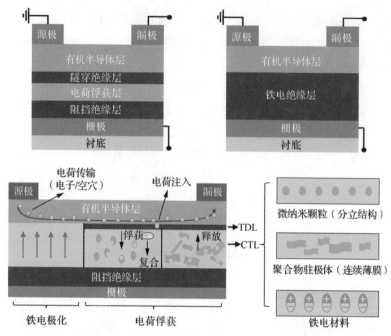

图 2.4　OFET 存储器的典型结构示意图和工作原理

第一类，基于电荷隧穿过程的俘获/去俘获机制，通过可充电的电荷俘获层实现由转移特性曲线偏移引起的存储功能。在施加电场时，载流子从有机半导体层注入电荷俘获层并被俘获。存储能力由电荷俘获层的电荷俘获能力和有机半导体层与电荷俘获层之间的最高已占轨道-最低未占轨道（HOMO-LOMO）能级匹配决定，以实现有效的电荷注入。

第二类，基于铁电材料的剩余极化机制，铁电绝缘层中的剩余极化引起漏极电流随栅极电压的滞后变化，存储性能可以通过 I_{DS}-V_{GS} 回滞曲线来表示。

基于电荷隧穿过程中俘获/去俘获机制的 OFET 存储器（简称电荷俘获/去俘获型 OFET 存储器）是利用存储层（栅绝缘层）电介质对电荷的限制能力来实现信息存储。存储层的核心结构通常包括：较薄的隧穿绝缘层（Tunneling Dielectric Layer，TDL）、电荷俘获层（Charge Trapping Layer，CTL，又称浮栅层）、较厚的阻挡绝缘层（Blocking Dielectric Layer，BDL）。TDL 和 BDL 通常采用介电常数高、带隙宽的金属氧化物材料或聚合物材料（聚合物驻极体），因此统称为驻极体层。BDL 用于防止电荷泄漏，将存储的电荷限制在 CTL 内。而 TDL 既要防止被俘获的电荷回传到有机半导体层，又要确保在写入/擦除期间仅通过 TDL 发生有效的电荷流动。

以 P 型 OFET 存储器为例（见图 2.5），电荷俘获的机制主要包括电荷的产生、注入、俘获、保持和擦除这 5 个基本过程[18]，具体如下。

（1）当 TDL 的厚度足够小时，在栅极和源极之间加一个负栅极电压，从源极注入空穴并引起有机半导体沟道中电荷的累积。

（2）当负栅极电压高于特定范围时，累积的空穴将通过直接隧穿（Direct Tunneling，DT）或 FN 隧穿机制注入 CTL 之中。

（3）被俘获的电荷使得导电沟道中可移动载流子的浓度降低，同时形成的内建电场与外加电场方向相反，导致转移曲线的负偏移和阈值电压（V_{th}）的相应变化。因此，存储层中存储和不存储电荷时阈值电压会有差别，这种阈值电压的差别可通过测量一定栅极电压下的源漏电流 I_{DS} 确定。

（4）被俘获在存储层中的电荷在没有外加电压作用的情况下会保持下去，因此，存储器被切换到编程状态，该过程被定义为"写入"（又称"编程"）。

（5）与之对应，当施加正向栅极电压时，先前被俘获的空穴要么通过隧穿效应返回有机半导体沟道中，要么与注入的相反电荷（电子）复合。该过程会引起转移曲线的正向移动（回到初始状态），被称为"擦除"。擦除的两种机制，取决于有机半导体的极性。由于大多数 OFET 在大气环境条件下显示出强单极性的传输行为，因此难以发生电荷复合形式的擦除。

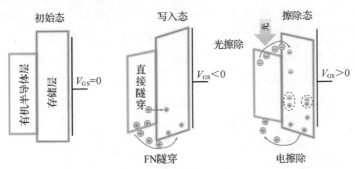

图 2.5　电荷俘获/去俘获型 OFET 存储器的工作原理（以 P 型 OFET 为例）

电荷的写入和擦除过程必然导致存储层中的净电荷发生变化，此时，OFET 的阈值电压也会发生变化，通过阈值电压的变化就可以判断信息的存储状态。如图 2.6 所示，可以通过施加一个较小的栅极电压来获得流过器件的电流，从而执行"读取"操作。如果读取电压介于 V_{th}^{PGM} 和 V_{th}^{ERS} 之间，通过读取 I_{DS} 就可以判断此时信息存储状态是"0"还是"1"。参考 Flash 的定义，存储层中充满电荷时是已写入状态，代表二进制"0"；当其中没有电荷时是已擦除状态，代表二进制"1"。

在电荷俘获/去俘获型 OFET 存储器中，电荷的注入机制主要有热电子注入和隧穿注入两种。热电子注入机制主要应用于传统的 NOR Flash 存储器，指的是沟道中部分高能量热电子往存储层注入的一种现象。通过光照或借助外加电场的方式，半导体中的电子可以吸收一定的能量而被激发，处于热激发状态的电子就被称为热电子，其动能高于平均热运动能量（$\sim kT$），因此其运动速度也一定很高。但是这种注入方式中，热电子既可以从源极注入，也可以从漏极注入，且电荷不能均匀地注入沟道，所以只有一部分沟道能对擦写操作起作用，擦写的效率也相对较低。

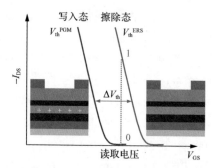

图 2.6　电荷俘获/去俘获型 OFET 存储器状态的判定（以 P 型 OFET 为例）

根据量子隧穿理论，隧穿注入与温度无关，隧穿概率的大小与隧穿势垒的高度及 TDL 的厚度有关。如图 2.7 所示，直接隧穿适用于 TDL 厚度较薄的情况，一般小于 3nm，所需的栅极电压也较低。而德国物理学家格尔德·宾宁（Gerd Binnig）和瑞士物理学家海因里希·罗雷尔（Heinrich Rohrer）研究发现，电子的隧穿概率和两个因素有关：一个是隧穿材料的占据态分布，另一个是隧穿势垒的外形、高度及宽度。在较高的栅极电压电场作用下，隧穿势垒变成三角形，从而导致势垒宽度变窄，增大了电子隧穿发生的概率。这种隧穿便是 FN 隧穿。FN 隧穿主要由高栅极电压控制。与直接隧穿相比，FN 隧穿注入的优点是可以保证较均匀的电荷注入。决定隧穿概率的隧穿电场强度（E_T）取决于介电材料的介电常数（ε_r）和薄膜厚度（d，简称膜厚）。CTL 可以与 TDL 和 BDL 形成串联电容器。当存储器处于初始态，即存储层中没有存储电荷（$Q=0$）时，负载在 TDL 中的 E_T 可以根据式（2.1）和式（2.2）来计算：

$$\frac{1}{C_i} = \frac{1}{C_1} + \frac{1}{C_2} + \frac{1}{C_3} \tag{2.1}$$

$$E_T = \frac{V_{GS}}{d_1 + d_2 \dfrac{\varepsilon_1}{\varepsilon_2} + d_3 \dfrac{\varepsilon_1}{\varepsilon_3}} - \frac{Q}{\varepsilon_1 + \varepsilon_2 \dfrac{d_1}{d_2} + \varepsilon_3 \dfrac{d_1}{d_3}} \tag{2.2}$$

其中，C_i 是 TDL、CTL 和 BDL 这 3 层的总单位面积电容。

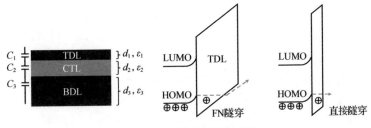

图 2.7　两种典型的隧穿机制

一般地，E_T 与介电常数成反比。为了诱导有效的电荷注入，较高的电场主要加载在低介电常数层中。低介电常数的 CTL/高介电常数的 BDL 混合栅绝缘层已被广泛用于聚合物驻极体 OFET 存储器。此外，缺陷密度小的高介电常数 BDL 的物理厚度要相对薄，这样在一定的栅极电压下，E_T 就可以主要负载在 TDL 上，实现较快的写入速度。通常，TDL 需要比 BDL 更薄，但是这种设计与电荷的长期稳定存储需求矛盾，被俘获电荷会发生反向隧穿，回到有机半导体层中。另外，过薄的 TDL 存在直接隧穿效应，不能在低读出电压下关闭，导致读取干扰。因此，TDL 既要尽量薄，以保证写入速度，又要降低电荷泄漏的发生概率。

按形态的不同，OFET 存储器中的电荷俘获层分为连续型和分立型两种。连续型电荷俘获层主要包括聚合物驻极体薄膜和小分子薄膜材料，呈现出均匀、连续的电荷俘获层形貌特征。分立型电荷俘获层的种类更加丰富，包括金属纳米颗粒（Nano-particle，NP）、2D 材料、无机半导体量子点（Quantum Dots，QDs）、小分子、寡聚物等。连续型电荷俘获层具有较高的电荷存储密度，但是也容易造成电荷泄漏，而分立型电荷俘获层使得电荷俘获位点隔离开来，可单独实现电荷存储，当发生局部失效时，其他部分的电荷俘获层依然可以存储电荷。此外，分立型电荷俘获层的陷阱能级和陷阱电荷位置可以通过 NP 的功函数和尺寸（密度和大小）有效地控制。

聚合物驻极体 OFET 存储器是一类典型的无 TDL 结构。驻极体（Electret）这一概念由英国物理学家奥利弗·海维赛德（Oliver Heaviside）在 1855 年提出，从字面上理解是电子（Electron）和磁体（Magnet）的结合体，指在除去外电场作用后，弛豫时间较长或处于亚稳态极化状态的电介质。根据电荷极化机制的不同，驻极体可分为两大类。一类为实时充电驻极体（Real-charge Electret），电荷束缚在驻极体的表面（表面电荷）或体内（空间电荷）。室温下，实时充电驻极体的静电荷可以准永久地存于电介质表面和体内，因而可以用作电荷俘获层材料。能制成实时充电驻极体的有天然蜡、树脂、松香、磁化物、某些陶瓷、有机玻璃及许多高分子聚合物。因此，电荷俘获/去俘获型 OFET 存储器也被称为充电型存储器。另一类为偶极取向驻极体（Oriented-dipole Electret），即在外电场作用下这类驻极体内会产生电偶极矩，如铁电类材料。FeOFET 存储器正是利用铁电材料的剩余极化和在外界电场作用下改变极化方向的特性来进行数据存储。铁电材料具有自发极化特性，在外电场的作用下会发生偶极矩的转变，与铁磁材料在磁场下的响应相似。铁电材料在电场的回扫下会发生极性的偏转，从而产生电滞回线，这两个相反的电场极化方向被定义为存储器的"0"态或"1"态。目前，FeOFET 存储器中多采用铁电聚合物半导体材料聚偏二氟乙烯（Polyvinylidene fluoride，PVDF）和它的共轭聚合物（简称共聚物）——聚(偏氟乙烯-三氟乙烯)[P(VDF-TrFE)]，主要原因是这两种铁电材料的剩余极化大、开关时间短及热稳定性好。

已有研究证明，半导体在光照下产生的光生高能电子/空穴对在单极型 OFET 中也可实现双极型存储行为。在一般的光敏晶体管里，光致物理过程包含了光生激子的产生、扩散、分离、传输这 4 个阶段。对于 OPTM 来说，这个过程还包含光照激发产生的光生空穴或光生电子被俘获，实现电荷存储。以基于聚乙烯基咔唑[Poly(N-vinylcarbazole)，PVK]驻极体的并五苯基 OFET 存储器为例[19]，具体的工作过程如图 2.8 所示。

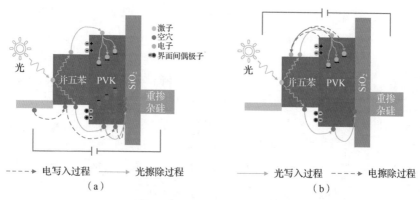

图 2.8　光辅助的电荷存储过程示意图[19]
（a）电写入/光擦除模式　（b）光写入/电擦除模式

电写入/光擦除模式[见图 2.8（a）]：在黑暗条件下，当对存储器施加负栅极电压时，空穴从并五苯注入 PVK 驻极体中，会导致导电沟道中可移动空穴浓度的降低，存储器的转移曲线向负向偏移，从而实现写入操作。当对存储器进行光照时，光敏型半导体并五苯中会产生高能的光生激子。光生激子会在浓度梯度的作用下从并五苯中扩散到沟道区域，并在 V_{GS} 和 V_{DS} 的作用下分裂成电子-空穴对，这个过程发生在电场足够强的地方，大多是接近源极的位置。在栅源电场和源漏电场的作用下，由光生激子分裂而来的部分光生空穴漂移至源极、部分光生电子漂移至漏极，分别参与沟道导电。而剩余的光生载流子会累积在半导体/驻极体的界面处形成界面偶极，降低电子的注入势垒。随着光照时间的增加，光生电子就可以注入驻极体中，被陷阱能级俘获，进而中和已经被俘获的空穴，此时存储器的转移曲线慢慢恢复到初始态，相当于完成了擦除操作。光写入/电擦除模式[见图 2.8（b）]与之类似，当光照时间足够长时，光生电子被大量俘获，存储器转移曲线继续向正向偏移，在负栅极电压的作用下通过注入空穴又可以使其恢复到初始态。

光辅助的电写入模式可以在导电沟道中生成高能光生空穴和光生电子，使基于 P 型半导体并五苯的 OFET 存储器表现出与双极型存储相似的特性。N 型半导体的光照响应和 P 型半导体类似，只是其中可移动的载流子为光生电子。如式（2.3）所示，光生激子产生的条件是入射光的光子能量（E）要和有机半导体的带隙（HOMO 能级与 LUMO 能级的差值绝对值）匹配或更高。入射波波长越短，其光子能量越高。光照的强度是影响 OPTM 的重要因素。

$$E = \frac{hC}{\lambda} \tag{2.3}$$

其中，h 是普朗克常数，c 是光在真空中的传播速度，λ 是入射光波长。

2.3 器件性能评价参数

OFET 存储器是具有存储功能的 OFET，因此评价 OFET 存储器性能的参数一般包括作为载体的场效应晶体管的特性参数（场效应迁移率、阈值电压、电流开关比等）和存储器的特性参数（存储窗口、读写擦电压、读写擦时间、读写擦循环次数、维持时间、存储开关比等）。良好的场效应性能是实现高性能存储的前提。

2.3.1 场效应特性参数

OFET 的场效应性能可以通过其转移特性曲线和输出特性曲线来衡量，如图 2.9 所示。在不同的源漏电压 V_{DS} 下，源漏电流 I_{DS} 随着栅极电压 V_{GS} 变化的曲线为转移特性曲线（I_{DS}-V_{GS} 曲线）；在不同的栅极电压 V_{GS} 下，源漏电流 I_{DS} 随着源漏电压 V_{DS} 变化的曲线为输出特性曲线（I_{DS}-V_{DS} 曲线）。

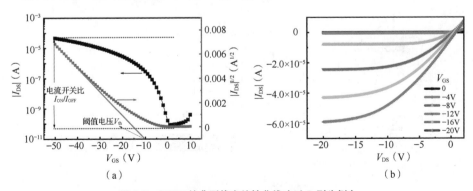

图 2.9 OFET 的典型伏安特性曲线（以 P 型为例）
（a）转移特性曲线 （b）输出特性曲线

27

以 P 型 OFET 为例，在转移特性曲线中[见图 2.9（a）]，当施加的 V_{GS} 靠近正值时，器件处于关态（OFF State）；当 V_{GS} 逐渐降低到负值时，器件处于开态（ON State），器件的 I_{DS} 迅速增大。

在输出特性曲线中[见图 2.9（b）]，当 $V_{DS}=0$ 且 V_{GS} 为定值时，栅极电场感应出的电荷载流子均匀地分布在沟道中。在 V_{GS} 大于阈值电压 V_{th} 且固定为某一数值的情况下，当施加一个较小的 V_{DS} 时，器件工作在线性区。栅极电场感应出足够的电荷载流子并分布于整个沟道，沟道呈斜线分布。在紧靠漏极处，沟道达到开启的程度，源漏极之间有电流通过。如果认为场效应迁移率为常数，沟道电流会随着沟道感应电荷的增加而线性增加。在线性区中，沟道电流 I_{DS} 由式（2.4）给出：

$$I_{DS,lin} = \frac{W}{L}\mu C_i (V_{GS} - V_{th}) V_{DS} \tag{2.4}$$

其中，W 为沟道宽度，L 为沟道长度，μ 为场效应迁移率，C_i 为绝缘层单位面积电容。

当 $V_{DS} \approx V_{GS} - V_{th}$ 时，栅极与靠近漏极处的部分沟道之间的电场为 0，导致靠近漏极处的沟道中载流子耗尽，沟道产生"夹断效应"。进一步增加 V_{DS}，会使导电沟道中的夹断点向源极移动，如图 2.10 所示。由于器件的沟道长度 L 远大于耗尽区的宽度，继续增加 V_{DS} 不会增加 I_{DS}，因为源极到夹断点间的沟道电阻保持不变，其电压增加的部分基本降落在随之加长的夹断沟道上。此时，沟道电流达到饱和，器件工作在饱和区。饱和区沟道电流为

$$I_{DS,sat} = \frac{W}{2L} C_i \mu (V_{GS} - V_{th})^2 \tag{2.5}$$

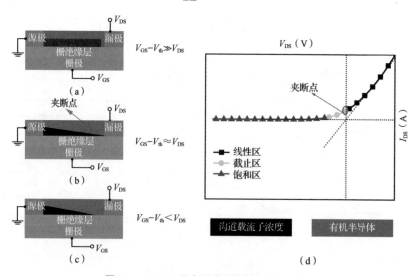

图 2.10　OFET 导电沟道中载流子的分布情况
（a）线性区　（b）夹断效应　（c）饱和区　（d）对应的输出特性曲线

OFET 的特性参数主要包括场效应迁移率、阈值电压、电流开关比及亚阈值斜率等，可以通过测试 OFET 的输出电流特性曲线进行计算。

1. 场效应迁移率

OFET 的场效应迁移率（mobility，μ）是指在单位电场的作用下，载流子的漂移速度[单位为 $cm^2/(V \cdot s)$]，又称载流子迁移率或电荷迁移率。场效应迁移率表示器件在电场作用下的电荷转移能力，决定了器件开关速度，是 OFET 最重要的参数之一，直接决定了 OFET 的最大功率和截止频率。根据半导体属性或载流子类型的不同，场效应迁移率一般可以分为空穴迁移率和电子迁移率。在存储器件中，较高的场效应迁移率是实现高写入速度的前提。

场效应迁移率可以由 OFET 工作在线性区的沟道电流输出表达式[式（2.4）和式（2.5）]得出，分别称为饱和区迁移率和线性区迁移率（见图 2.11）。

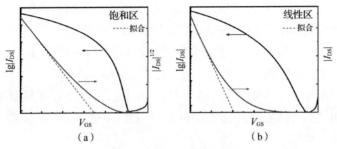

图 2.11　场效应迁移率的计算
（a）饱和区迁移率　（b）线性区迁移率

线性区迁移率是在某一 V_{DS} 下绘制 I_{DS}-V_{GS} 曲线后计算得到的，曲线的斜率和线性区迁移率分别按式（2.6）和式（2.7）计算：

$$k = \frac{dI_{DS}}{dV_{GS}} \tag{2.6}$$

$$\mu_{lin} = \frac{L}{WC_i V_{DS}} k \tag{2.7}$$

饱和区迁移率则是在某一 V_{DS} 下绘制 $I_{DS}^{1/2}$-V_{GS} 曲线后计算得到的，曲线的斜率和饱和区迁移率分别按式（2.8）和式（2.9）计算：

$$k = \frac{d\sqrt{I_{DS}}}{dV_{GS}} \tag{2.8}$$

$$\mu_{sat} = \frac{2L}{WC_i} k^2 \tag{2.9}$$

$$C_i = \frac{\varepsilon_0 \varepsilon_r}{d} \tag{2.10}$$

式（2.4）～式（2.9）中，C_i 是栅绝缘层的单位面积电容，可以由式（2.10）得出。ε_0 是真空介电常数，ε_r 是栅绝缘层材料的介电常数，d 是栅绝缘层的厚度。

影响 OFET 场效应迁移率的因素很多，除了与材料的本征电荷传输能力有关外，还与薄膜中分子排列的有序度、分子取向、薄膜形貌、半导体与电极接触质量、栅绝缘层界面的缺陷、器件的构型等因素关系密切。一般来说，饱和区迁移率更常用。当电极/半导体界面处注入势垒较大时，会导致线性区迁移率、饱和区迁移率差异过大。此时如果采用饱和区迁移率，则半导体材料的本征场效应迁移率特性会被高估，而高场效应迁移率只会在高电压处达到。理想、可信赖的 OFET 应该是线性区迁移率、饱和区迁移率都对栅极电压无依赖。

2. 阈值电压

阈值电压 V_{th} 是指导电沟道刚刚形成并连接源漏极时的栅极电压，是使场效应晶体管开启所必需的最低栅极电压。阈值电压越小，表明器件的操作电压和能耗越小。阈值电压可以通过两种方式计算得出：第一种是根据式（2.2）计算；第二种是利用 $(|I_{DS,sat}|)^{1/2}$-V_{GS} 曲线（饱和区转移特性曲线）进行线性拟合，拟合线与 V_{GS} 轴的交点就是 $I_{DS}=0$ 时器件的阈值电压。对于硅基场效应晶体管，阈值电压被定义为引发反型（Inversion Mode）的最小 V_{GS}，而 OFET 并不存在反型操作，因此严格来讲阈值电压这个说法并不适合 OFET。在 OFET 中，阈值电压的定义是获得合适的源漏电流所需的最小 V_{GS}。

3. 电流开关比

电流开关比 I_{ON}/I_{OFF} 是指场效应晶体管在开态和关态下源漏电流 I_{DS} 的比值，反映了在一定栅极电压下器件开关的能力，在有源矩阵显示和逻辑电路中非常重要。电流开关比高，表明器件具有良好的稳定性、抗干扰能力和负载驱动能力。在逻辑电路芯片中，器件的电流开关比一般应高于 10^6。

OFET 的电流开关比可以分为两种：增强模式电流开关比和增强-耗尽模式电流开关比。增强模式电流开关比是器件处于开态时最大源漏电流与栅极电压为 0 时的源漏电流之比，可以从输出特性曲线或转移特性曲线上获得。增强-耗尽模式电流开关比为转移特性曲线上开态电流最高点与关态电流最低点的比值。有些情况下两种模式的电流开关比是相同的。OFET 是 OFET 存储器的载体，因此提高 OFET 的电流开关比可以提高存储器件的稳定性与可靠性，并为实现多级存储提供前提，即在不增加器件面积的基础上提高存储密度。

4. 亚阈值斜率

亚阈值斜率（S）的定义是器件的 I_{DS} 变化一个数量级所需的栅极电压变化量[ΔV_{GS}，见式（2.11）]。如图 2.12 所示，S 是从 $\lg|I_{DS}|$-V_{GS} 曲线的最大斜率处提

取出来的。亚阈值斜率的单位为 V/dec。亚阈值斜率越小，栅控能力越强，说明晶体管器件的开启速度就越快。影响 S 的因素主要有衬底掺杂浓度、半导体表面电容、表面态密度和温度。一般认为，有机半导体层材料和栅绝缘层材料的界面性质对亚阈值斜率的影响最大。室温条件下（$T=300\mathrm{K}$），MOS 型器件 S 的理论最小值为 $\ln(10)k_{\mathrm{B}}T/q\approx 60\mathrm{mV/dec}$。其中，$k_{\mathrm{B}}$ 和 q 分别是玻尔兹曼常数和单位电荷量。对于 α-Si:H 器件而言，一般亚阈值斜率的典型值是 0.5V/dec。

$$S = \frac{\mathrm{d}V_{\mathrm{GS}}}{\mathrm{dlg}\,I_{\mathrm{DS}}} \tag{2.11}$$

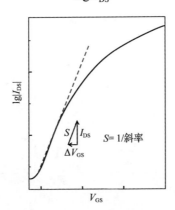

图 2.12　亚阈值斜率的计算

与硅半导体中的情况相似，OFET 的性质严重依赖界面态和界面电荷陷阱。当存在界面电荷陷阱的时候，费米能级将不能自由移动。亚阈值斜率 S 呈现出和栅绝缘层厚度依赖的特性，这时这一参数可以用来估算界面的陷阱密度：

$$N_{\mathrm{trap}} = \left[\frac{S}{k_{\mathrm{B}}T\ln 10} - 1 \right] \frac{C_{\mathrm{i}}}{q} \tag{2.12}$$

其中，S 为观察到的最大亚阈值斜率，C_{i} 是栅绝缘层单位面积电容，N_{trap} 是陷阱密度。界面的最大陷阱密度 N_{it} 可以通过式（2.12）进行估算。

为了实现商业应用，OFET 的场效应迁移率一般要求达到 $0.01\mathrm{cm}^2/(\mathrm{V}\cdot\mathrm{s})$，电流开关比大于 10^6，阈值电压尽量小。OFET 发展至今，阈值电压由最初的几十甚至上百伏下降到 5V 甚至更低，电流开关比由 $10^2\sim 10^3$ 提高到 10^9，场效应迁移率也由最初的 $10^{-5}\mathrm{cm}^2/(\mathrm{V}\cdot\mathrm{s})$ 提高到超过 $10\mathrm{cm}^2/(\mathrm{V}\cdot\mathrm{s})$。

2.3.2　存储特性参数

1. 操作电压

OFET 的操作电压是指在栅极施加的偏压值 V_{GS}，分为写入电压和擦除电压。

理想的操作电压要小于 10V，当操作电压过大时，器件的功耗也会过大，且器件本身的可靠性会降低。

2. 存储窗口

如图 2.13 所示，存储窗口（Memory Window）被定义为写入态与擦除态下阈值电压的差值（ΔV_{th}），可用式（2.13）计算。存储窗口用来表征不同信息存储状态之间的区分程度，其大小会影响读取数据的准确性。存储窗口太大，会使存储状态之间的转化能耗增大；而存储窗口太小，会影响数据读取的准确性，降低器件的可靠性。

$$\Delta V_{th} = V_{th}^{PGM} - V_{th}^{ERS} \tag{2.13}$$

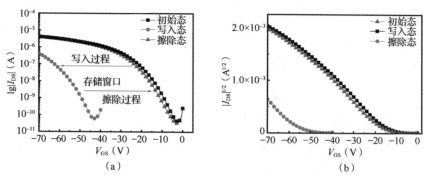

图 2.13　OFET 存储器的存储转移特性曲线
（a）对数形式　（b）根号形式

3. 存储密度

在 OFET 存储器中，电荷存储密度（Δn）被定义为单位面积电荷俘获层中存储的电荷数，可根据式（2.14）计算：

$$\Delta n = \frac{\Delta V_{th} C_i}{e} \tag{2.14}$$

其中，e 是元电荷量（1.602×10^{-19}C），C_i 是栅绝缘层单位面积电容，可用式（2.10）计算得出，或直接从 $C\text{-}F$ 曲线或 $C\text{-}V$ 曲线中测量得到。

尽管现有的 OFET 存储器的 ΔV_{th} 很大，但是它们的 Δn 值在 $10^{12}\sim10^{13}$ 个/cm^2 的范围内，不同器件的变化很小。这可以归因于具有较小 C_i 的 OFET 存储器可以通过使用较高的操作电压（V_{GS}）和较长的编程时间（t_{prog}），使 C_i 与 ΔV_{th} 的乘积保持在相似的范围。为了更好地比较不同材料和器件的性能，本书提出一个新的评价参数——存储效率（η），其定义如下：

$$\eta = \frac{\Delta n}{V_{GS} t_{prog}} \tag{2.15}$$

式（2.15）综合考虑了单位面积电容、操作电压和编程时间这 3 个影响因素，可以用来客观地评价不同 OFET 存储器的存储密度性能。

4．存储速度

存储速度分为写入（Program）速度、擦除（Erase）速度和读取（Read Access）速度。在存储器件的研究中，这 3 类速度均用相应操作过程花费的时间来表示。写入速度和擦除速度是指电荷从导电沟道注入电荷俘获层或从电荷俘获层返回所需的时间。读取速度是指将存储器中的数据提取出来的操作时间。这 3 类速度的单位亦采用时间单位，如纳秒（ns）、微秒（μs）或毫秒（ms）等。较小的时间单位表示速度较快，而较大的时间单位表示速度较慢。

内存的存储速度一般用读取速度衡量，即每次与 CPU 进行数据处理耗费的时间，以纳秒（ns）为单位。截至本书成稿之时，大多数 SRAM 内存芯片的存取时间为 5～10ns。仅从系统启动角度来说，这主要是指读取速度而非写入速度。但在安装软件、运行需要频繁对数据库进行写入的应用时，写入速度的作用就开始凸显。目前，NOR flash 和 NAND Flash 都需要几十微秒进行写入和擦除。OFET 存储器的写入速度通常需要 100μs～1s，以获得合理的存储窗口，这是因为有机半导体的场效应迁移率相对较低，以及受到实验室级器件相对长的沟道长度（L 通常为几十微米）和低介电常数有机电介质的限制。

5．维持时间

维持时间（Retention Time）是指在一个固定的 V_{GS}（读取电压）下，OFET 存储器维持在写入态或擦除态的时间（见图 2.14）。随着时间的流逝，存储在电荷俘获层中的空穴/电子会不断逃逸，并且逃逸速度会不断变慢。维持时间是衡量 OFET 存储器非易失性（稳定性）最重要的性能指标，按照商业化的标准，需在室温下达到 10 年以上。

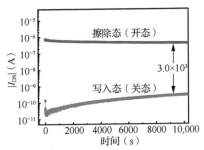

图 2.14　OFET 存储器的维持时间特性曲线（以 P 型 OFET 为例）

6．循环次数

循环次数是指 OFET 存储器能够承受的反复读写擦次数，是表征器件存储耐受性及开关可靠性的重要指标。OFET 存储器的读写擦循环过程如图 2.15 所示，对器件依次施加写入电压、读取电压、擦除电压、读取电压，此过程为一个读写擦循环。在施加栅极电压的同时读取相应状态下的源漏电流 I_{DS}，可判断器件在反复擦写下的稳定性。对于非易失性存储器而言，投入实际应用需达到的循环次数均为 10^6 次。截至本书成稿之时，这对于 OFET 存储器来说还是一个挑战。

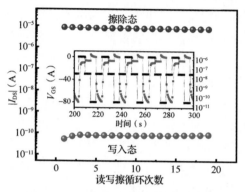

图 2.15 OFET 存储器的读写擦循环过程

7．存储开关比

存储开关比（Memory Ratio，MR）是指 OFET 存储器在维持时间或读写擦循环测试中，在选定的时间或次数下，擦除态和写入态时 I_{DS} 的比值（见图 2.14），是区分不同存储状态的关键参数，可用式（2.16）计算：

$$\mathrm{MR} = \frac{I_{DS}^{ON}}{I_{DS}^{OFF}} \qquad (2.16)$$

第3章　存储器材料

信息材料已成为信息时代高新技术产业的基础材料，它的发展对信息存储、信息通信、物联网、人工智能等技术的发展具有非常重要的意义。随着半导体器件的发展，有机半导体材料得到了广泛的开发与应用。典型的 OFET 是由传输载流子的有机半导体层（沟道层）、存储电荷的电荷俘获层（浮栅层）、隔绝电荷泄漏的栅绝缘层，以及 3 个电极（源极、漏极和栅极）和衬底组成的三端电子器件。每一个功能层对材料性能的要求都不相同。除了器件本身所用到的材料之外，还需要考虑后端集成所用到的封装材料等。值得一提的是，有机光电信息材料因具有分子结构可设计、电子结构可调、功能性多样等特点，在信息存储领域具有巨大的潜力。

3.1　有机半导体材料

在 OFET 存储器中，有机半导体材料又称为沟道材料，主要起产生、传输载流子的作用。设计和合成高质量的有机半导体材料是制备高性能存储器的关键。与无机半导体材料相比，有机半导体材料具有很多优良的特性：第一，有机半导体材料可以通过调整碳、氢、氧等元素的比例及聚合物链的长短获得种类众多、性能各异的材料，而无机半导体材料的种类有限；第二，有机半导体材料具有本征柔性的特点，能用于可穿戴设备的制备；第三，有机半导体材料与生物材料能够更好地相容，同时也可以用于喷墨打印，实现低成本加工。如图 3.1 所示，有机半导体材料按化学、物理性质的不同可分为两大类：一类是聚合物体系，如烷基取代的聚噻吩；另一类是小分子体系，如并苯类、C_{60}、金属酞菁化合物、萘、花等。与小分子半导体材料相比，聚合物半导体材料具有良好的机械柔韧性、低温加工性和大面积溶液加工性。

有机半导体材料的分子结构及其薄膜的聚集态结构决定着 OFET 载流子传输的类型和性能。根据载流子传输类型的不同，有机半导体材料可分为传输空穴的 P 型有机半导体材料、传输电子的 N 型有机半导体材料，以及同时传输空穴和电子的双极型半导体材料。在基于 P 型有机半导体材料的 OFET 中，当施加负向栅极电压时，有机半导体中的 HOMO 能级和 LUMO 能级会向上弯曲，使空穴的注入势垒降低。P 型有机半导体材料一般具备两个特点：一个是具有较高的 HOMO 能级，有利于和电极形成欧姆接触，促进空穴注入；另一个是材料本身是电子给体。

通常来说，P 型有机半导体材料拥有良好的空气稳定性，以并五苯、聚噻吩、吡咯并吡咯二酮（DPP）和异靛青（IDG）类衍生物的空穴传输性能最为突出。在基于 N 型有机半导体材料的 OFET 中，当施加正向栅极电压时，半导体中的 HOMO 能级和 LUMO 能级会向下弯曲，使电子的注入势垒降低。与 P 型有机半导体材料相反，N 型有机半导体材料必须是电子受体，而且必须同时拥有和源漏极匹配的 LUMO 能级。现有的有机半导体材料，无论是小分子体系还是聚合物体系，都仍以 P 型材料为主。与 P 型有机半导体材料相比，N 型有机半导体材料的空气稳定性比较差，而且其场效应迁移率也远低于 P 型有机半导体材料。设计稳定的 N 型有机半导体材料，重点是降低其 LUMO 能级，理想的 LUMO 能级应该小于−4.0eV，通常为含强缺电子官能团的萘酰亚胺（NDI）类和苝酰亚胺（PDI）类共轭小分子半导体材料和聚合物半导体材料。双极型半导体材料的典型代表为 NDI 类和 DPP 类共轭小分子半导体材料及聚合物半导体材料。

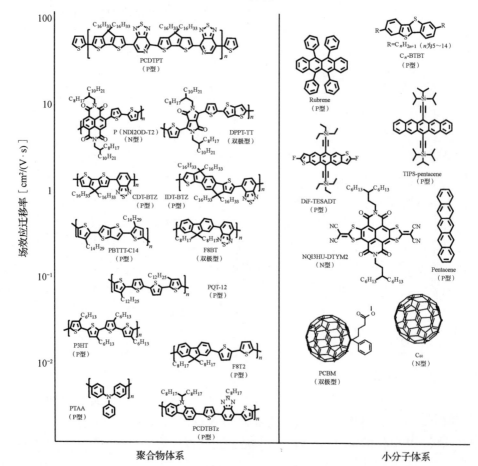

图 3.1　典型的有机半导体材料

按分子量大小的不同，有机半导体材料可分为 3 类：小分子半导体材料、低聚物半导体材料和聚合物半导体材料。小分子半导体材料的优点是结构易于修饰和纯化，可采用真空镀膜法和溶液法制备薄膜器件和单晶/微纳米器件等。通常，小分子真空镀膜法成膜的结晶性和有序性良好，其器件的场效应迁移率较高。然而，用溶液法加工小分子薄膜的均一性及其器件性能的重复性相对较差。相较而言，聚合物半导体材料具有用溶液法加工时成膜性好、制备工艺简单及成本低廉等优势，适合采用溶液旋涂、打印和丝网印刷等技术构造柔性、大面积和高性能的有机光电子薄膜器件。在 OFET 存储器中，用于有机半导体层的小分子半导体材料（简称小分子沟道材料）应具有以下特点：高场效应迁移率和良好的稳定性、电极/半导体合适的能级匹配、良好的共轭平面，以及较好的自组装潜力和规则的聚集形态。图 3.2 所示为典型的小分子沟道材料。有机半导体薄膜的场效应迁移率受到薄膜的结晶度、分子堆积结构和栅极电介质/半导体界面处的电荷陷阱的强烈影响。由于有机分子之间范德瓦耳斯力的相互作用较小，用溶液法加工的有机薄膜的结晶度、晶粒尺寸和晶体排列已被证明对加工条件（如溶剂蒸发速率和液体表面张力）非常敏感。基于 6,13-双(三异丙基甲硅烷基乙炔基)并五苯（TIPS-pentacene）的 OFET 可以通过控制薄膜的形貌，表现出高达 $11cm^2/(V \cdot s)$ 的场效应迁移率。基于偏心旋涂方法加工的苯并噻吩（C_8-BTBT）OFET 存储器具有高达 $43cm^2/(V \cdot s)$ 的峰值场效应迁移率[20]，可以与多晶硅媲美，可应用于快速存储、射频识别标签、平板显示背板驱动等。

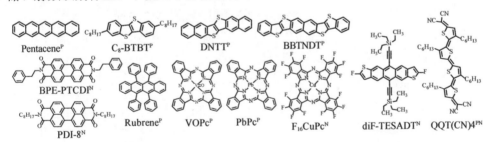

图 3.2　典型的小分子沟道材料（上角标中的 P、N 分别代表 P 型、N 型半导体特性）

3.1.1　单组分有机半导体材料

1．小分子半导体材料

作为沟道材料，小分子半导体材料的性能通过考察其场效应迁移率、极性、溶解度和空气稳定性等参数来评价。一般来说，热蒸发（蒸镀）的小分子表现出多晶的形态。由于决定电荷转移积分的电子波函数重叠是精确分子堆积的一个非常敏感的函数，各种多晶形态通常具有不同的场效应迁移率。提高场效应迁移率有利于提高写入速度和擦除速度。

从电荷隧穿效率的角度来看,通过蒸镀的小分子半导体材料为调控有机半导体层与介电层之间的界面接触面积提供了一种简便、有效的方法。并五苯是 OFET 存储器中最常见的小分子沟道材料,具有良好的可靠性、稳定性和电流开关比。最早的研究之一是设计了一种基于单晶并五苯的双极型 OFET 存储器,以石墨/银作为电极,以菲作为介电层,所制备器件的空穴迁移率为 $0.3cm^2/(V \cdot s)$[21]。通过在聚(偏氟乙烯-三氟乙烯-三氟氯乙烯)[P(VDF-TrFE-CTFE)]驻极体材料之间使用长链烷烃分子四正辛烷作为钝化层,可以使空穴迁移率提高两个数量级,同时优化后的器件具有 12.4V 的存储窗口。其他 P 型小分子半导体材料,包括红荧烯、C_8-BTBT 及其衍生物(C_n-BTBT),以及双萘并[2,3-b:2′,3′-f]噻吩并[3,2-b]噻吩(Dinaphtho [2,3-b:2′,3′-f]-thieno[3,2-b]-thiophene,DNTT)及其衍生物,具有 $1\sim10cm^2/(V \cdot s)$ 的空穴迁移率,高于非晶硅的空穴迁移率[$0.5\sim1.0cm^2/(V \cdot s)$]。虽然通过蒸镀高度纯化的小分子半导体材料往往具有比聚合物半导体材料更高的场效应迁移率,但它们对机械应变产生的微结构缺陷比较敏感,这是由于不同弯曲条件下的分子间距离在电荷传输中起着至关重要的作用。C_8-BTBT、DNTT、三异丙基-甲硅烷基乙炔、并五苯和 2,8-二氟-5,11-双(三乙基甲硅烷基乙炔基)蒽噻吩[2,8-Difluoro-5,11-bis (triethylsilylethynyl)-anthradithiophene,diF-TESADT]还可以通过溶液加工方法沉积在衬底上。将可溶性小分子半导体材料与低介电常数聚合物半导体材料混合,通过调控掺杂比例,可以改善有机半导体的结晶度和均匀性。与 P 型有机半导体材料种类繁多且多为小分子体系不同,N 型有机半导体材料的种类比较少且多为聚合物体系。典型的 N 型小分子半导体材料的电子迁移率已达到 $0.5cm^2/(V \cdot s)$ 以上,包括萘四羧酸二亚胺(NTCDI)基和苝四羧酸二亚胺(PTCDI)基等材料。

2. 聚合物半导体材料

聚合物半导体材料及用它制备的薄膜场效应晶体管器件(OFET)已取得一系列突破性进展。目前,已有数百种聚合物半导体材料被成功地应用于 OFET 中,空穴迁移率最高已达 $36.3cm^2/(V \cdot s)$。给体-受体(D-A)型共聚物材料被誉为第三代聚合物半导体材料。根据给体(D)和受体(A)结构的不同,共聚物半导体材料可分为以下 3 类:D-D 型,为全给体型的 P 型共聚物材料,以并噻吩和稠环噻吩类共聚物最为经典,其空穴迁移率已超过 $4.0cm^2/(V \cdot s)$;A-A 型,为全受体型的 N 型共聚物材料,电子迁移率已超过 $1.0cm^2/(V \cdot s)$;D-A 型,该类共聚物材料的 D 单元通常为连二噻吩、噻吩[3,2-b]噻吩、噻吩乙烯噻吩、硒吩、苯和萘等富电子的化合物,而 A 单元通常为带强缺电子酰胺/酰亚胺官能团的 NDI、PDI、DPP 及 IDG。研究证实:通过合理地组合与剪裁 D 单元和 A 单元,可开发出载流子传输类型不同的 D-A 型共聚物（见图 3.3）。在 D-A 型共聚物场效应晶体管材料的设计过程中，可选择的 D 单元较丰富，而 A 单元相对稀少，理想 A 单元的设计与合成极具挑战。近年来，经典的 A 单元有苯并噻二唑（BT）、DPP、苯并二噻二唑（BBT）、萘二酰亚胺（NDI）和异靛青（IDG）等缺电子单元。由于 D-A 型共聚物分子内较强的电荷转移作用促使了聚合物分子链间的 π-π 堆积和薄膜的结晶性，其场效应迁移率在 3 类共聚物材料中处于领先地位。N 型共聚物材料 P(NDI2OD-T2)即使在自然环境条件下也具有 0.85cm^2/(V·s)的高电子迁移率。据相关文献，电子迁移率也会随着分子量的增加而增加。阿赫迈德·曾（Achmad Zen）[22]在 2004 年提出了基于不同分子量 P3HT 的场效应晶体管，场效应迁移率会随温度的升高而不断降低；且在相同的趋势下，P3HT 薄膜会发生明显的热致变色效应。显然在较高的温度下，聚合物链呈现出更扭曲、更无序的构象，导致聚合物链间电荷传输效率降低。

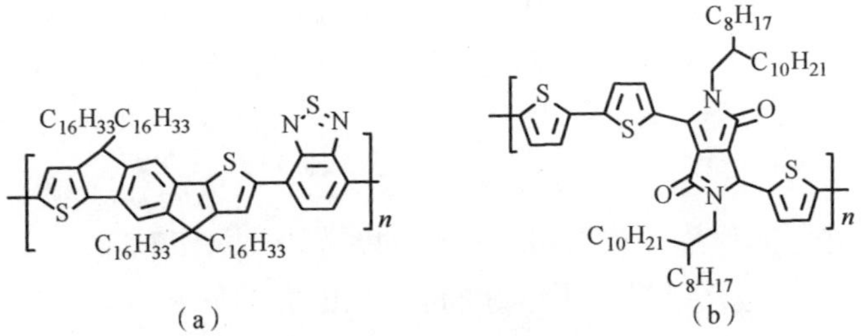

图 3.3　D-A 型共聚物
（a）IDT-BT　（b）DPPT-TT

双极型聚合物半导体材料在有机柔性显示和逻辑互补电路等领域具有潜在的应用价值。双极型聚合物半导体材料的设计除了需考虑聚合物 D-A 单元的共平面性和对称性以外，该类材料的性能还受材料的溶解性、化学稳定性、分子量、能级结构、结晶性及堆积排列方式等因素的影响。从材料能级工程角度考虑：双极型聚合物半导体材料的理想 HOMO 能级应处在−5.5～−5.0eV 区间，这样能与常用金电极的功函数（5.1eV）匹配良好，有利于空穴的注入；最理想的 LUMO 能级应该处于−4.3～−3.8eV 区间，这样有利于电子的注入。为了隔绝水和氧对 OFET 导电沟道的影响，通常的解决方法就是构造顶栅结构的 OFET，或者是增加一层 Al$_2$O$_3$ 封装层。

3.1.2　多组分有机半导体材料

与单组分有机半导体材料相比，多组分有机半导体拥有异质结构，能够结合每种半导体的优势，可以用来制造操作电压小、响应速度快、稳定性更高的 OFET 存储器。双极型 OFET 是高效制备逻辑互补电路不可或缺的单元，是一类极为重要的器件。如何获得高性能、平衡传输的器件是关键。截至本书成稿之时，获得双极型 OFET 的方法主要有以下 3 种。

（1）采用单一种类活性材料：通过合适的分子结构和能级设计，可以采用一种活性有机半导体材料实现双极型传输。但是，只采用一种材料的设计难度大，且容易存在注入势垒。

（2）两种活性材料混合：将 N 型和 P 型有机半导体共混或共蒸。

（3）平面异质结双沟道：通过将 N 型和 P 型有机半导体组成水平异质结，实现 N 型和 P 型沟道同时传输。将 N,N′-二辛基苝二亚胺（PDI-8，N 型）/并五苯（P 型）异质结引入 OFET 存储器[见图 3.4（a）]，可以在沟道中俘获足够的电荷。双极型存储器件具有较低的读取电压（约 2V）。此外，并五苯颗粒沉积在异质结的顶部还可以保护 N 型 PDI-8 不受空气的影响。如图 3.4（b）所示，在读写擦循环 500 次后，双极型 OFET 器件仍保持稳定状态。除此之外，还有一些其他的 PN 型异质结（如并五苯/C_{60} 和并五苯/$F_{16}CuPc$）也被用于研究可调控双极型存储器件[23]。

当 P 型半导体与 N 型半导体接触时，由于电荷在界面上的转移会形成 I 型或 II 型异质结，出现能带弯曲，势垒高度由能级差决定。此外，还有多层有机半导体材料组成的器件结构，如以并五苯/N,N′-二十三烷基苝-3,4,9,10-四羧酸二酰亚胺（P13）/并五苯作为 3 层有机异质结的非易失性 OFET 器件[24]。P13 薄膜既是有机半导体层又是介电层，不连续的 N 型 P13 夹在 P 型半导体材料并五苯中间，提供电子并促进电子俘获过程。由于 P13 的 LUMO 能级比并五苯低，界面处会形成量子阱结构[见图 3.4（c）]，因此该器件具有较大的存储窗口（60V）、超过 10^4 的电流开关比、稳定的 3000 次读写擦循环特性[见图 3.4（d）]，且实现了 4 级存储，各存储态间的电流开关比大于 10，且维持时间超过 10^4s。此外，该异质结还被成功地应用于柔性非易失性存储器件，并在 10^4 次反复弯折后仍具有良好的稳定性。

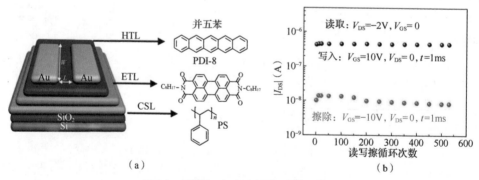

图 3.4　异质结 OFET 存储器的结构和性能

（a）并五苯/PDI-8 异质结 OFET 存储器的结构及其分子结构示意图　（b）双极型 OFET 存储器的读写擦循环

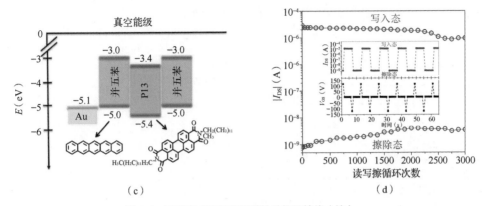

（c）　　　　　　　　　　　（d）

图 3.4　异质结 OFET 存储器的结构和性能（续）

（c）并五苯/P13/并五苯异质结的能级　（d）并五苯/P13/并五苯异质结 OFET 存储器的维持特性

3.2　介电材料

在 OFET 存储器中，介电材料通常被用作栅绝缘层材料或电荷俘获材料。当作为栅绝缘层材料（通常包括较薄的 TDL 和较厚的 BDL）时，介电材料常选用介电常数较大的材料（表 3.1 为常用介电材料的介电常数），以达到降低操作电压的目的。截至本书成稿之时，OFET 存储器中比较常用的介电材料有以下 3 类。

（1）无机介电材料：包括金属氧化物（如 Al_2O_3、SiO_2、HfO_2 等）、氮化物（Si_3N_4、AlN）、钙钛矿和包含它们的共混物。考虑到碱金属氧化物和碱土金属氧化物具有很强的吸湿性并受到很大的稳定性限制，这些组合物中使用的金属元素通常属于 ⅡA、ⅢA、ⅢB、ⅣB 和 ⅤB 族。

（2）有机介电材料：主要是一些分子量比较大的聚合物，通常分为高介电常数聚合物和低介电常数聚合物。低介电常数聚合物通常指介电常数低于 SiO_2（$\varepsilon_r \approx$ 3.9）的聚合物，包括聚苯乙烯（Polystyrene，PS）、聚甲基丙烯酸甲酯[Poly(methyl methacrylate)，PMMA]、聚酰亚胺（Polyimide，PI）等。高介电常数聚合物的介电常数通常为 4.6～18.5，如 PVA、聚乙烯基苯基（PVP）和氰乙基支链淀粉（CYPEL）。

（3）电解质材料：这类材料的离子在电解质/电极界面处以相反的电荷（阴离子和阳离子）响应电场而发生位移，从而形成了两个薄离子层（厚度约为 1nm），称为双电层。使用电解质材料通常可以获得 $1～10\mu F/cm^2$ 的电容值。因此，它们在半导体-电介质界面产生的电荷载流子密度可以非常大，有利于实现超低电压驱动的晶体管。常见的电解质材料类别包括离子液体、离子凝胶、聚电解质和聚合物电解质。

表 3.1 常用介电材料的介电常数（室温）

介电材料	介电常数	介电材料	介电常数
PS	2.5	P(VDF-TrFE)	10.4
PαMS	2.6	P(VDF-TrFE-CTFE)	52.0
P4MS	2.4	SiO_2	3.9
PVN	2.7	Al_2O_3	9.7
PVPyr	3.6	Ga_2O_3	12.0
PVP	4.7	TiO_2	27.0
PVA	7.3	ZrO_2	14.6
PI	3.4	HfO_2	19.0
PMMA	3.5	Ta_2O_3	23.5

通常来说，无机介电材料主要发挥 BDL 的作用，这是由于其介电常数较大、绝缘性好、薄膜致密度较高。在典型的无机电介质中，带隙（E_g）与介电常数成反比。因此，应优选具有较小带隙的无机介电薄膜，以提高介电常数。然而，大的带隙有利于抑制来自电极的电荷注入，并减少由于热/光激发过程而产生的电荷。为了实现可靠的晶体管，要考虑无机电介质与半导体的带隙匹配。P 型晶体管中无机电介质的价带顶（VBM）和 N 型晶体管中无机电介质的导带底（CBM），与半导体之间的能带偏移应大于 1eV，以保持肖特基发射泄漏足够低。目前，气相法和溶液法都已被应用于无机介电薄膜的生长。气相法通常能生产出高质量的无机介电薄膜。沉积高介电常数无机介电薄膜的常用气相方法包括化学气相沉积（Chemical Vapor Deposition，CVD）、原子层沉积（Atomic Layer Deposition，ALD）、溅射、脉冲激光沉积（Pulsed Laser Deposition，PLD）和电子束蒸发（E-beam Evaporation）。为了实现低成本和/或卷对卷制造，已有文献发表了使用不同的涂层和印刷工艺（如旋涂、喷涂、喷墨印刷和凹版印刷）从溶液前体加工制备无机介电薄膜。然而，这些工艺仍然需要在高温（通常>400℃）下进行薄膜沉积后退火，以实现薄膜致密化和杂质去除。

聚合物介电材料具有与传统无机介电材料互补的多种特性，如质量小、具有低温溶液加工性和机械柔韧性。大多数聚合物是非晶态的或弱结晶的，它们的薄膜表面光滑。在 OFET 存储器中，聚合物介电材料既可以充当 TDL 材料，又可以作为电荷俘获层材料。在充当 TDL 使用时，聚合物介电材料直接和有机半导体材料接触。TDL 的表面性质和分子结构会直接影响存储器的性能，一般要求其具有以下 3 个特征。

（1）介电常数比较小，以增强有机半导体层材料和电荷俘获层材料之间的隧穿电场。

（2）薄膜表面的陷阱和缺陷较少，有利于改善有机半导体层材料的结构、晶粒大小，提高场效应迁移率。

（3）疏水性强，以防止形成易失性的电荷俘获位点及漏电通道。

在存储器中，TDL 可以阻止被俘获的电荷重新返回有机半导体层中，起维持信息存储的作用。而在擦除操作时，希望被俘获的电荷能够完全去俘获并返回有机半导体层，因此要求 TDL 材料与有机半导体层材料之间的隧穿势垒不能过大也不能过小。然而，聚合物介电材料由于具有随机有序的结构和非常复杂的物理性质，如分子量、结晶度、堆积方式、特定温度下的玻璃化转变等，通常表现出更高的复杂性等，所有这些都会对介电性能产生影响。高介电常数聚合物介电材料在实现更高的电容以降低操作电压方面是可取的，但极性偶极子的存在及其相对较慢的极化会导致器件性能不稳定和无法消除的回滞现象。极性表面有时也可能不适合有机半导体层的生长。为了解决这个问题，有研究人员开发了采用低介电常数聚合物缓冲层的双层栅极电介质，以避免有机半导体和极性部分直接接触，消除由于偶极子与有机半导体接触而导致的场效应迁移率下降问题。

电荷俘获层是 OFET 存储器的核心功能层。根据薄膜形态的不同，充当电荷俘获层的材料可以分为纳米结构材料和连续薄膜材料；根据材料特性的不同，可以分为有机材料和无机材料。常用的电荷俘获层材料主要包括小分子半导体材料、聚合物半导体材料、金属 NP（Au-NP、Cu-NP、Ti-NP 等）、Ⅱ-Ⅵ族（CdS、CdSe 和 CdTe）和Ⅳ-Ⅵ族（PbS 和 PbSe）QDs、钙钛矿 QDs、2D 半导体材料（石墨烯、MoS_2 等）、碳点等。本节主要介绍小分子半导体材料、聚合物驻极体材料及纳米结构材料等。

3.2.1　小分子半导体材料

图 3.5 所示为常见的用于电荷俘获层的小分子半导体材料（又称小分子电荷俘获材料）。其中，具有弱偶极矩的小分子 DCNSFX 和 IPPA-Cl[①]作为电荷俘获材料可以促进电荷传输并提高存储性能；TPA(PDAF)$_n$ 具有完全分离的 HOMO 能级和 LUMO 能级，其高度非平面拓扑构型小分子可以提供离散的空穴和电子俘获位点并抑制电荷泄漏。还有 C_{60}、TIPS-pentacene、酞菁铜[Copper(Ⅱ)-phthalocyanine，CuPc]等，它们可以同时作为有机半导体层和电荷俘获层，这有利于简化 OFET 的制备过程和降低成本。接下来主要从以下 3 个方面进行介绍：连续型小分子存储介质、半导体小分子存储介质和自组装小分子浮栅存储介质。

---

① DCNSFX 为 2,7-二甲腈螺[芴-9,9′-氧杂蒽][2,7-dicarbonitrile-spiro[fluorene-9,9′-xanthene]]，IPPA-Cl 为氯代 9,10-酰亚胺-芘-熔融吡氮杂烯[Chlorinated 9,10-imide-pyrene-fused pyrazaacene]。

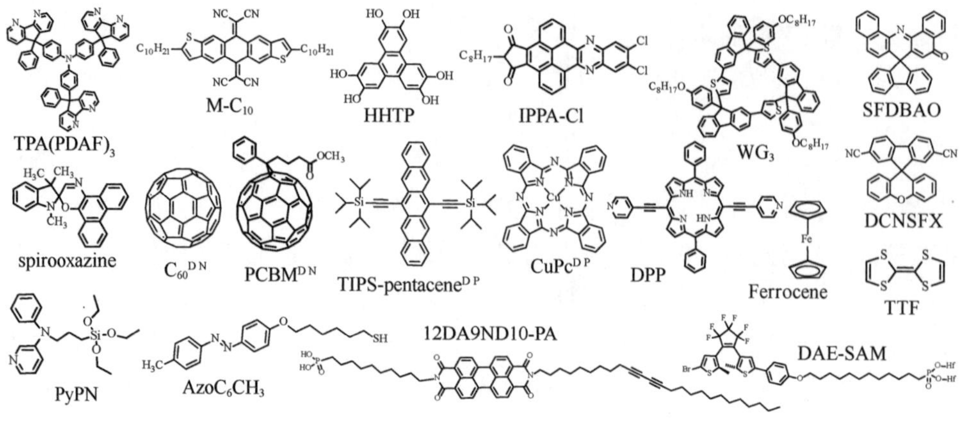

图 3.5　典型的小分子电荷俘获材料

1. 连续型小分子薄膜存储介质

大多数文献提出的小分子电荷俘获材料是可溶液加工的，能够产生均匀的薄膜，但不是多晶形态。基于连续型小分子薄膜的 OFET 存储器由于结构简单，仅由 BDL 和 CTL 叠加而成，因此不需要在 CTL 内部添加任何额外的导电结构或金属纳米浮栅结构，从而实现了简便和可控的加工技术。M-C$_{10}$ 是一种典型的低电导率连续型小分子存储介质，能够嵌入基于并五苯的 OFET 光存储器中[25]。如图 3.6（a）所示，M-C$_{10}$ 是一种电子受体材料，其中二氰基亚甲基连接在共轭核心上，附着于共轭核心的长烷基侧链可以增强 M-C$_{10}$ 的溶解度以形成大面积的均匀薄膜，并且退火形成的自组织烷基链阻挡层可以防止被俘获电荷的流失，进一步延长了器件的电荷存储时间。此外，M-C$_{10}$ 还具有较低的 LUMO 能级和较窄的带隙，可以确保电子和空穴都能在光照下有效地注入，其中由光调控的电荷存储 20,000s 后依然保留了 92%。

小分子半导体材料因其明确的分子结构特点，可以通过化学合成引入合适的功能基团以调控 OFET 存储器的性能、研究构效关系。如图 3.6（b）所示，将电荷俘获基团羟基（—OH）引入共轭分子 2,3,6,7,10,11-六羟基三亚苯（2,3,6,7,10,11-Triphenylenehexol，HHTP）中作为电荷俘获材料，可以增强材料的吸电子能力[26]。OFET 存储器的电容和俘获电荷数量与 HHTP 的分子层厚度有关，蒸镀后小分子的均方根粗糙度（R_q）达到 0.537nm。以厚度为 5nm 的 HHTP 作为电荷俘获材料的 OFET 存储器具有 28V 的存储窗口（栅极电压范围为-40~40V），可计算出每个 HHTP 分子平均俘获约 1.7 个电荷。

小分子的偶极矩在 OFET 存储器的电荷俘获能力中起着重要的作用。南京邮电大学解令海等人合成了 PN 型小分子十字形螺芴 SFX 及其衍生物，并研究了偶极矩对 OFET 存储器中电荷俘获行为的影响。SFX、CNSFX 和 DCNSFX 等小分子具有不同的氰基取代，但 HOMO 能级相同，P 型和 N 型部分在垂直方向上相互分离。其中，SFX 的电荷是均匀分布的，只有一个非常弱的偶极子，而 CNSFX 具有很强的偶极矩，这是因为它的吸电子的氰基单元导致电荷分布指向相反的一侧。DCNSFX 由于分布对称的电荷而具有较弱的偶极矩。如图 3.6（c）所示，由于偶极矩较弱，采用 SFX 和 DCNSFX 分子作为电荷俘获材料的 OFET 存储器具有出色的空穴俘获能力和较高的载流子密度，这表明具有弱偶极矩的对称小分子是实现高性能晶体管存储器的有效策略之一。

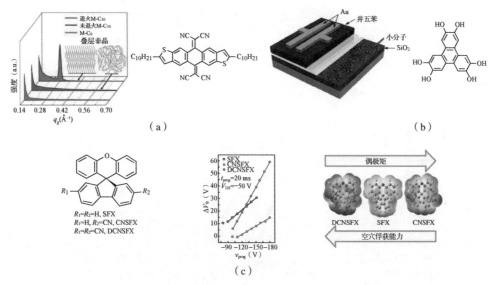

图 3.6　基于单组分小分子电荷俘获材料的 OFET 存储器

除单极型小分子半导体材料以外，D-A 型小分子半导体材料可以实现双极型存储，且具有较大的空间位阻和合理的电子结构，有利于电荷俘获和存储，因而受到了广泛关注。余洋等人合成了一系列电子给体-电子受体共轭打断小分子半导体材料 TPA(PDAF)$_n$（diazafluorene-derivatives-triphenylamine）（n=1,2,3），其中包含三苯胺（Triphenylamine，TPA）和 4,5-二氮杂芴单元，作为存储器中的电荷俘获元素。在这种分子设计中，由于 4,5-二氮杂芴单元的强电子亲和力，TPA(PDAF)$_n$ 具有完全分离的 HOMO 能级和 LUMO 能级，而且较低的 LUMO 能级有利于电子注入，能够提供理想的空穴和电子俘获位点。TPA 作为空穴俘获位点时，周围的二氮杂芴单元可以提供电子俘获位点和空穴阻挡基团来抑制 TPA 中电荷的泄漏。如图 3.7（a）所示，二氮杂芴基团数量的增加能够产生更多的电子俘获位点，并且使被俘获的空穴变得更难从 TPA 核中释放出来。因此，基于 TPA(PDAF)$_3$ 的 OFET 存储器具有更大的存储窗口和更稳定的存储特性。此外，随着空间位阻的增加，

TPA(PDAF)$_3$ 具有高度非平面的拓扑结构，并且具有极弱的分子间相互作用。由于上述设计策略，基于 TPA(PDAF)$_3$ 的 OFET 存储器具有优异的存储性能，如空穴俘获密度高（$4.55×10^{12}$ 个/cm^2）、写入速度快（<20ms）和存储窗口大（89V）[见图 3.7（b）]。这些结果表明，小分子的空间位阻和合理的电子结构设计是高性能 OFET 存储器中优异电荷俘获介质的有效策略。

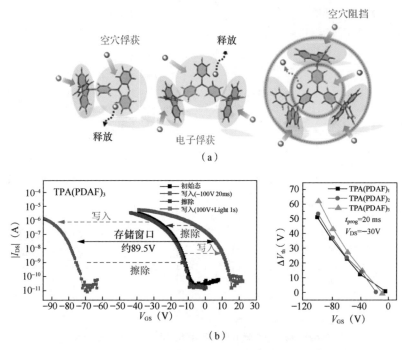

图 3.7 基于 TPA(PDAF)$_3$ 的 OFET 存储器的电荷俘获机理和存储特性
（a）电荷俘获机理示意图　（b）双极写入和擦除过程的转移曲线（左）和存储窗口随栅极电压变化的曲线（右）

2. 半导体小分子存储介质

如果电荷俘获层与有机半导体层直接接触，则任何界面缺陷都可能导致存储电荷泄漏并降低器件的维持时间，而纳米浮栅（Nano-floating-gate，NFG）结构可以有效地解决这个问题。存储的电荷位于纳米浮栅中，可以实现非易失性存储。其中，富勒烯材料（如 C$_{60}$、PCBM 等）因具有纳米级别的结构和较低的 LUMO 能级而成为较常用的 N 型小分子浮栅材料。周晔提出了基于溶液加工的 C$_{60}$ 浮栅结构的柔性 OFET 存储器[27]；以并五苯作为有机半导体层的器件同时具有俘获空穴和俘获电子的能力，实现了双极型存储特性；而以十六氟酞菁铜（F$_{16}$CuPc）作为有机半导体层的器件仅表现出电子俘获能力，是典型的 N 型器件。但是，小分子半导体材料存在因溶解度较低而导致的其溶液加工后薄膜不均匀等问题，限制了其应用场景。与少量聚合物介质掺杂可以弥补这些小分子半导体材料因其低分子量而导致的溶解度较低的问题。陈文昌课题组提出了一种非易失性 OFET 存储器，该存储采用四臂星形聚苯乙烯纳米浮栅结构和 CuPc 材料作为电荷俘获层[28]。由于薄膜均匀性和可溶液加工，CuPc 在 PS 中呈现均匀分布，可以提供足够多的电荷俘获位点，而四臂星形聚苯乙烯可防止存储电荷的泄漏。浮栅型 OFET 存储器表现出优异的 P 型特性，且具有高达 10^7 的电流开关比和较好的稳定性。

　　非富勒烯 P 型和 N 型小分子半导体材料也可作为 OFET 存储器中的纳米浮栅结构。这类材料具有匹配的 HOMO/LUMO 能级，可以有效地降低有机半导体层材料与介电层材料之间的空穴/电子势垒，有利于电荷注入和降低能量消耗。南京邮电大学李雯等人设计了一种将[2-(9-(4-(辛氧基)苯基)-9H-2-芴基)噻吩]3:三羟甲基丙烷（WG3:TMP）共混溶液作为 CTL 的 OFET 存储器，WG3 和 TMP 的能级及化学结构如图 3.8 所示。WG3 具有很高的势垒和极好的甲苯溶解性。由于垂直相分离，WG3 纳米结构阵列在复合材料的顶部呈现孤立且有序的分布，能有效地抑制 WG3 中空穴的横向扩散。与光滑的 WG3 薄膜相比，WG3 纳米结构阵列增加了与有机半导体层（并五苯层）的接触面积，从而提高了电荷俘获效率。与使用光滑 WG3 薄膜作为 CTL 的 OFET 存储器相比，基于 WG3 纳米结构阵列的 OFET 存储器表现出优异的内存性能，具有更大的存储窗口（45V）、更短的切换时间（约 1s）和稳定的维持时间（>10^4s）。

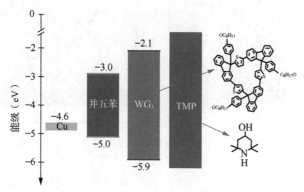

图 3.8　并五苯、WG3、TMP 的能级及化学结构

3. 自组装小分子浮栅存储介质

　　小分子自组装单分子膜（Self-assembled Monolayer，SAM）是一种应用广泛的材料。形成 SAM 的小分子由 3 部分组成：头部基团（又称锚基，Head Group）、末端基团（Terminal Group）和连接子（Linker）。头部基团锚定在衬底上，而末端基团存在于有机半导体层界面。自组装小分子浮栅具有独立和离散的载流子吸引力，可以提高器件稳定性并防止电荷泄漏。小分子 SAM 还可以调整半导体和电荷俘获

位点之间空穴/电子的注入势垒，进一步实现从单极型到双极型存储行为的转变。

陶雨台课题组制备了覆盖偶氮苯衍生物 SAM 的 Au-NP 作为混合纳米浮栅结构 [见图 3.9（a）][29]。与简单的单层烷硫醇相比，—CH₃ 取代后的偶氮苯 SAM（AzoC₆CH₃）在 Au-NP 之外提供了额外的电荷俘获位点，实现了更大的存储窗口、更快的响应时间和更好的维持特性。此外，偶氮苯（CH₃、H 或 CF₃）上的取代基可以进一步提高器件的存储速度和稳定性。之后，陶雨台课题组又提出了具有单层自组装膜的小分子双浮栅结构 OFET 存储器[30]。单层自组装分子 12DA9ND10-PA 包含作为锚定部分的膦酸基团、作为空穴俘获位点的二乙炔基团和作为电子俘获位点的 NTCDI 基团。电荷俘获的核心基团位于两个烷基链的间隔中。在弯曲半径为 12.5mm 时，由于烷基链之间的间距较小，绝缘层（分子烷基链）的有效厚度增加，导致了较小的存储窗口（1.2V）和较长的维持时间（约 10¹¹s）。与此相反，拉伸应变减小了绝缘体的有效厚度，促进了电荷在界面处的俘获，同时缩短了维持时间。它证明了小分子 SAM 在调节 OFET 存储器性能方面的优势。

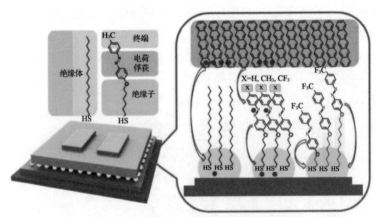

图 3.9　覆盖了偶氮苯生物 SAM 的 Au-NP 的电荷俘获过程

小分子 SAM 的主要策略是在不引起电荷泄漏的前提下通过将电荷俘获层的厚度降低到几纳米来增加介电材料的电容。郭雪峰提出了一种由光致变色二芳基乙烯（Diarylethenes，DAE）作为电荷俘获材料的小分子 SAM 组成的 OPTM[31]。DAE SAM 可以在不同波长光的照射下进行光处理，以优化其电荷的俘获与去俘获过程。这种 OFET 存储器可以在低电压（≤3V）下工作，维持时间长（半年）且稳定性高。

总而言之，可溶液加工的小分子由于具有易合成、可设计性强且加工成本低的优势，越来越受到人们的关注。在小分子中，电荷的俘获与去俘获过程与分子基团、电子结构、空间位阻、拓扑构象等因素息息相关，分子结构与器件性能的结构-性质关系有待进一步探究,以期望在OFET存储器中实现理性的分子结构设计与优化。

3.2.2 聚合物驻极体材料

近年来,大量结构新颖的聚合物驻极体材料被开发出来,其结构设计大部分都采用传统聚烯类骨架、D-A 型设计及支化寡聚物、聚合物等。聚合物的设计可以实现合适的 LUMO/HOMO 能级,有利于通过 P 型有机半导体层(如并五苯)或 N 型有机半导体层的空穴或电子的注入实现对电荷的俘获、维持、去俘获,从而实现存储器件的基本存储特性(如存储窗口、维持时间、电流开关比及读写擦循环等)。对聚合物 OFET 存储器性能的研究表明:基于 PS 修饰的高极性聚合物驻极体可以有效地俘获电荷,但电场诱导偶极的损耗使其维持性能较差;通过调控 PS 的侧链的有效共轭长度,可以实现对存储窗口的调节,但是 PS 及其衍生物的玻璃化转变温度较低,电荷反复转移过程中的热量会导致氧化、老化、交联等问题,不利于存储器件性能的稳定和寿命的提高。

采用 D-A 交替共聚来制备高性能聚合物驻极体材料已成为主流策略之一,D和 A 在适当的栅极电压下可以分别作为俘获空穴和电子的位点。分子内电荷转移能提高其电荷存储能力及稳定性,并能有效地抑制电荷的泄漏,因此具有更大的存储窗口和电流开关比等。电子给体单元可以选择具有空穴俘获能力的三苯胺及衍生物、咔唑、噻吩等,电子受体单元大多采用酰亚胺及其衍生物、含氮杂环等。聚酰亚胺类 D-A 型聚合物驻极体材料(见图 3.10)有很好的热稳定性与机械性能,是制备高性能 OFET 存储器的理想材料。具有六氟丙烷基的聚酰亚胺类衍生物的介电常数和偶极矩最优,能够实现优异的存储性能,但这种材料最大的问题是合成路线及分子结构都很复杂且成本较高,而且其较强的极性和亲水性对存储是不利的。下面主要介绍几种不同类型的聚合物驻极体材料。

1. 带有悬挂官能团侧链的聚合物驻极体材料

近年来,带有悬挂官能团侧链的聚合物驻极体材料在存储领域的应用引起了科学界的广泛关注。2002 年,霍华德·卡茨(Howard E. Katz)首次提出了以聚(4-甲基苯乙烯)[Poly(4-methyl-styrene),PMS]和环烯烃共聚物(Copolymers-of-cycloolefin,COC)作为栅绝缘层的场效应晶体管[7]。2004 年,托克乔姆·辛格(Thokchom Singh)提出了以 6,6-苯基-C_{61}-丁酸甲酯([6,6]-phenyl-C_{61}-butyric-acid-methyl-ester-6,PCBM)作为有机半导体层的 OFET 存储器,并使用 PVA 驻极体材料作为电荷俘获介质,具有约 14V 的存储窗口和长达 15h 的维持时间[32]。图 3.11所示为常见的带有悬挂官能团侧链的聚合物驻极体的分子结构。白康军(Kang-Jun Baeg)等人在并五苯 OFET 存储器的基础上,采用 PαMS、PS、聚(2-乙烯基萘)

[Poly(2-vinylnaphthalene)，PVN]、PVP 和聚(2-乙烯基吡啶)[Poly(2-vinylpyridine)，PVPyr]等一系列苯乙烯聚合物驻极体作为电荷俘获材料，系统地研究了聚合物驻极体的疏水性和极性对 OFET 性能的影响[33]。非极性和疏水性聚合物可以更好地充当电荷俘获材料，因为亲水性和极性聚合物中电荷的转移和俘获会通过来自离子和杂质的传导路径迅速消散。这些聚合物驻极体材料具有相似的化学结构，除了疏水性和极性不同以外，其他性质基本相似。通过对比实验结果发现，存储窗口的大小与聚合物驻极体材料的接触角成正比[见图 3.12（a）]，与介电常数成反比[见图 3.12（b）]。经分析，在相同的外加电压下，介电常数越小的材料承受的隧穿电场强度越大，因此越有利于电荷的注入。此外，非极性和疏水的聚合物驻极体材料还表现出比较稳定的维持时间特性，因为极性聚合物驻极体材料的偶极子、亲水性材料吸附的湿气和材料中存在的离子、杂质等会在材料表面和体相中产生导电通道，导致所存储电荷的快速流失。因此，疏水性能好的非极性聚合物驻极体材料具有更好的电荷存储能力，更适合作为电荷俘获层。

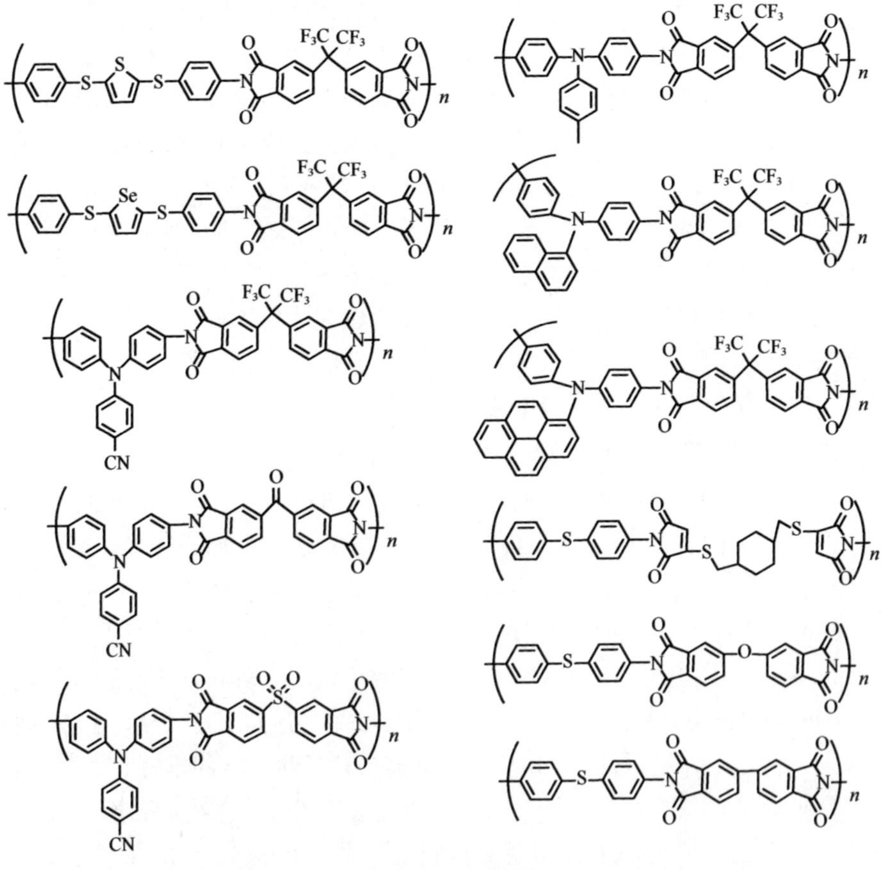

图 3.10　聚酰亚胺类 D-A 型聚合物驻极体材料

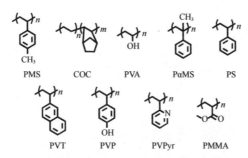

图 3.11　常见的带有悬挂官能团侧链的聚合物驻极体的分子结构

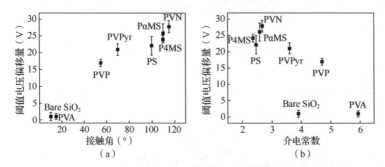

图 3.12　聚合物驻极体材料的电荷存储能力与接触角和介电常数的关系
（a）与接触角的关系　（b）与介电常数的关系

陈文昌课题组从表面极性、共轭长度、化学结构、D-A 强度和界面能量势垒等方面系统地总结了聚合物驻极体材料的性质对非易失性 OFET 存储器存储性能的影响（见图 3.13）[34]。他们提出，聚合物电介质侧链基团的共轭长度越长或强度越大，越有利于电荷注入，存储窗口越大；对星状聚合物驻极体材料来说，分子结构中大分子链臂段的数量越多，介电常数越小，因此产生的负载电场强度就越大，电荷存储能力就越强，且存储窗口越大；纳米结构的 BCP 膜厚越小，存储窗口越大等。

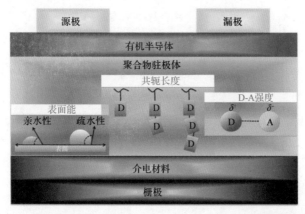

图 3.13　聚合物驻极体材料的性质对非易失性 OFET 存储器性能的影响

2. 聚合物复合材料

基于双浮栅概念，将聚合物驻极体材料作为基体（Matrix）与其他介电材料进行掺杂，也可以显著地提高 OFET 存储器的存储容量。如图 3.14 所示，可用于掺杂的材料有氧化石墨烯（Graphene Oxide，GO）、二茂铁（Ferrocene，Fc）、PCBM、1-氨基芘（Aminopyrene，APy）、TIPS-pentacene 等。刘云圻课题组提出了以电子给体复合材料为缓冲层的高性能 OFET 存储器件[35]，将小分子[如四硫富瓦烯（Tetrathiafulvalene，TTF）和 Fc]作为电子给体掺入聚合物基体[如聚碳酸酯（Polycarbonate，PC）、聚环氧乙烷（Polyethylene Oxide，PEO）]。在这种基于 CuPc 有机半导体层的 OFET 存储器中，当 CuPc（在此用作电子受体）与强给体分子接触时，电荷隧穿通过有机给体上的绝缘体聚合物是可能的。由于电介质膜的高电容和 PCBM 的强吸电子特性，更多的载流子得以产生[36]。由于并五苯和 D-A 混合驻极体之间的电荷转移更便利，刘云圻课题组采用 P10:PCBM 的混合驻极体进一步提高了器件的存储性能。

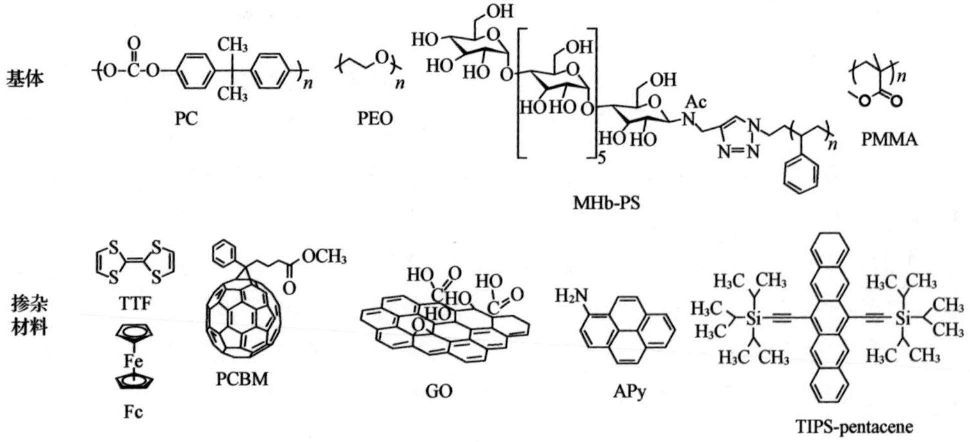

图 3.14　聚合物复合材料的化学结构

此外，聚合物与小分子混合材料利用了分子浮栅的形态，为探索分子结构效应的机制提供了一个方向。南京邮电大学石乃恩等人采用静电纺丝工艺制备了一种卟啉分子的纳米纤维驻极体阵列（见图 3.15）[37]。与基于旋涂加工的连续型电荷俘获层的 OFET 存储器相比，以卟啉:PS 纳米纤维驻极体阵列为电荷俘获层的 OFET 存储器（见图 3.15）显示出更强的电荷俘获能力，这是由于增加的体表面积对被俘获的电荷具有更有效的电荷转移和去偶极化。这一结果表明，预先设计的纳米结构可以通过调节介电层的微观形貌来提高存储性能。

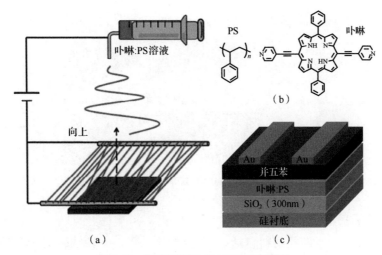

图 3.15 基于卟啉:PS 的 OFET 存储器件
（a）纳米纤维的制备过程 （b）卟啉:PS 的分子结构 （c）存储器结构

3.2.3 纳米结构材料

纳米结构材料包括金属 NP、碳纳米管、石墨烯和纳米线等。与传统的浮栅结构相比，纳米浮栅呈现分立、离散的电荷俘获位点特征，通过改变纳米材料的尺寸、空间分布可以控制电荷存储密度。纳米浮栅型存储器具有更好的电荷保持能力、小型化的潜力和多层次的功能性。

1. 金属 NP

在众多金属 NP（Au-NP、Cu-NP、Ti-NP 等）中，Au-NP 因其相对容易合成、较高的化学稳定性及功函数而被广泛应用于纳米浮栅中。金属 NP 还可以与小分子 NP 共同作用形成双浮栅，进而增强 OFET 存储器的存储性能。韩素婷课题组提出了利用溶液法处理的逐层组装的 RGO:Au-NP 混合双浮栅结构，在聚对苯二甲酸乙二酯（PET）衬底上制备了柔性 OFET 存储器（见图 3.16）[38]。自组装的大面积 RGO 单分子膜几乎完全覆盖了 Au-NP，与单一的 Au-NP 浮栅存储器相比，RGO:Au-NP 双浮栅 OFET 存储器的场效应迁移率、电流开关比等都有相对显著的改善。最重要的是，该结构改善了器件的存储特性，包括存储窗口和维持能力。在数百次的弯曲循环测试之后，该器件的 V_{th} 几乎没有退化。金东宇（Dong-Yu Kim）等人制备了基于 PVN 和氧化镍-NP（NiO_x-NP）的双浮栅柔性非易失性 OFET 存储器[39]。双浮栅结构极大地提高了存储性能，包括较大的存储容量、稳定的读写擦循环和准永久的维持特性（>10 年），在弯曲半径为 3mm 时也表现出良好的电荷存储特性。

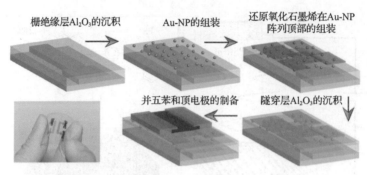

栅绝缘层Al₂O₃的沉积　　Au-NP的组装　　还原氧化石墨烯在Au-NP阵列顶部的组装

并五苯和顶电极的制备　　隧穿层Al₂O₃的沉积

图 3.16　RGO:Au-NP 双浮栅 OFET 存储器

2. 钙钛矿纳米结构材料

低维钙钛矿纳米结构材料包括：0D 结构钙钛矿，如钙钛矿 QDs 和纳米晶体（Nanocrystal，NC）；1D 结构钙钛矿，如钙钛矿纳米棒（Nanorod，ND）和纳米线（Nanowire，NW）；2D 结构钙钛矿，如钙钛矿纳米片（Nanosheet，NS）或纳米板（Nanoplate，NPL）。揭建胜课题组通过使用经典的溶液法合成了 0D 的 $CH_3NH_3PbBr_3$-NC，并制备了 OFET 存储器（见图 3.17）[40]：首先将衬底和 CdS-ND 浸泡在 $CH_3NH_3PbBr_3$-NC 悬浮液中，然后快速取出；当溶剂蒸发时，NC 在界面处析出，形成 NC 膜。经电导测试发现，该器件的电导值随着栅极电压的增加而单调增加，属于典型的 N 型场效应晶体管。该器件具有较大的存储窗口、良好的稳定性（暴露在空气中 50 天），以及高电流开关比（10^8）。此外，该器件在不同的写入电压下具有 4 种电阻状态，且 NC 中大量的 Br 空位使器件具有很强的电子俘获和去俘获能力，因此具有优异的性能。

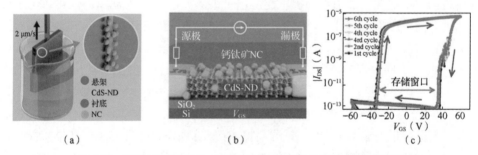

　（a）　　　　　　　　　　（b）　　　　　　　　　（c）

图 3.17　基于 $CH_3NH_3PbBr_3$-NC 的 OFET 存储器的结构及其性能表征
（a）将 CdS-ND 浸泡在 $CH_3NH_3PbBr_3$-NC 中　（b）存储器结构　（c）扫描电压为 1V 时的电学特性

与钙钛矿 NC 相比，钙钛矿 QDs 具有更高的表面积-体积比，可以在其表面陷阱处显示出更多的电子和空穴的俘获位点。2014 年，露西娜·施密特（Luciana C. Schmidt）首次采用配体辅助再沉淀（Ligand-assisted Reprecipitation，LARP）方法合成了尺寸为 6nm 的甲基铵溴化铅（MAPbBr₃）QDs[41]。这个合成方法是通过将

MABr 与长烷基链溴化铵混合，在油酸和十八烯的辅助下与 $PbBr_2$ 反应，所制备的 QDs 具有很强的光致发光强度（525nm）及良好的稳定性（超过 3 个月）。这表示低成本的 LARP 方法为获得高质量的钙钛矿 QDs 提供了一种简单的方案，同时也提高了光致发光量子效率。陈惠鹏通过溶液法制备了基于 PDVT-10:CsPbBr$_3$ QDs 的非易失性 OFET 存储器（见图 3.18）[42]。一定的掺杂比使得该存储器的维持时间（>100s）是 DRAM 的 1560 倍，写入速度（20μs）远远高于其他有机非易失性存储器，填补了易失性存储器与非易失性存储器之间的空白。此外，在光电协同刺激下，该存储器的维持时间特性可以得到进一步提高，为减少电写入条件提供了可能。而且，该存储器在弯曲条件下仍能表现出良好的电学性能。将具有不同带隙的钙钛矿 QDs 应用于 OFET 存储器中，可以呈现出多级非易失性存储状态。丁士进等人采用 CMSO 工艺制备了基于 CsPbBr$_3$ 钙钛矿 QDs 和 CsPbCl$_2$Br 钙钛矿 QDs 的双浮栅结构的 OFET 存储器，可以同时实现多级光电逻辑计算和原位存储[43]。该存储器具有不同带隙的钙钛矿 QDs 的阶梯式浮栅层，且在电压和高带宽光信号（写入/擦除）下具有多级非易失性存储状态。与传统的单层浮栅型 OFET 相比，丁士进等人制备的器件具有多级存储和多功能存储特性。

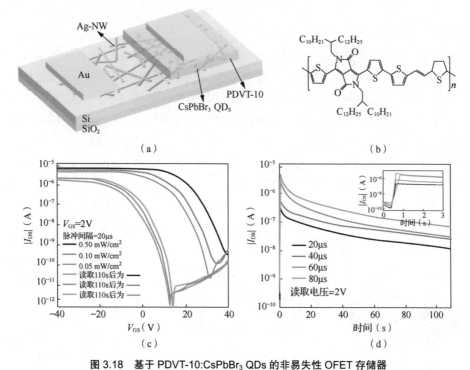

图 3.18　基于 PDVT-10:CsPbBr$_3$ QDs 的非易失性 OFET 存储器
（a）器件结构　（b）聚合物半导体材料 PDVT-10 的化学结构　（c）存储器在不同强度光照下随电脉冲（V_{GS}=2V，脉冲宽度为 20μs）和 110s 后重新扫描的转移特性　（d）V_{GS}=2V 且光强为 0.1mW/cm^2 时，不同脉冲持续时间下存储器的瞬态电流曲线

3. 2D 材料

石墨烯是最灵活、最薄的 2D 材料之一，其最大断裂强度达到 40N/m；弹性模量（Modulus of Elasticity，又称杨氏模量）为 1TPa，这一数值明显大于铱（0.52TPa）、钨（0.35TPa）、铬等材料的弹性模量（0.3TPa）。石墨烯不会被气体或液体穿透（因此它可以用于超灵敏传感器），其导电、导热等特性也远优于铜；它对光的吸收很弱，透射光谱范围很广（光透射系数为 97.7%），是一种理想的透明半导体，可用于制备太阳能电池、传感器屏幕、LED、柔性存储器和其他柔性透明纳米电子器件。闫小兵通过将氧化石墨烯量子点（GOQDs）嵌入高介电常数材料 HfO_2 层中[44]，制备出了一种非易失性存储器。在±3.5V 扫描电压下，该器件的存储窗口约为 1.57V，且在 $1.2×10^4$s 后电荷损耗仅为 13.1%。

由一层或多层二硫化钼（MoS_2）构成的类石墨烯二硫化钼（Graphene-like MoS_2）是一种与石墨烯的结构和性能相似的新型 2D 层状化合物。目前，这种材料的主要合成方法有：微机械力剥离法、锂离子插层法、液相超声法等"自上而下"的剥离法，以及高温热分解法、气相沉积法、水热法等"自下而上"的合成方法。李熙成（Hee-Sung Lee）提出了一种用掺杂 P(VDF-TrFE)的类石墨烯 MoS_2（1~3 层）作为有机半导体层的 OFET 存储器，其初始电流开关比达到 10^5，场效应迁移率也达到 220cm^2/(V·s)。与多层 MoS_2 器件相比，基于单层 MoS_2 的器件具有较大的存储窗口（14V）。在超过 1000s 之后，基于单层 MoS_2 的非易失性存储器仍具有优异的维持特性[45]。何军等人提出了一种基于 MoS_2/PbS 异质结的非易失性 OPTM（见图 3.19），它可以有效地工作在光通信波段（典型的波长是 800~1600nm，其中最常用的波长是 850nm、1310nm 和 1550nm）[46]。该器件在红外光脉冲调控下能够产生持久的电阻状态，在实验时间范围内（超过 10^4s）几乎不会衰减，且在没有施加电压的 3h 后也能完全恢复存储状态，表明其作为非易失性存储器的潜力。此外，该器件在 2000 次读写擦循环（光写入和电擦除）的测试下还具有稳定的电流开关比。在定量分析的理论模型下，光写入和电擦除现象分别源于 PbS 中的红外光诱导空穴俘获和施加栅极电压可以增强电子从 MoS_2 隧穿到 PbS 的能力。

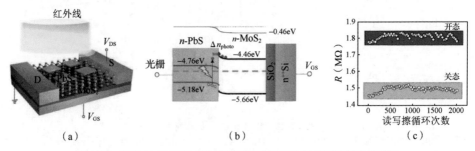

图 3.19　基于 MoS_2/PbS 异质结的非易失性 OPTM 的原理及性能表征

（a）器件结构示意图　（b）异质结的能带排列　（c）光写入和电擦除操作

3.3　电极材料

　　OTFT 存储器总共有 3 个电极，分别是源极、漏极、栅极，其中源极、漏极通常是共平面的。源极、漏极直接与有机半导体层材料接触，因此其功函数大小、界面性质会直接影响电荷的注入。在 OFET 中，电极和有机半导体之间的费米能级很大程度上决定了器件的特性。考虑金属-绝缘体-半导体（Metal-Insulator-Semiconductor，MIS）结构，如果金属和有机半导体的费米能级相等，就不会产生能带弯曲；如果两种材料之间存在能级差，就会发生从高费米能级向低费米能级的电子转移，直到费米能级相等为止。由于金属往往具有比有机半导体更高的电子浓度，有机半导体的费米能级变化比金属更加明显。这样，在考虑 MIS 结构的能带时，仅考虑有机半导体的能带弯曲。

　　一般要求电极材料的功函数和 P 型有机半导体材料的 HOMO 能级或 N 型有机半导体材料的 LUMO 能级匹配，以减小势垒，使电极材料和有机半导体层材料之间形成欧姆接触，从而促进电荷注入。P 型有机半导体主要搭配功函数较大的金属作为源极、漏极材料（见表 3.2），如 Au、Ag、Pt、Ni 等。出于全有机器件的研究考虑，导电聚合物（如 PEDOT:PSS 等类型的高导电共聚物）也可作为源极、漏极材料。N 型 OFET 的主要载流子为电子，这就要求电极材料的功函数能与有机半导体层材料的 LUMO 能级匹配，因此主要采用功函数较小的金属，如 Ca、Mg、Al 等，但这些金属易与 H_2O/O_2 反应，一般都要加一层金属保护层。

表 3.2　常用的源极、漏极材料及其功函数

材料	功函数（eV）
Al	4.3
Au	5.1
Ag	4.5
Ba	2.7
Ca	2.8
Cu	4.6
ITO	4.7
Mg	3.7
Ni	5.2
Pt	5.6

　　栅极位于衬底上，与栅绝缘层材料直接接触，不与有机半导体层材料直接接触。器件主要是通过施加栅极电压来影响导电沟道的尺寸和形状，从而控制从源极到漏极的载流子流动。应用比较广泛的栅极材料是高掺杂的 Si，它不仅可以作

为栅极，还可以作为 OTFT 存储器的衬底。在柔性器件中，Au、Al、ITO 也是较常用的栅极材料。

3.4 封装材料

封装材料是指用于承载电子元器件及其连线，起到机械支持、密封环境保护、散量等作用，并具有良好的电绝缘性的基体材料，是集成电路的密封体。根据材料组成的不同，封装材料可分为金属基、塑料基和陶瓷基 3 类。表 3.3 为典型封装材料的性能对比。

表 3.3 典型封装材料的性能对比

材料名称	热膨胀系数 （K^{-1}）	热导率 （$W·m^{-1}·K^{-1}$）	介电 常数	介电损耗	密度 （g/m^3）	抗弯强度 （MPa）
Al	$23.6×10^{-6}$	238.00	—	—	2.70	137～200
环氧树脂	$60.0×10^{-6}$～$80.0×10^{-6}$	0.13～0.26	3.5～5.0	0.0020～0.0100	0.98	—
聚酰亚胺薄膜	$40.0×10^{-6}$～$50.0×10^{-6}$	0.20	3.4	0.0020	1.30	140～200
Al_2O_3	$7.1×10^{-6}$	25.00	9.5	0.0004	3.90	420
莫来石	$4.2×10^{-6}$	5.00	6.4	0.0020	2.90	196
AlN	$4.4×10^{-6}$	175.00	8.9	0.0004	3.30	320

1. 金属封装材料

理想的金属封装材料要求具有较高的热导率（Coefficient of Thermal Conductivity，CTC）、较低的热膨胀系数（Coefficient of Thermal Expansion，CTE）及密度。Cu、Al 和 Al 合金等材料都具有热导率高、质量较小、成本低、强度高等优点，容易形成绝缘、抗侵蚀薄膜，因而得到广泛应用。

2. 塑料封装材料

塑料封装具有价格低廉、质量较小、绝缘性能好和抗冲击性强等优点。塑料封装材料主要是热固型塑料，包括酚醛类、聚酯类、环氧类和有机硅类，其中以环氧树脂的应用最为广泛，约占封装材料总用量的 90%。但是，环氧树脂材料的热力学性能受水蒸汽的影响较大。在高温情况下，水蒸汽会降低材料的玻璃化转变温度、弹性模量和强度。

3. 陶瓷封装材料

目前已用于实际生产和开发应用的陶瓷封装材料主要有 Al_2O_3、BeO、AlN 和莫来石等。陶瓷封装的优点在于耐温性好、线性膨胀率及热导率高。Al_2O_3 和 BeO

是被广泛使用的传统陶瓷封装材料,但其由于综合性能、环保、成本等因素,已难以满足低功率微电子封装的要求,综合性能优越的 AlN 逐渐成为低功率微电子封装的优良材料。

4.金属基复合封装材料

单一基体的各种封装材料无法满足各方面性能的综合要求。金属基复合封装材料在发挥基体材料优良性能的基础上,还具有其他组分材料的特点。按增强物类型的不同,金属基复合封装材料可分为连续纤维增强金属基复合材料、非连续增强金属基复合材料、自生增强金属基复合材料、层板金属基复合材料。按基体类型的不同,金属基复合封装材料可分为铝基复合封装材料、铜基复合封装材料、银基复合封装材料、铍基复合封装材料等。

第4章 连续型聚合物驻极体中的微纳结构

OFET 存储器的存储功能性来源于有机半导体层的导电沟道及其与栅绝缘层之间的电荷俘获层。在整个器件当中，每个存储单元包含一个晶体管，能够通过在栅极接触处施加一个附加电场（电压偏置或脉冲）来存储至少一个比特，并且可以通过调节该附加电场来调制 OFET 存储器沟道中的电荷分布。其中，电荷一般存储在浮栅内。根据形态的不同，浮栅可以分为两类：分立离散的 NP 浮栅和单组分连续薄膜浮栅。

聚合物驻极体型 OFET 存储器就是利用单组分连续聚合物薄膜作为存储介质的存储器件。聚合物驻极体的分子结构对非易失性 OFET 存储器的存储特性有多方面的影响，包括 π 共轭长度、侧链、分子量等。作为连续型的存储介质，具有准永久电荷俘获能力的聚合物驻极体可以进行低温、大面积的溶液加工，与柔性衬底有良好的相容性，因而成为极具潜力的柔性非易失性 OFET 存储器存储介质。本章从聚合物驻极体的凝聚态特性的角度，介绍其对 OFET 存储器性能的调控，主要分为：厚度效应、分子量效应、退火温度效应、纳米孔图案化工程、聚合物链相变工程和 SAM 工程。

4.1 连续型聚合物驻极体

当对基于聚合物驻极体的 OFET 存储器的栅极施加写入电压时，来自有机半导体层的电荷会通过隧穿越过界面势垒并存储在聚合物驻极体的内部或/和有机半导体/驻极体界面。正因如此，这类存储器的存储指标（包括存储容量、存储稳定性和耐受性等）与聚合物驻极体的物理厚度和形貌特征紧密相关。

4.1.1 厚度效应

薄膜的厚度是薄膜本身的固有属性，这里的"厚度效应"是指驻极体在块体尺度上的存储容量对 OFET 存储器性能的影响。近年来，研究人员设计了诸多策略来提升这类存储器的存储性能，如调控聚合物分子量、利用分子链的堆积和构象转变效应、调制 π 共轭的长度/强度、改变分子间/分子内的电荷转移能力、研究介电强度和分子极性强弱，以及薄膜形貌工程等。然而，大多数研究都只关注了聚合物在纳米浮栅型存储器中作为隧穿层时的厚度效应。

通常认为,用作电荷俘获层的聚合物驻极体所提供的电荷俘获位点与其体积成正比,因此膜厚越小,电荷俘获层的电荷俘获位点越少。减小膜厚虽然会使操作电压降低,但电荷存储的稳定性也会随之衰减。如果能够阐明驻极体厚度的基本物理效应,就可以更加理性地设计柔性非易失性 OFET 存储器的核心结构,科学地确定特定聚合物驻极体的最佳膜厚(Optimum Thickness, d_{ot}),从而减弱器件能耗、存储容量和稳定性之间的相互制约关系。另外,电荷隧穿过程一般被认为发生在有机半导体/驻极体界面,因此界面处的势垒高度、宽度、形状等,都会直接影响隧穿效率,这些因素与驻极体的膜厚直接相关。

1.膜厚对驻极体表面形貌和疏水性的影响

有机半导体/驻极体接触界面的质量影响着电荷注入和俘获的过程。通常,光滑且疏水的驻极体表面可以有效地降低有机半导体/驻极体之间的界面态密度。以溶解度高、成膜性好的聚合物驻极体材料 PVK 为例,选用并五苯为有机半导体材料,制备基于不同厚度 PVK 的 OFET 存储器,其中 PVK 分子量为 M_w=130,000[47]。通过控制 PVK 溶液的浓度、旋涂转速和旋涂时间,可以得到 7 组不同厚度的均匀PVK 薄膜,其平均厚度分别为:17.8nm±1.2nm,26.3nm±2.4nm,32.1nm±2.2nm,40.9nm±2.0nm,54.2nm±2.8nm,74.4nm±3.0nm 和 100.4nm±3.1nm。如图 4.1 所示,通过分析不同厚度的 PVK 薄膜的表面(均方根)粗糙度和疏水性统计图可以发现,薄膜的表面质量与膜厚呈弱相关性,说明 PVK 薄膜具有良好的成膜性和界面质量。此外,有机半导体层(如并五苯)的晶体生长过程受驻极体层表面粗糙度和表面能的影响。粗糙度小且表面能匹配的表面有利于有机半导体层分子在驻极体表面的着点结晶。并五苯的微结构对 OFET 存储器的场效应特性参数(如初始阈值电压)及偏压应力能力具有一定的影响[48],考虑到 PVK 的膜厚增长(100nm 以下时)与其表面粗糙度和表面能无关,因此接下来在研究膜厚与电荷存储相关能力的关系时,可以忽略厚度对驻极体形貌和疏水性方面的影响。

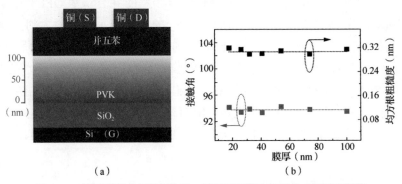

（a）　　　　　　　　　　　　　　（b）

图 4.1　以并五苯为有机半导体层，基于不同膜厚 PVK 的 OFET 存储器
（a）器件结构示意图　　（b）不同膜厚的 PVK 薄膜的均方根粗糙度和水接触角值统计

2. 膜厚对场效应特性的影响

在研究驻极体层的厚度对存储特性的影响之前，首先需要研究其对场效应特性的影响，衡量场效应特性的基本性能参数有场效应迁移率、阈值电压、电流开关比等。如图 4.2（a）所示，以并五苯为有机半导体层、基于不同厚度 PVK 的 OFET 存储器在饱和区的初始转移特性曲线（回扫模式）均表现出典型的 P 型场效应特性及良好的饱和特征。在转移特性曲线的饱和区，提取到饱和区的场效应迁移率 μ 及 OFET 的初始阈值电压 V_{th} 可以由式（4.1）计算得到，其中 C_i 为 PVK 与 SiO_2 构成的串联双层电介质的单位面积电容，其值可通过式（4.2）计算得到。C_i 的计算结果分别为 8.0nF/cm^2（100.4nm）、8.7nF/cm^2（74.4nm）、9.3nF/cm^2（54.2nm）、9.8nF/cm^2（40.9nm）、10.1nF/cm^2（32.1nm）、10.3nF/cm^2（26.3nm）、10.7nF/cm^2（17.8nm）。随着驻极体膜厚的增加，单位面积电容逐渐减小。与此同时，在 OFET 存储器中的沟道电势与栅电势的电势差大于阈值电压时，沟道中出现电荷堆积（Q），因此该双层电介质可等效为非线性电容。对于非线性电容，可将线性电容公式变换为式（4.3），则阈值电压可变换为式（4.4）。

$$\mu_{sat} = \frac{2L}{W} \frac{1}{C_i} \frac{I_{DS}}{\left(V_{GS} - V_{th}\right)^2} \tag{4.1}$$

$$\frac{1}{C_i} = \frac{1}{C_{SiO_2}} + \frac{1}{C_{PVK}} \tag{4.2}$$

$$C_i = \frac{Q}{WL\left[\left(V_{GS} - V_{th}\right) - \frac{1}{2}V_{DS}\right]} \tag{4.3}$$

$$V_{th} = \frac{Q}{WLC_i} + \frac{1}{2}V_{DS} - V_{GS} \tag{4.4}$$

如图 4.2（b）所示，通过对比不同 PVK 膜厚的并五苯基 OFET 存储器的 μ 和 V_{th} 可以发现，随着 PVK 膜厚的增加，V_{th} 的绝对值呈现出增大的趋势，而 μ 呈现降低的趋势，这个变化趋势符合典型的介电层厚度变化诱导的场效应特性的改变。此外，回扫模式下并未观察到明显的回滞窗口。这说明疏水的 PVK 修饰亲水的 SiO_2 表面后，可以显著地减少裸硅片表面原有的浅电荷陷阱（如羟基或离子杂质），从而能够消除易失性的回滞窗口。这个现象也证明了与并五苯/PVK 界面处的电荷俘获相比，接下来要研究的电荷存储效应主要来自 PVK 体相的电荷陷阱。

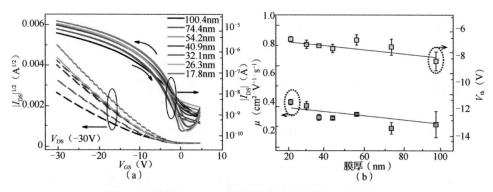

图 4.2　不同膜厚下 OFET 存储器的转移特性曲线及其特性参数

（a）不同 PVK 膜厚的并五苯基 OFET 存储器的饱和区初始转移特性曲线　（b）5 组不同 PVK 膜厚的并五苯基 OFET 存储器的场效应迁移率和初始阈值电压[47]

3．膜厚对可光擦除的存储特性的影响

比较不同厚度的 PVK 驻极体层对电荷的俘获容量，首先需要从写入态和擦除态的转移特性曲线中提取存储窗口（ΔV_{th}）。有机半导体材料一般对光照较敏感，其作为 OFET 存储器的有机半导体层，在光照条件下，阈值电压也会有明显的偏移变化，这意味着可采用光作为独立的擦除方式，实现快速、低功耗的复位操作。在一般的光敏晶体管里，光致物理过程包含了光生激子的产生、扩散、解离和传输。对于 OPTM 来说，这个过程还包含光照激发产生的光生空穴或电子被俘获，实现电荷存储。图 4.3 所示为膜厚为 17.8nm 的 PVK 基 OFET 存储器的读写擦循环测试曲线，可以看出存储器均表现出稳定的电写入、光擦除电流态，降低了存储窗口数值提取的误差。

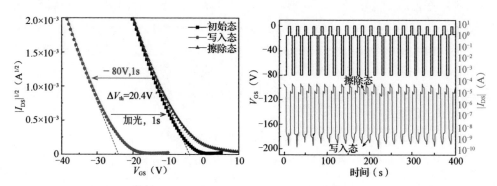

图 4.3　膜厚为 17.8 nm 的 PVK 基 OFET 存储器的读写擦循环曲线

为了更好地理解驻极体层厚度对光擦除的存储特性的影响，首先要理解电荷俘获层的厚度与其存储容量之间的关系。如图 4.4（a）所示，当写入电压增大时，存储窗口也相应变大。对于以并五苯作为有机半导体层的 P 型 OFET 存储器而言，

存储窗口增大意味着存储器俘获了更多的空穴。在−100～−60V 这个写入电压区间内，存储窗口的增长呈现出近似线性的关系，这对应着电荷 FN 隧穿模型[49]，说明在栅极电压下空穴从并五苯里越过界面处的势垒被注入 PVK 中，进而被 PVK 中的官能团俘获，如咔唑基团。对于前文所述的 7 组膜厚，存储窗口的分布可分为以下 3 个工作区域。

（1）d_{PVK} 为 74.4nm 和 100.4nm 的两个存储器具有最小的存储窗口值，且二者数值几乎一致。

（2）当 26.3nm≤d_{PVK}≤54.2nm 时，在同样的写入电压下，存储窗口随膜厚的增加而减小。

（3）当 d_{PVK}=17.8nm 时，在较高的写入电压下，存储器的窗口值甚至小于 d_{PVK}=26.3nm 的存储器，表现出一种已近似饱和的存储行为。

为了更加直接地衡量不同膜厚的存储器的存储容量，可通过式（4.5）对电荷存储密度Δn 进行粗略的计算。

$$\Delta n = \frac{-Q}{e} = \frac{\Delta V_{th}}{e} C_i \tag{4.5}$$

其中，Q 是存储的电荷量，e 是元电荷（1.6×10^{-19} C）。

对于固定写入电压的器件来说，随着驻极体层厚度的增加，其存储的电荷量并非线性增长，而是呈现出高斯分布的特征[见图 4.4（b）]，这种现象常常归结于驻极体中陷阱态能级的高斯分布。当写入电压越大，如 V_{GS}=−100V 时，高斯分布的特征越显著。为了更好地理解Δn 的增长行为，对不同写入电压下的进行高斯拟合并各自提取曲线的中心值，可以发现：随着写入电压的增加，曲线中心值也逐渐增加；在曲线中心值处，存储器具有最大的Δn（$1～2\times10^{12}$cm^{-2}）。当 d_{PVK} 超过中心值，即使用较厚的驻极体层时，由于不充分的电荷注入，Δn 呈现出指数衰减的趋势。而当 d_{PVK} 为 17.8～32.1nm 时，不论写入电压是多少，其Δn 都是最高的，而且±5nm 的驻极体层厚度差异并不会对Δn 产生明显影响。因此，我们推测这个从高斯分布曲线中提取出的中心值可以被初步定义为存储器具有最大存储容量时的 PVK 临界厚度。

接下来分析驻极体层厚度对维持时间稳定性的影响，维持时间条件为 V_{GS}=−10V、V_{DS}=−30V，测试环境为大气，初始测试时各存储器均处于光擦除状态。如图 4.4（c）所示，7 组存储器的 I_{DS} 皆随维持时间的增加而呈现指数衰减的趋势（需指出的是，初始的 50s 内电流的迅速衰减主要源自可移动的内在固有空穴对光生电子的快速中和）。其中，膜厚最小（17.8nm）的存储器衰减的趋势最明显，意味着电荷最容易注入。通常，有机半导体层并五苯的结晶微结构中的晶界会导致维持时间不稳定。然而如第 4.1.1 小节中所述，在不同膜厚的 PVK 上生长的并五苯具有一致的结晶特征。如图 4.4（c）所示，7 组存储器之间相差较大的衰减趋势不能单纯地归结于并五苯晶界的存在。此外，亲水的驻极体表面也会诱导在空气中测试时维持时间的不稳定性。但不同膜厚的 PVK 均表现出约 94° 的疏水特性，因此不同的衰减趋势也不可单纯地归结于沟道区吸收的水分子。相反，这种不稳定性可以主要归结于时间依赖的电荷注入 PVK 中的离散的 π 基团（芳香环）。通过进一步观察可以看出，I_{DS} 的衰减是典型的双指数衰减过程：初始的快速指数衰减及接下来的慢速弛豫，符合在聚合物驻极体中的电荷长程衰减模型。

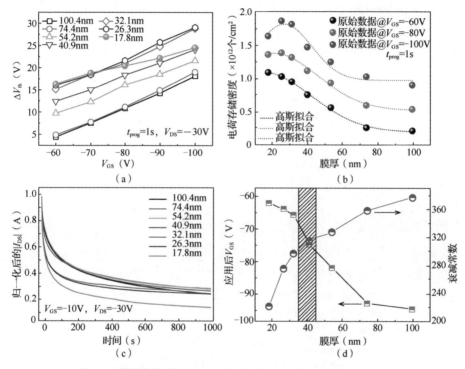

图 4.4　厚度效应对存储窗口、电荷存储密度、电流衰减幅度的影响
（a）不同膜厚的 PVK 基 OFET 存储器的存储窗口随写入电压的变化曲线（t_{prog}=1s，V_{DS}=−30V）
（b）不同写入电压下的电荷存储密度 Δn 与 PVK 膜厚之间的关系（t_{prog}=1s）
（c）不同膜厚的 PVK 基 OFET 存储器在维持时间测试下的源漏电流（I_{DS}）衰减曲线
（d）ΔV_{th}=16 时，不同衰减常数下膜厚与写入电压（V_{GS}）的关系[47]

由以上对于驻极体厚度与维持时间稳定性、存储窗口、电荷存储密度之间关系的分析可知，驻极体层的厚度越小，需要的写入电压越小；驻极体层的厚度越大，需要的写入电压越大、存储容量越大、存储电荷稳定性越好。通过分析对于不同膜厚的 PVK 基 OFET 存储器，存储窗口 ΔV_{th}=16V 时，所需的写入电压的变化曲线及达到相同存储窗口所需要的不同写入电压，并综合考虑电荷存储密度和衰减常数与膜厚的关系[见图 4.4（d）]可以发现，PVK 膜厚落入阴影区（40nm±5nm）

域时，存储器具有最优的电荷存储性质，即较低的写入电压、较大的存储容量和较稳定的电荷存储能力。因此，40nm±5nm 可以被定义为研究 PVK 驻极体电荷存储性质时的最优膜厚 d_{ot}。该膜厚也具有一定的推广意义，即对于介电常数与 PVK 相近的（$\varepsilon_r \approx 3$）高分子驻极体，都可以参照此膜厚来制备存储器件。

4. 超薄驻极体中的表层隧穿效应

当聚合物驻极体的膜厚小于 10nm 时，由于薄膜表面缺陷而产生的泄漏电流问题也随之而来。对于采用超薄驻极体的 OFET 存储器，需要为驻极体设置一个阈值厚度（Threshold Thickness，d_{th}），当膜厚低于此值时，存储器可以在限定的操作电压下被快速填充至电荷饱和，这是研究超薄驻极体薄膜中表层隧穿效应的重点之一。

从图 4.4（b）中可以看到，当 PVK 的膜厚低于中心值时，OFET 存储器几乎都很快达到了饱和态。这是由于薄层 PVK 的电荷俘获位点较少、存储容量较小，最先注入的空穴会在薄层 PVK 中形成与栅极电压方向相反的内建电场（E_{in}），从而阻挡进一步的空穴注入。此外，已注入的空穴在平行或垂直于沟道方向上的扩散也会改变薄层 PVK 中的电势分布，产生增强的库仑斥力。因此，超薄驻极体的 d_{th} 可以等效于电荷注入初始阶段的最大表层隧穿距离，即能使存储器迅速达到饱和状态的膜厚。

基于电荷隧穿注入的机制被广泛应用于存储器。隧穿过程包含两种类型：直接隧穿和 FN 隧穿。电荷隧穿的概率非常依赖隧穿势垒的高度、宽度、形状等，自然与驻极体的膜厚直接相关。当施加栅极电压时，在具有介电性质的 PVK 层和 SiO$_2$ 层中均建立起电场（E），PVK 层的电场会主导电荷从有机半导体层向其隧穿注入的过程。根据高斯定理，有

$$\varepsilon_1 E_1 = \varepsilon_2 E_2 + Q \tag{4.6}$$

$$V_{GS} = V_1 + V_2 = d_1 E_1 + d_2 E_2 \tag{4.7}$$

其中，ε_1、ε_2、d_1、d_2 分别是 PVK 层和 SiO$_2$ 层的介电常数及膜厚；Q 为 PVK 层中存储的电荷量，其值为注入电流的积分。在一个典型的由 FN 隧穿主导的输运过程中，决定电荷隧穿的电场强度 E 可由式（4.6）和式（4.7）推导得出：

$$E = \frac{V_{GS}}{d_1 + d_2 \dfrac{\varepsilon_1}{\varepsilon_2}} + \frac{Q}{\varepsilon_1 + \varepsilon_2 \dfrac{d_1}{d_2}} \tag{4.8}$$

其中，ε_1、ε_2 均为材料的介电常数。

可以看出，电荷输运过程与电场密切相关。通常，施加较高的 V_{GS} 可以增加电荷隧穿的概率并提升电荷存储密度。对于负的栅极电压而言，电荷量 Q 是正值，因此当不断增加负栅极电压的绝对值或延长写入时间时，负载电场强度会不断减

小，导致电荷隧穿距离逐渐被限制。因此，仅在写入操作初始阶段（$Q=0$），驱动隧穿的电场强度是最大的，即 $E_{initial}$，此时诱导的瞬时表层隧穿距离也是最大的。当 $Q=0$ 时，由于 V_{GS} 和 ε_1、ε_2、d_1、d_2 均为已知条件，有机半导体层（SiO_2）与驻极体层（PVK）之间的电场大小 $E_{initial}$ 可通过式（4.8）直接计算得出。

为简化计算模型，本小节介绍一种计算表层隧穿距离 d_{td} 的方法，称为线性窗口法。考虑到在 V_{GS} 的幅值范围为 $-100 \sim -60V$ 时，存储窗口呈现出线性增长的特征，因此能使电荷注入的最小栅极电压值 $V_{GS\text{-}min}$ 可以通过 ΔV_{th}-V_{GS} 曲线获得。如图 4.5（a）所示，对 ΔV_{th} 进行线性拟合，其与 V_{GS} 轴的交点就是 $V_{GS\text{-}min}$。以膜厚为 100.4nm 的 PVK 基 OFET 存储器为例，$-47.7V$ 就是可以诱导电荷注入的最小栅极电压幅值。该值对膜厚具有强烈的依赖性，不同膜厚下的 $V_{GS\text{-}min}$ 经提取后总结于表 4.1，随着膜厚的减小，该值也逐渐减小。需要说明的是，对于 PVK 膜厚为 17.8nm 的存储器，由于其在 $-100 \sim -60V$ 栅极电压范围内过早表现出饱和特性，因此其对应的 $V_{GS\text{-}min}$ 无法通过这种线性窗口法进行提取。

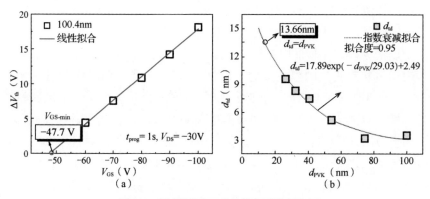

图 4.5　通过线性窗口法计算表层隧穿距离

（a）用线性窗口法提取最小写入电压（以膜厚为 100.4nm 的 PVK 基 OFET 存储器为例）　（b）PVK 的膜厚（d_{PVK}）与最小表层隧穿距离（d_{td}）的关系曲线

表 4.1　不同膜厚下 PVK 基 OFET 存储器的典型隧穿特性数据[47]

膜厚（nm）	C_i（nF/cm²）	$V_{GS\text{-}min}$（V）	$E_{initial}$（mV/cm）	d_{td}（nm）
100.4±3.1	8.0	−47.7	1.44	3.47
74.4±3.0	8.7	−47.4	1.55	3.22
54.2±2.8	9.3	−27.7	9.72	5.14
40.9±2.0	9.8	−18.1	0.67	7.49
32.1±2.2	10.1	−15.8	0.60	8.30
26.3±2.4	10.3	−13.4	0.52	9.58
17.8±1.2	10.7	—	—	—

接下来，注入 PVK 的表层隧穿距离或深度可以通过式（4.9）计算：

$$d_{td} = \frac{\Delta\Phi}{eE_{initial}} = \frac{\Delta\Phi}{eV_{GS-min}}\left(d_{PVK} + d_{SiO_2}\frac{\varepsilon_{PVK}}{\varepsilon_{SiO_2}}\right) \qquad (4.9)$$

其中，$\Delta\Phi$ 代表空穴从并五苯隧穿到 PVK 需要的势垒值，根据二者的 HOMO（已占有电子的能级最高的轨道）差值计算得出，为 0.5eV；ε_{SiO_2} 和 ε_{PVK} 是两种材料的介电常数值，分别为 3.9 和 3.0。将 V_{GS-min} 代入并计算，膜厚对应的表层隧穿距离如表 4.1 所示。当膜厚增加时，表层隧穿距离是不断减小的（从 9.58nm 降至 3.47nm）。d_{td}-d_{PVK} 曲线已进行函数拟合，校正误差系数为 0.95，如图 4.5（b）所示，d_{td} 遵循指数衰减。其衰减过程可进一步通过式（4.10）进行描述。该结果符合电荷隧穿现象中膜厚依赖的指数关系：

$$d_{td} = 17.89\exp\left(-\frac{d_{PVK}}{29.03}\right) + 2.49 \qquad (4.10)$$

式（4.10）中，令 $d_{td}=d_{PVK}$，即令首次表层隧穿距离就等于 PVK 的膜厚。经计算可得，该值为 13.66nm，这就是上述超薄驻极体的阈值厚度 d_{th}。当驻极体的膜厚小于此值时，存储器可以被迅速充满。

基于以上分析，针对采用连续型聚合物作为驻极体的 OFET 存储器，本小节提出"表层隧穿距离"的模型结构。以 PVK 基并五苯 OFET 存储器为例，并五苯与 PVK 之间的 HOMO 能级差要小于对应的 LUMO 能级差，电荷转移过程中空穴注入较容易发生。与传统的纳米浮栅型 OFET 存储器的器件模型相似，连续型聚合物驻极体可以被视为由两个子系统组成，如图 4.6（a）所示：第一个系统是靠近沟道区域的表面隧穿区，第二个是靠近栅绝缘层（SiO₂）的电荷俘获区（和/或自阻挡区）。在电荷注入过程中，电荷（并五苯中为空穴）隧穿过表面隧穿区，进入驻极体内部。除了极少数电荷发生扩散和漂移，大多数电荷可以被自阻挡区稳定地控制在驻极体内，成为空间电荷。由图 4.6（b）可以发现，由于在超薄驻极体中直接隧穿过程占主导，而 FN 隧穿过程主要受高栅极电压控制，因此对于膜厚较大的存储器，在一定的栅极电压下，有机半导体/驻极体界面的隧穿电场强度[图 4.6（a）中的 E]是较小的，导致表面隧穿距离也较小。与之相反，在超薄驻极体中，直接隧穿和 FN 隧穿同时存在，因此电荷注入更容易、更快速，会导致电荷的迅速饱和。然而，超薄驻极体中电荷也容易扩散到驻极体/栅绝缘层界面。由于在此界面处缺少自阻挡区的限制，俘获的电荷很容易通过栅绝缘层表面吸附的水汽或离子形成的导电通道泄漏，导致电荷保持能力较弱。因此，应当协同考虑能耗、存储容量、存储稳定性，设计最有效的表面隧穿距离，进而实现高性能非易失性存储器。

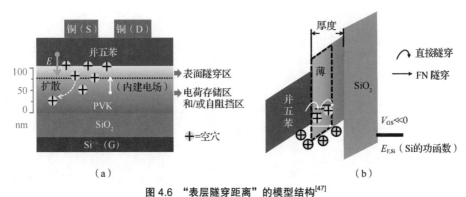

图 4.6　"表层隧穿距离"的模型结构[47]
（a）模型结构　（b）超薄及较厚的驻极体中的 FN 隧穿过程和直接隧穿过程

4.1.2　分子量效应

研究表明，PS 电介质表面能的不均匀性随着聚合物分子量（M_w）的减小而增加。具有异质表面能的低分子量 PS 会强烈地影响上层有机半导体的生长，导致 OFET 的场效应迁移率较差。刘云圻等人发现，由于羟基偶极子在 PVA 层厚度方向的取向率较高，因此基于低分子量 PVA 的 OFET 的空穴迁移率较高、回滞现象较强。此外，通过改变 PS 的分子量可以精准控制半导体聚合物和绝缘体聚合物共混物的纳米尺度的形貌，从而显著改善 OFET 的场效应迁移率。王乐等人制备了具有两种不同分子量 PVK（M_w=90,000 和 M_w=1,100,000）的并五苯 OFET 存储器（见图 4.7），系统地研究了聚合物驻极体分子量对电荷俘获特性的影响[50]。

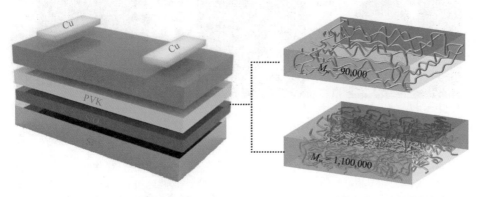

图 4.7　具有两种不同分子量 PVK（M_w=90,000 和 M_w=1,100,000）的并五苯 OFET 存储器结构示意图[50]

如图 4.8（a）和图 4.8（b）所示，低分子量和高分子量 PVK 薄膜的水接触角分别为 90.76° 和 91.54°，这表明两种 PVK 薄膜具有相似的疏水性，并且都有利于并五苯结晶的形成。低分子量和高分子量 PVK 薄膜的表面能比较接近，分别为

36.86mJ/m^2 和 36.73mJ/m^2，并且均低于并五苯晶面的最小值（48.0mJ/m^2）。在这种情况下，并五苯分子与 PVK 表面各自的结合比它们相互之间的结合更强，导致"层+岛"生长模式。低分子量 PVK 薄膜的表面形貌非常均匀[见图 4.8（a）]，均方根粗糙度值较小（R_q=0.236nm），而高分子量 PVK 薄膜表现出相对粗糙的表面形貌（R_q=0.264nm）[见图 4.8（b）]。通过研究沉积在上述两种 PVK 薄膜上厚度为 2nm（约为单层）的并五苯的 AFM 图像[见图 4.8（c）～图 4.8（f）]可见，高分子量 PVK 薄膜上生长了大量细小的五苯颗粒。这是由于长聚合物链诱导的相对粗糙的形貌，高分子量 PVK 薄膜会提供显著的成核位置。以低分子量 PVK 薄膜作为驻极体层的并五苯 OFET 存储器的空穴迁移率为 0.17cm^2/(V·s)，要高于以高分子量 PVK 薄膜作为驻极体层的并五苯 OFET 存储器的空穴迁移率[0.10 cm^2/(V·s)]，这归因于并五苯的结晶和晶粒尺寸增加。

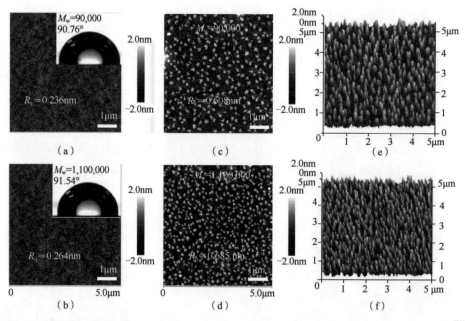

图 4.8　具有两种不同分子量 PVK（M_w=90,000 和 M_w=1,100,000）薄膜和并五苯形貌的 AFM 图像[50]
（a）低分子量 PVK（M_w=90,000）薄膜的 AFM 图像　（b）高分子量 PVK（M_w=1,100,000）薄膜的 AFM 图像
（c）沉积在低分子量 PVK 薄膜上厚度为 2nm 的并五苯的 AFM 图像　（d）沉积在高分子量 PVK 薄膜上厚度为
2nm 的并五苯的 AFM 图像　（e）沉积在低分子量 PVK 薄膜上的厚度为 2nm 的并五苯的 3D AFM 图像
（f）沉积在高分子量 PVK 薄膜上的厚度为 2nm 的并五苯的 3D AFM 图像[50]

低分子量和高分子量 PVK 薄膜的介电常数分别约为 3.04 和 3.78。低分子量 PVK 具有较小的介电常数，有利于在相对较低的写入电压下诱导较大的隧穿电场。为了评估两种分子量 PVK 薄膜的空穴-电子俘获能力，将 ΔV_{th} 与 V_{GS} 之比定义为存储窗口比率（Memory Window Ratio，MWR）。低分子量 PVK 基存储器的空穴

MWR 为 73.7%，而电子 MWR 为 20.3%，这远高于高分子量 PVK 基存储器的 MWR（52.8% 和 18.7%）。此外，两种 PVK 基存储器的空穴 MWR 远高于电子 MWR，这可能与并五苯的 P 型沟道性质和较高的电子势垒高度（0.9eV）有关。在相同的操作条件下，低分子量 PVK 基存储器的存储窗口总是比高分子量 PVK 基存储器更大、存储速度更快（1ms），这表明低分子量 PVK 存储器具有更强的俘获空穴和电子的能力。在数据保持稳定性测试中，与关态电流相比，两个 PVK 基存储器的开态电流在空穴和电子俘获模式下都表现出更明显的衰减。当维持时间超过 10,000s 时，空穴俘获模式的电流开关比可以大致保持在 30。然而，在电子俘获模式的写入状态下能够观察到电流快速衰减，这导致电流开关比在 5000s 内约从 10^2 显著降低至 3。

根据以上研究结果，本小节提出 PVK 分子量对电荷俘获性能影响的可能机制。低分子量 PVK 基 OFET 存储器更强的电荷俘获能力和更快的速度可能归因于分子量变化引起的表面形貌、聚合物链端密度和介电常数的协同影响。当施加适当的负向栅极电压时，空穴从并五苯中隧穿，并被俘获到 PVK 体相和/或并五苯/PVK 界面中。与高分子量聚合物相比，低分子量聚合物中聚合物链末端的自由体积更大，可以作为电荷俘获位点。聚合物链末端的自由体积可耐水扩散，低分子量 PVK 薄膜的相对亲水性支持这一假设。此外，沉积在低分子量 PVK 薄膜上的并五苯初始单层具有较大的晶粒尺寸，这有利于电荷传输和隧穿。同时，聚合物驻极体分子量的变化显著影响了介电常数及决定 OFET 隧穿概率的负载电场。相同的栅极电压下，低分子量 PVK 薄膜会产生更高的隧穿电场强度，并使更多的电荷载流子从有机半导体层隧穿到 PVK 层。值得注意的是，对于光辅助写入/擦除操作，入射光（410～800nm）主要被有机半导体层吸收，光生空穴和光生电子最初聚集在并五苯/PVK 界面上。光生空穴将向 P 型并五苯沟道的源极和漏极漂移，而其余光生电子更容易被并五苯/PVK 界面和/或 PVK 表面的浅缺陷态俘获。众所周知，开态电流的快速弛豫归因于浅俘获电子。由于高分子量 PVK 薄膜的表面更粗糙，存在更多的界面缺陷，会导致开态电流的弛豫相对较慢。然而，快速衰减的开态电流是光调控突触 OFET[见图 4.9（a）]实现短时程塑性（STP）的基本特征。在神经生物学中，STP 是一种时间突触可塑性，在信息处理中起着关键作用。此外，关态电流的稳定性质对于模拟 LTP 是必要的（LTP 有助于在大脑中记录信息）。电主导的非易失性存储特性[见图 4.9（b）]和光诱导易失性[见图 4.9（c）和图 4.9（d）]使光调控突触 OFET 存储器有望在同一器件中模拟 LTP 和 STP 的不同特性，可进一步基于 STP 模拟 RGB（红、绿、蓝）颜色识别功能[见图 4.9（e）]，并基于 LTP 实现数据集分类模拟[见图 4.9（f）]。

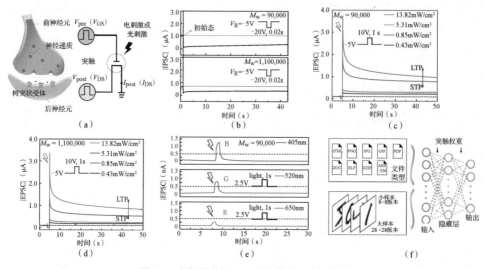

图 4.9　光调控突触 OFET 的突触特性及其应用
（a）神经元的生物突触示意图和光调控突触 OFET 的电路示意图　（b）电触发的 IPSC　（c）基于低分子量 PVK 的光诱导的 EPSC　（d）基于高分子量 PVK 的光诱导的 EPSC　（e）基于 STP 模拟 RGB 颜色识别功能　（f）基于 LTP 实现数据集分类模拟[50]

4.1.3　退火温度效应

电子元器件的温度要求通常分为工作温度和贮存温度两个方面。工作温度是指电子元器件能够正常运行的温度区间，一般为-40～85℃。贮存温度是指贮存未使用电子元器件的适宜温度范围，一般为-55℃～150℃。大部分研究主要关注高温对器件性能的影响而忽略了低温的影响。进一步了解 OFET 存储器的温度依赖性，需要重点关注 OFET 存储器的电荷传输和存储过程的几个主要影响因素：电荷俘获层、源极、漏极和有机半导体层的性质，以及包括源漏极/有机半导体层界面和有机半导体层/电荷俘获层界面在内的界面。

本小节以采用聚甲基丙烯酸甲酯（PMMA）薄膜作为电荷俘获层的并五苯 OFET 存储器为例，研究其在 4 种温度（20℃、60℃、80℃ 和-78.5℃）下的电荷传输特性[51]。如图 4.10（a）所示，不同测量温度下的器件的转移曲线均向正栅极电压方向发生偏移，但是在室温（20℃）条件下受测器件转移曲线的移动幅度大于高温（60℃、80℃）和低温（-78.5℃）的情况。这表明，与在高温（60℃、80℃）和低温（-78.5℃）条件下相比，PMMA 在室温（20℃）条件下可以存储更多的电子。在施加-200V 栅极电压 1s 后，不同测量温度下的器件的转移曲线均向负栅极电压方向移动，并最终回到初始位置附近，表明在不同温度下，PMMA 中被俘获的电子可以被有效释放。由此可以得到，在不同温度下器件的存储窗口分别为

90.8V（20℃）、82.3V（60℃）、80.1V（80℃）和 72.3V（-78.5℃）。图 4.10（b）为器件在不同温度下的维持时间特性。与高导电态（写入态，又称开态）电流相比，器件的低导电态（擦除态，又称关态）电流表现出明显的温度依赖效应。与在室温（20℃）下相比，高温（80℃）和低温（-78.5℃）下的关态电流衰减较明显，而高温（60℃）下的关态电流较稳定，与室温（20℃）时相似。此外，低温（-78.5℃）下的关态电流比室温（20℃）下高出一个数量级，而高温（80℃）下的关态电流比室温（20℃）下降低一个数量级。

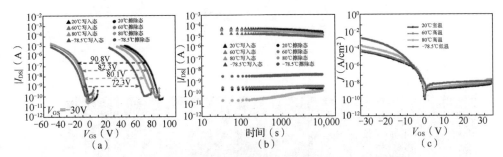

图 4.10　不同温度下 OFET 存储器的写入和擦除特性以及保持特性
（a）4 种温度下的存储窗口特性曲线　（b）4 种温度下的维持时间特性曲线
（c）4 种温度下的源漏电流密度特性曲线[51]

图 4.10（c）展示了不同温度下的源漏电流密度特性：在 4 种温度（20℃、60℃ 和 80℃）下，器件的电流密度 J 随温度的升高而增大，这主要与驻极体层的导热系数相关。然而研究发现，-78.5℃ 下器件会表现出最大的电流密度，这与上述变化趋势不一致，这一现象主要是受到测量环境中氧气浓度和湿度的影响。这说明，基于并五苯的 OFET 对湿度比对氧气更敏感。在上述测试的过程中，空气湿度保持在 16%～18%，这种较低的湿度（<20%）对在正温度下测试的器件影响较小，但是当在低温下测试时，器件表面的湿度大大增加，水汽会渗入并五苯晶界，导致器件的关态电流较高。与关态相比，器件在不同温度下的开态表现出相似的衰减趋势，表明温度对器件写入过程的影响较小。因此，器件在高温和低温下的性能衰减主要由温度及湿度影响导致的 PMMA 俘获电荷量减少和俘获电荷去俘获引起。

为了进一步证明退火温度效应对电荷俘获和去俘获的影响，可用 AFM 观察生长在 PMMA/SiO$_2$/Si 衬底上的并五苯（厚度为 50nm）在不同温度（20℃、60℃、80℃、-78.5℃）下退火一小时后的形貌。如图 4.11（a）所示，并五苯薄膜在 20℃ 和 60℃ 退火后由明显的台阶层状晶粒组成，表明并五苯晶粒具有较高的结晶度，而这种台阶层状形貌的并五苯晶粒在 80℃ 退火后较模糊，在-78.5℃ 退火后完全消失。可以认为，并五苯结晶度的降低在 80℃ 退火时是由热退化引起的，而在

−78.5℃退火时受到低温所导致的湿度效应影响。如图 4.11（b）所示，X 射线衍射（X-ray Diffraction，XRD）进一步证实了 4 种温度下并五苯薄膜的结晶度。4 种温度下并五苯薄膜的 XRD 图谱均表现为一系列（00k）峰的谱图。在 $2\theta=5.34°\pm0.02°$ 处观察到的最高衍射强度是由薄膜相并五苯衍射而来，表明并五苯的晶型结构没有受温度影响发生变化。然而，在高温（60℃、80℃）和低温（−78.5℃）下并五苯的衍射强度比在室温（20℃）下低，且衍射强度的变化与 AFM 表征的并五苯结晶度变化结果一致，这进一步验证了温度导致并五苯结晶度降低的结论。从 AFM 与 XRD 的表征结果可以总结得出：温度不会影响并五苯的晶型结构，但是会导致并五苯结晶度降低。并五苯薄膜的结晶度较低，会在并五苯薄膜、Au/并五苯界面和并五苯/PMMA 界面产生较高密度的物理缺陷，从而显著影响存储过程中的电荷注入、俘获和去俘获。

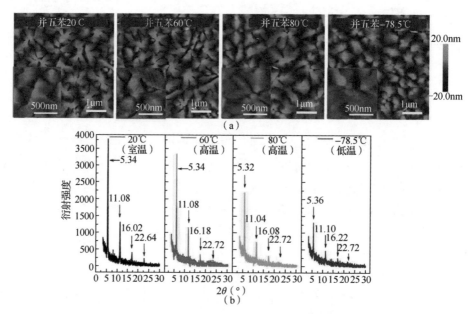

图 4.11　退火温度对并五苯结晶性的影响[51]
（a）不同温度下退火一小时后，PMMA 层上并五苯薄膜的 AFM 图像　（b）在不同温度下退火后的并五苯薄膜的 XRD 图谱

　　为了明确温度对器件电荷注入的影响，下面分析不同温度下器件的接触电阻（R_C）。首先，测量器件在不同沟道长度下的开态电阻并进行线性拟合[见图 4.12]，然后测量不同栅极电压下的电阻，最后通过不同栅极电压下电阻值延长线在沟道长度为 0 时的截距计算得出器件的接触电阻。不同温度下器件的 R_C 分别为 1.60MΩ（20℃）、1.64MΩ（60℃）、1.66MΩ（80℃）和 1.72MΩ（−78.5℃），其大小随着并五苯结晶度的降低而增加。众所周知，OFET 存储器的 R_C 与源漏极/有机半导体

层的界面和势垒有关。Au/并五苯薄膜在 4 种温度下的紫外光电子能谱（Ultraviolet Photoelectron Spectroscopy，UPS）如图 4.13 所示：在不同温度下 Au 电极与并五苯薄膜之间的能量势垒保持不变。这说明，R_C 的变化主要是由 Au/并五苯的界面导致，并五苯薄膜的结晶度对其影响较大。随着并五苯结晶度的降低，Au/并五苯薄膜的界面上会产生高密度的物理缺陷，从而导致了 R_C 的增加，并降低了 Au 电极向并五苯薄膜的空穴注入能力。相应地，在并五苯层和 PMMA 层之间的导电通道中，由注入空穴引起的电子数也减少了。结果表明，与 20℃ 下的 OFET 存储器相比，在写入过程中，60℃、80℃ 和 -78.5℃ 下的 OFET 存储器中的 PMMA 层俘获的电子较少，导致相同写入电压下转移曲线的位移较小。

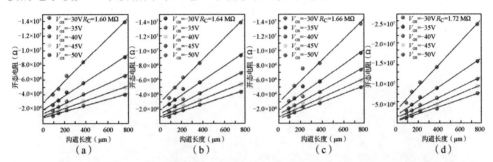

图 4.12 在 4 种温度下，以 PMMA 为电荷俘获层的 OFET 存储器的开态电阻与沟道长度的关系[51]
（a）20℃（室温） （b）60℃（高温） （c）80℃（高温） （d）-78.5℃（低温）

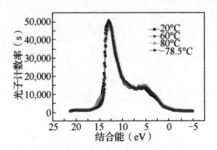

图 4.13 Au/并五苯薄膜在 4 种温度下的 UPS 光谱[51]

对于电荷俘获型 OFET 存储器，电荷的俘获与去俘获主要发生在有机半导体层与聚合物电介质之间的界面，所以通过研究并五苯/PMMA 界面来分析温度对存储性能的影响是非常必要的。图 4.14（a）所示为生长在 PMMA/SiO$_2$/Si 衬底上的并五苯（厚度为 10nm）在不同温度（60℃、80℃、-78.5℃）下退火一小时后的 AFM 图像。通过观察对比可以发现，高温（60℃、80℃）退火后的并五苯薄膜形貌表现出明显的台阶层状，与室温（20℃）下的并五苯薄膜形貌没有明显差别，但是 R_q 由室温（20℃）下的 2.31nm 减小到 60℃ 下的 2.29nm 和 80℃ 下的 2.25nm。低温（-78.5℃）退火后的并五苯薄膜则表现出不同的形貌，并五苯晶粒非常模糊，

相应的 R_q 降低至 2.14nm。图 4.14（b）展示了 PMMA 薄膜在不同温度（60℃、80℃、-78.5℃）下退火 1h 后的 AFM 图像及相应的 3D 形貌。与高温（60℃、80℃）退火后的 PMMA 薄膜形貌相比，低温（-78.5℃）退火后的 PMMA 薄膜形貌发生了明显的变化，薄膜表面产生了许多小的突起。如图 4.14（b）所示，PMMA 薄膜的 R_q 分别为 0.266nm（20℃）、0.272nm（60℃）、0.273nm（80℃）和 0.277nm（-78.5℃）。通过分析 AFM 数据发现，在不同温度下，10nm 并五苯薄膜 R_q 与 PMMA 薄膜 R_q 的变化规律相反，较粗糙的 PMMA 薄膜对应结晶度较低的并五苯薄膜。同时，结合薄膜在不同温度下的 3D AFM 图像[见图 4.14（c）]可以推测出，在高温和低温条件下，并五苯薄膜与 PMMA 薄膜的接触面积比室温条件下更大，使得从 PMMA 薄膜到并五苯薄膜的电荷转移更加容易，也就是在相同的擦除电压操作下，被 PMMA 俘获的电子更容易被释放，导致高温（80℃）和低温（-78.5℃）下的关态电流衰减明显。

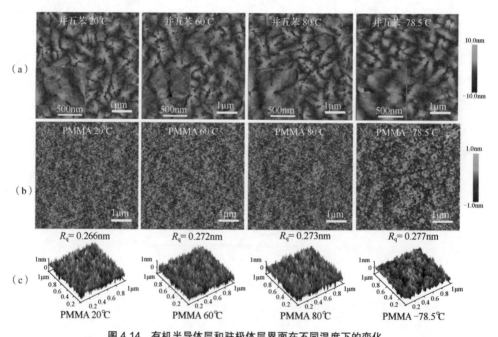

图 4.14　有机半导体层和驻极体层界面在不同温度下的变化
（a）在 4 种温度下退火一小时后，PMMA 层上厚度为 10nm 的并五苯薄膜的 AFM 图像　（b）在 4 种温度下退火一小时后，PMMA 的 AFM 图像　（c）在 4 种温度下退火一小时后 PMMA 的 3D AFM 图像[51]

4.2　纳米孔图案化工程

近几十年来，由于微图案表面在生物技术、摩擦学、光学和微流体应用中的关键作用，人们对微图案表面的兴趣得到了极大的提高。将纳米孔结构集成到有机半导体器件中，赋予了器件独特的性能增强能力，并使其在不同的应用领域具有广阔的应用前景。OFET 存储器中的电荷注入过程具体涉及两个界面，即源漏极/有机半导体界面和有机半导体/驻极体界面。在有机半导体器件中，对界面进行适当的修饰和调控，可以有效地提高电荷注入和传输特性，如提高场效应迁移率、增强器件稳定性、降低操作电压等。因此，在器件中引入图案化工程，研究界面特性对器件性能的影响是有必要的。将纳米孔图案引入驻极体界面，产生自下而上连续生长的核心层，呈现出"乐高玩具堆叠"的特征，纳米孔图案可以同时传递到有机半导体/驻极体界面和源漏极/有机半导体界面，引起两个界面的形貌改变。这种"乐高式"OFET 存储器不仅显著降低了对操作电压的依赖，还提高了存储器的存储窗口和存储能力。

　　制造出微米和纳米尺寸的多孔聚合物界面的方法包括：呼吸图法、光刻法（聚焦离子束光刻法、电子束光刻法、干涉光刻法、纳米压印光刻法和超薄氧化铝膜法）、模板辅助刻蚀法（嵌段共聚物刻蚀法、纳米球刻蚀法）等。

4.2.1　利用湿度效应制备的纳米孔图案

　　利用湿度效应产生纳米孔图案，是通过呼吸图（Breath-figure）法在薄膜表面生长微孔结构，其原理如图 4.15 所示。当潮湿的空气被吹到聚合物溶液表面时，由于低沸点溶剂（如氯仿）快速蒸发时液面温度降低，潮湿空气会在溶液表面上方冷却，形成单分散的水滴，进而沉入聚合物溶液中。水滴蒸发后，薄膜表面就能够留下纳米孔阵列。

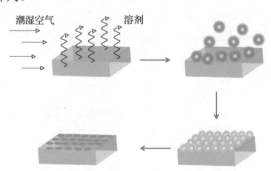

图 4.15　通过呼吸图法原理在薄膜表面生长微孔结构的示意图

　　呼吸图法可以获得有序的、分层的蜂窝状表面图案。这种不同的微米和亚微米表面图案的制造主要是利用界面/表面的不稳定性，这种不稳定性可能是由外部环境变化（电磁、温度、机械应力等）引起的，也可能存在于固有的不稳定薄膜中。例如，基于表面/界面能驱动的结构化（如去湿、共混物和嵌段共聚物的相分离、模板导向结构）、场诱导结构（电流体动力/热梯度诱导的表面图案、弹性不稳定性和表面褶皱、反应扩散表面图案），以及水对疏水聚合物表面的影响（包括纳米气泡辅助的纳米图案、离子诱导聚合物纳米结构和呼吸图自组装等）。

在呼吸图法中，孔的形貌和尺寸受多种因素影响。聚合物溶液中的溶剂蒸发是导致呼吸图形自组装的关键，能够促进薄膜表面水滴的冷凝。低沸点（高蒸汽压）溶剂是诱导溶液/蒸汽界面冷却，促进环境水分冷凝的先决条件。目前，呼吸图法常用的溶剂包括二硫化碳、四氢呋喃、氯仿、二氯甲烷、1,2-二氯乙烷和 1,1,2-三氯三氟乙烷等。根据制备工艺的不同，呼吸图法可以分为滴铸法、旋涂法、微乳液法、浸涂法。如图 4.16（a）所示，滴铸法是将聚合物溶液的液滴放置在固体支撑物上，并在相对湿度高于 50%的环境下通过溶剂自身蒸发或调控薄膜表面出气流的流速等因素产生纳米孔图形。通过滴铸法可以获得高度有序的多孔阵列，也是最容易形成六边形蜂窝状图案的方法。与滴铸法相比，旋涂法也是一种倍受瞩目的方法[见图 4.16（b）]，具有操作简单、成孔快速、薄膜均匀且粗糙度低等优点。通常，高转速提供更规则的多孔结构，而在低转速下，蒸发速度较慢，因此聚结程度较高。此外，挥发速度会随着转速的增加而加快，孔的尺寸则是随着转速的增加而减小。这是因为溶液挥发的速度越快，水滴生长的时间就越短，成孔的尺寸就越小。此外，由于旋转过程中离心力的作用，旋涂法制备的孔的形状不可控。图 4.16（c）展示了微乳液法的成孔过程：使用与油包水相似的方法产生纳米孔图案，即直接将水引入聚合物溶液，并通常通过超声波使该系统均质。有研究表明，在四氢呋喃溶液中加入少量水，能够形成一种水可混溶的溶剂，利用该溶剂便可在干燥条件下制备多孔膜。浸涂法[见图 4.16（d）]相对其他制备方法来说比较难以控制，溶剂的蒸发在沉积和排水过程中就开始发生，因此很少被使用。

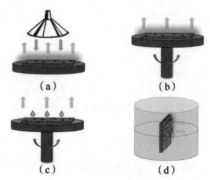

图 4.16 呼吸图法的分类
（a）滴铸法 （b）旋涂法 （c）微乳液法 （d）浸涂法

由此可以看出，呼吸图法成孔受多种因素影响，因此可以采用多种手段调控纳米孔的尺寸与形状，如空气湿度、空气流速、溶液浓度、聚合物分子量、温度、界面张力等因素均会对孔的尺寸与形貌产生影响。对于旋涂法来说，通过改变转速来控制孔径形貌是最简单有效的方式之一，旋涂仪的转速越高，基片的转动速度越快，相当于溶液上方的空气流速越大，基片表面的溶剂挥发速度就越快。结合 PVK 的溶解性，选用低沸点溶剂氯仿，通过加湿器产生潮湿的空气，即可制备多孔 PVK 薄膜[52]。如图 4.17（a）所示，在 5 种不同的旋涂路径下，驻极体膜厚随着旋涂转速的增大而呈现出降低的趋势。

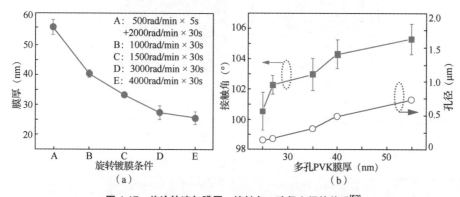

图 4.17　旋涂转速与膜厚、接触角、孔径之间的关系[52]

（a）旋涂转速与膜厚的依赖关系　（b）多孔 PVK 膜厚与表面水接触角（左轴）和表面最大孔径（右轴）的依赖关系

当设定的初始转速含有低速（500rad/min）时（方案 A），形成的薄膜最厚，约为 55nm。当转速达到 4000rad/min 及以上时，膜厚已趋于稳定，约为 25nm。这是由于超高转速下，启动旋涂仪的瞬间从基片上甩出的溶质体积也趋于一致。图 4.18 所示为 PVK 薄膜的 AFM 高度图像（展示了无孔形貌和 3 类典型的孔径形貌）。与使用 DCE 作为溶剂旋涂制备的无孔 PVK 薄膜相比[见图 4.18（a）]，使用 $CHCl_3$ 作为溶剂制备的 PVK 薄膜表面呈现出明显的孔状结构。孔的表面孔径和深度统计如表 4.2 所示。当旋涂过程含有低速（500rad/min）时，薄膜不仅最厚，形成的表面孔径也最大，尺寸分布为 300～492nm[见图 4.18（b），为简化，后文称为大孔径 PVK 薄膜]。当旋涂过程不含有低速过程且全程转速极高（如 4000rad/min）时[见图 4.18（c），后文称为小孔径 PVK 薄膜]，膜厚略薄，表面孔径也更小，为 40～177nm。而当转速介于上述两种转速之间（如 1500rad/min）时，多孔膜[见图 4.18（d），后文称为中等孔径 PVK 薄膜]的孔径尺寸恰好分布在中间区域。

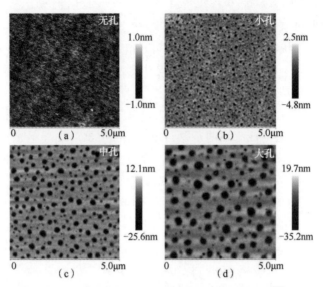

图 4.18 PVK 薄膜的 AFM 高度图像（轻敲模式）[52]

（a）无孔 PVK （c）小孔径 PVK 薄膜，转数为 4000rad/min×30s （d）中等孔径 PVK 薄膜，转数为 1500rad/min×30s
（b）大孔径 PVK 薄膜，转数为 500rad/min×6s+2000rad/min×30s

表 4.2 多孔结构的表面孔径及深度统计[52]

纳米孔尺寸	膜厚（nm）	PVK（驻极体层）		并五苯（有机半导体层）		Cu（电极层）	
		孔径（nm）	深度（nm）	孔径（nm）	深度（nm）	孔径（nm）	深度（nm）
小孔	25.4±2.1	40～177	2.8～9.3	150～170	7.8～11.2	189～215	11.2～16.0
中孔	33.0±0.9	150～310	7.8～21.7	325～358	19.8～28.0	239	11.0～26.8
大孔	55.3±2.5	300～492	25.5～35.4	488～490	21.8～37.0	440	14.0～30.0
无孔	32.1±2.2	—					

　　由于不同尺寸的纳米孔结构与转速相关，结合第 4.1.1 小节中对厚度效应的探究可知，纳米孔的尺寸也与膜厚存在一定联系。多孔薄膜的厚度与表面纳米孔径尺寸及疏水特性的关系如图 4.17（b）所示。受旋涂转速的影响，转速越高，薄膜越薄，表面孔径越小，薄膜的疏水能力也会略有降低。薄膜水接触角的变化遵循 Cassie-Baxter 模型，正是孔径尺寸不同的微孔改变了薄膜的表面粗糙度，进而改变了薄膜的浸润性。实验发现，微孔尺寸越大，水接触角越大，疏水性越强。图 4.17（b）也进一步说明了多孔 PVK 薄膜的表面孔径尺寸关键还是受到了转速的影响，遵循着转速越高、孔径越小的规律。这主要是由于转速越高，溶液上方的空气流速越大，基片上的氯仿溶剂挥发得就越快，基片表面急剧降温，凝结并吸附于 PVK 薄膜表面的水滴无法稳定保持大尺寸形态，导致留下的微孔也就越小。这一现象同时验证了溶剂的挥发是影响自组装纳米孔图案的关键。

　　从表 4.2 中还可以发现，多孔薄膜的最大深度要小于对应的膜厚，这说明多孔薄膜中的微孔并非贯穿孔。本小节将纳米孔图案化引入 OFET 存储器中，并提出一种"乐高式"的自模板化制备工艺。中等孔径 PVK 薄膜表面微孔的孔径及最大深度的正态分布统计如图 4.19 所示。微孔的表面孔径尺寸平均为 237.56nm,最大深度平均为 18.12nm。而从正态分布统计结果来看,微孔的表面孔径尺寸的中心值分布在 230nm,最大深度的中心值在 21nm。继续优化潮湿空气的流速、湿度、温度等条件,孔径的参数分布预期会得到优化。进一步地,由典型孔径形态截面示意图(见图 4.20)可以发现,微孔结构实际上是一种锥形形态:较宽的锥基位于 PVK 薄膜表面,而锥尖指向 PVK 块体。这种分布在 PVK 驻极体层中的倒锥形微孔可以充当有机半导体层的生长模板,通过简单的旋涂工艺即可实现孔径尺寸和深度的调制,进而影响有机半导体层的生长模式。

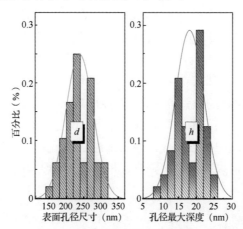

图 4.19　中等孔径 PVK 薄膜的孔径参数统计直方图[52]

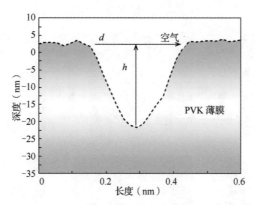

图 4.20　典型孔径形态截面示意图(以中等孔径 PVK 薄膜为例)[52]

对驻极体型 OFET 存储器来说,可将制备出的多孔驻极体薄膜作为模板诱导后续的有机半导体层和源漏极层生长,这种做法称为"自模板法"。如图 4.21 所示,以大孔径 PVK 薄膜为例,经历了顺序沉积之后,并五苯薄膜和厚的 Cu 电极薄膜均呈现出与底层多孔 PVK 薄膜表面相同的多孔形貌特征，它们的 AFM 图像均证实了这一点。利用扫描电子显微镜（Scanning Electron Microscope，SEM）扫描孔状结构的并五苯薄膜表面（见图 4.22），同样可观察到孔状结构。表 4.2 统计了并五苯和 Cu 电极两者表面微孔的孔径尺寸和深度，它们与 PVK 多孔薄膜的微孔形态有很好的吻合。这个现象说明并五苯分子及 Cu 电极原子可以在孔的内部进行生长。将这种渗透性的生长过程与无孔 PVK 薄膜表面的生长特征进行对比分析可以发现，对于无孔 PVK 薄膜，并五苯分子只能生长在薄膜的表面，顺序沉积的 Cu 电极只能生长在并五苯薄膜的表面。而对于多孔 PVK 薄膜，并五苯分子可以渗透到多孔 PVK 薄膜内部，沿着倒锥形的孔及孔面生长，这样就诱导生长出了倒锥形的并五苯，继而又诱导生长出倒锥形的 Cu 电极。这样的生长模式具有"自模板"的特征，即底层的形貌会周期性地传递给生长于其上的新一层功能层，一步一步诱导生长出由驻极体层、有机半导体层和电极层组成的存储器核心层结构。此外，有文献还指出了 Au 电极蒸镀在多孔驻极体薄膜上的生长形态，依然可以观察到多孔结构；调整了 Cu 电极的蒸镀厚度，分别为 85nm、105nm 及 150nm，同样在电极表面观察到了多孔结构。以上实验结果进一步说明，电极层和有机半导体层（并五苯）的生长模式是均匀覆盖模式，生长形貌依赖最底层多孔 PVK（驻极体层）的结构；电极的生长形貌不受电极厚度、电极类型的影响。

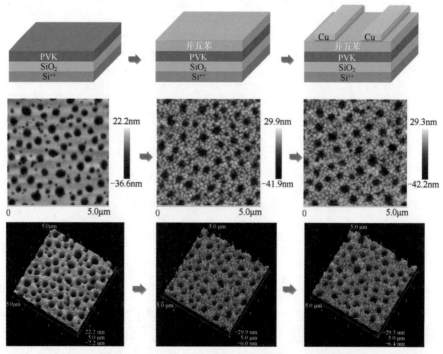

图 4.21　存储器核心层在多孔 PVK 薄膜诱导下逐层生长（AFM 高度图像）[47]

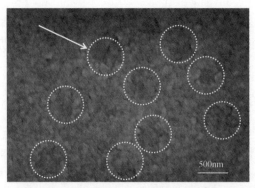

图 4.22　大孔径 PVK 薄膜表面生长的并五苯 SEM 图像（虚线圆圈处为并五苯表面的孔）[52]

基于其生长特性，本书将该生长模式称为"乐高式"的存储核心层生长过程，如图 4.23 所示。当多孔 PVK 薄膜的孔径比较大时，顶层的并五苯和 Cu 电极所生长出的孔径也较大。而当多孔 PVK 薄膜的孔径较小时，顶层的并五苯的 AFM 图像和 SEM 图像上却无法观察到明显的孔状形貌。这是因为，虽然并五苯分子仍然可以渗透到小孔径的内部，但该尺寸已经接近并五苯最终形成的结晶颗粒的尺度，这些结晶颗粒会相互堆积，最终遮盖住了孔径的外观。

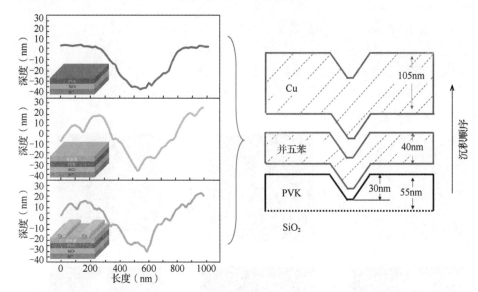

图 4.23　PVK 层、并五苯层和 Cu 电极层分别对应的孔状结构截面深度以及"乐高式"存储核心层生长过程示意图[52]

与平行生长、平面堆积型的存储核心层生长过程相比，"乐高式"存储核心层生长过程具有两个方面的特性：第一，将表层生长改为渗入式生长，有机半导体/驻极体界面和电极/有机半导体界面这两个关键区域的界面接触面积都变大了，这样就能够降低电荷注入的势垒；第二，在施加同样的电压时，倒锥形的电极在锥尖处的电场强度会更大，电场方向更集中、更局域，有利于提高电荷注入的效率。因此，Cu 电极与并五苯的接触面积增大时，空穴注入能力会得到进一步提升。

4.2.2　多孔结构的存储效应

对于各类有机电子学器件来说，这些可调纳米孔结构赋予了它们独特的性质，例如：在有机半导体薄膜中诱导较少的晶界，改变电极中的局域电位分布；在传感器中，便于分析物分子直接扩散到导电沟道中，具有高灵敏度和较短的响应时间；在 OFET 存储器及相关器件中实现高电流密度、低功耗和高频工作的栅极电场调制；提高有机发光二极管的光外耦合效率，改善有机半导体的光俘获性能。本小节从电存储性能、光响应性能等方面详细介绍多孔结构对于驻极体型 OFET 存储器性能的影响。

1．多孔结构对电存储性能的影响

下面以多孔 PVK 薄膜为例，研究中等孔径多孔结构对 OFET 存储器的场效应特性及存储性能的影响。由第 4.1.1 小节中厚度效应的相关内容可知，驻极体层的厚度与存储器的存储容量之间存在指数式的依赖关系。为了排除厚度因素的干扰，本小节制备了与中等孔径 PVK 薄膜的厚度接近的无孔 PVK 薄膜（约为 32.1nm，后文简称无孔 PVK）作为对比。基于中等孔径 PVK 薄膜的存储器核心层中各层的 2D AFM 图像和 3D AFM 图像如图 4.24 所示，从左至右分别为：多孔 PVK 薄膜、多孔并五苯薄膜和多孔 Cu 电极薄膜。在并五苯层（40nm）和 Cu 电极层（105nm）均可以观察到孔状的结构。

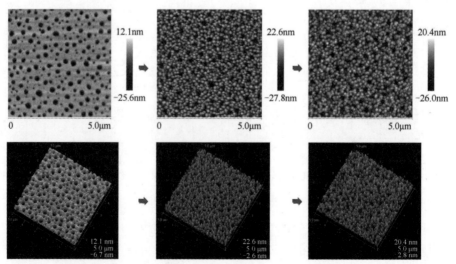

图 4.24　基于中等孔径 PVK 薄膜的存储核心层中各层的 2D AFM 图像及 3D AFM 图像（高度图像）[52]

图 4.25 所示为基于多孔和无孔两种 PVK 薄膜的并五苯 OFET 存储器（分别简称多孔存储器和无孔存储器）的场效应相关特性曲线。从图中可以观察到，两种器件均表现出具有良好饱和特性的典型的 P 型场效应特性[见图 4.25（a）]。从饱和区的转移曲线提取多孔存储器的场效应迁移率（μ）、阈值电压（V_{th}）和电流开关比（I_{ON}/I_{OFF}）可以发现，与无孔存储器相比，前者虽然在并五苯层中引入了多孔结构，但是其场效应迁移率并未受到明显的影响，而且电流开关比还比无孔存储器高一个数量级。如图 4.25（b）所示，多孔存储器的亚阈值摆幅（SS）为 2.63V/dec，要小于无孔存储器的 4.54V/dec。这说明多孔存储器中并五苯与 PVK 之间的界面缺陷态较少，有利于提高存储器的工作速度。从如图 4.25（c）所示的输出曲线可以看出，两种器件的沟道电导显示出强的场效应调节特性，具有清晰的线性区和饱和区。随着负栅极电压$|V_{GS}|$的增大，$|I_{DS}|$也逐渐增大。当$|V_{DS}|$小于 15V 时，I_{DS}均达到饱和。而且多孔存储器仅在 $V_{DS}=-10V$ 的位置就可以饱和，截止电压（$V_{pich-off}$）更低，比无孔存储器的饱和区更宽，有利于降低器件的工作能耗。

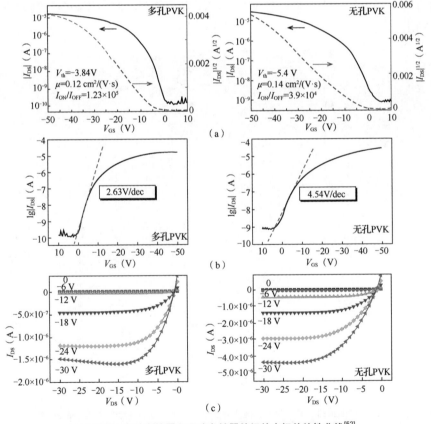

图 4.25　多孔存储器和无孔存储器的场效应相关特性曲线[52]
（a）转移特性曲线　（b）亚阈值摆幅曲线　（c）输出特性曲线

    以上分析说明，多孔结构的引入没有明显降低器件的场效应性能，也未改变沟道中载流子的类型。接下来，进一步研究多孔结构的引入对存储器电存储性能的影响。存储窗口、写入时间、循环耐受性和维持时间这 4 个方面的性能表征如图 4.26 所示。从存储窗口依赖性可以看出[见图 4.26（a）]，在−100～−60V 的写入电压（V_{GS}）下，存储器的存储窗口呈现出线性增长的趋势，符合 FN 隧穿的注入特征。在同样的写入电压和写入时间下，多孔存储器的存储窗口更大。随着写入电压绝对值的增大，两种存储器的存储窗口差值变得更大。如果要实现约 22V 的存储窗口，多孔存储器仅需−60V 的写入电压，而无孔存储器则需要−90V。因此多孔结构的引入不仅增大了存储窗口，也显著地降低了写入电压。如图 4.26（b）所示，通过将两种存储器的写入速度进行对比可以发现，随着写入时间的延长，存储窗口逐渐增大，更多的电荷被注入和俘获。当写入时间为 2s 时，多孔存储器的存储窗口的增幅已趋于饱和，而无孔存储器在 1s 左右就已经开始饱和。从图 4.26（b）中可以直观地看出，多孔存储器表现出显著的快速写入能力，仅在 100ms 内，其存储窗口即可达到 34V，而同样的写入时间内无孔存储器的存储窗口则为 24V。这个结果说明多孔结构有利于电荷的快速注入。

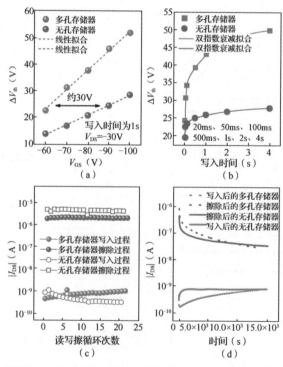

图 4.26　存储窗口、写入时间、循环耐受性和维持时间这 4 个方面的性能表征[52]
（a）存储窗口与写入电压的关系　（b）存储窗口与写入时间的关系
（c）循环耐受性测试结果　（d）维持时间测试结果

存储器的循环耐受性和维持时间特性是非常重要的评价指标。从图 4.26（c）中可以看出，两种存储器均表现出可反复擦写的 Flash 存储特性，以及较稳定的写入态和擦除态。经过 20 次反复的擦写，多孔存储器写入态的 I_{DS} 值随着测试的进行在增加，电流开关比依然可以保持在 1.28×10^4。而无孔存储器写入态的 I_{DS} 值随着测试的进行一直在降低，这导致电流开关比从 4.3×10^3 降至 2.0×10^3。这个结果也说明了多孔存储器的空穴注入和俘获能力要强于无孔存储器，因此其写入态的 I_{DS} 才会在反复擦写的过程中呈现出降低的趋势。图 4.26（d）所示为多孔存储器和无孔存储器的维持时间测试结果，在初始的 1000s 维持时间内，无孔存储器的写入态和擦除态的 I_{DS} 值均表现出剧烈的、快速的衰减，随后保持缓慢的衰减。这种两阶段的衰减对应着典型的驻极体俘获电荷后的保持特性。与无孔存储器相比，多孔存储器表现出稳定的数据保持能力，全程大致呈现出匀速的衰减态势。因此，以多孔 PVK 薄膜作为驻极体层可以有效地提高连续型 OFET 存储器的数据保持特性和维持能力。

2. 多孔结构对光响应性能的影响

由于本身的锥形 3D 结构，纳米多孔图案具有一种"微腔效应"，以上述 PVK 薄膜为例，与无孔 PVK 薄膜相比，在多孔结构下 PVK 层与并五苯层之间的接触面积要大得多，同时这些接触界面也为光生激子的分离提供了充足的位点。当入射光照射在并五苯表面时，光线在孔状结构内壁可以多次反射，等同于增加了吸收的光程，如图 4.27（a）和图 4.27（b）所示。此时，无孔 PVK 薄膜表面生长的并五苯仅呈现出均匀的晶粒结构[见图 4.27（c）]，光线照射到其表面时不具备反复反射吸收的能力。在这种情形下，孔状结构发挥了"微腔效应"，可以提高对光线的收集和利用效率，因此多孔存储器的光敏特性也要优于无孔存储器。与此同时，考虑到引入多孔结构后导致的短沟道效应，受沟道长度和光强的影响，多孔存储器对光更敏感。但当沟道长度进一步缩短以后，源极、漏极位置的耗尽层有连接的可能，这样会导致电荷的直接隧穿，使栅极电压的调控能力降低，导致器件的场效应特性受到损害。因此，孔径的尺寸并非越大越好，需要综合考虑器件的实际尺寸（尤其是沟道长度），进行合理的设计，才能发挥多孔结构的最大优势。

根据多孔结构对于光照敏感的特性，光响应性能也会受到多孔结构的影响。厚度为 50nm 的并五苯薄膜的透射光谱及 LED 光源的发射光谱如图 4.28 所示，无孔存储器及多孔（中等孔径）存储器在黑暗和光照条件下的转移特性曲线（回扫模式）及输出特性曲线分别如图 4.29 和图 4.30 所示。两种类型的存储器在光照下依然表现出典型的 P 型场效应特性。如图 4.29（a）所示，在光强为 5mW/cm^2 时，多孔存储器在 V_{GS} 为−1.5V 时对应的最大明/暗电流比为 P_{max}=5.68，约为无孔存储器的 2 倍。如图 4.29（b）所示，当光强为 16mW/cm^2 时，多孔存储器的 P_{max} 提高到 65.7，而无孔存储器仅提高到 7.23。本小节获得的 P_{max} 值要低于相关文献提出的并五苯 OPTM 的数值，这可能是存储器较低的场效应迁移率和较大的暗电流导致的。可以看出，多孔存储器的 P_{max} 更大，即具有更强的光响应能力。

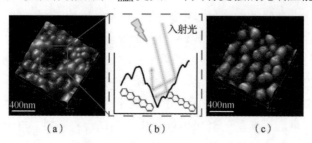

图 4.27　多孔 PVK 薄膜、无孔 PVK 薄膜表面生长并五苯表面晶粒的区别[52]
（a）并五苯表面的孔状结构的 3D AFM 图像（轻敲模式）　（b）入射光在孔状结构中的光程路线示意图
（c）无孔 PVK 薄膜表面生长的并五苯的 3D AFM 图像（轻敲模式）

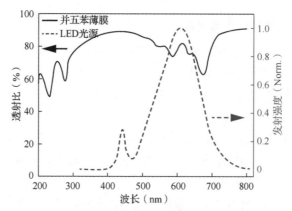

图 4.28　厚度为 50nm 的并五苯薄膜的透射光谱（实线）及 LED 光源的发射光谱（虚线）[52]

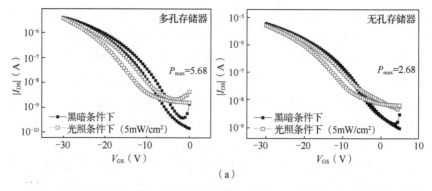

图 4.29　无孔存储器及多孔（中等孔径）存储器在黑暗和光照条件下的转移特性曲线[52]
（a）光强为 5mW/cm^2

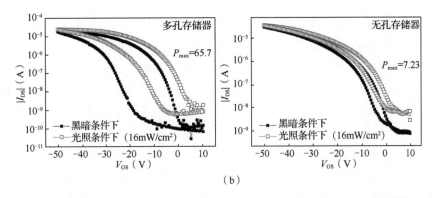

图 4.29　无孔存储器及多孔（中等孔径）存储器在黑暗和光照条件下的转移特性曲线[52]（续）
（b）光强为 16mW/cm²

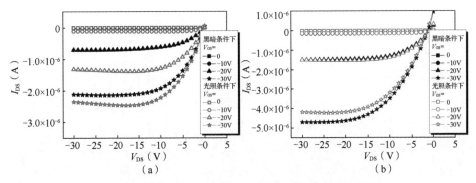

图 4.30　两种存储器在黑暗和光照条件下的输出特性曲线[52]
（a）多孔存储器　（b）无孔存储器

上述两种存储器在黑暗和光照条件下的输出特性测试中有一个非常有趣的光响应现象。从图 4.30 可以看出，当 $V_{GS}=V_{DS}=-30V$ 时，黑暗条件下器件的 $I_{DS}=2.1\mu A$，光照（光强为 5mW/cm²）后增加到 2.4μA，净光生电流为 0.3μA，计算得到光响应度为 $R=10mA/W$。而无孔存储器显示出特异性的电流"负响应"特性，黑暗条件下器件的 $I_{DS}=4.7\mu A$，光照后降低到 4.2μA，即光照后源漏电流降低了。通过分析可知，这种电流"负响应"现象正是多孔结构及无孔结构在光生激子分离效率、电荷注入速度、场效应迁移率等多因素影响下导电沟道截止点出现的快慢所导致的。多孔存储器提供了更丰富的光生激子分离位点，其产生的光生空穴浓度也因此高于无孔存储器。丰富的光生空穴参与输运，可以提高明电流的值。而对于无孔存储器，由于其沟道的场效应迁移率略高，产生的光生空穴中被俘获的数量要大于参与输运的数量，因此其漏极处会产生电荷累积，使漏极电势增加，导致其光照条件下沟道中截止点出现的速度比其在黑暗条件下还要快，明电流快速饱和，所以才出现了异常的"负响应"现象。

图 4.31 所示为两种存储器在黑暗和光照条件下的存储回滞曲线：分别在黑暗和光照（5mW/cm²）条件下，首先对两种存储器从 V_{GS}=80V 连续扫描到−80V，然后回扫到 80V。两种存储器皆表现出逆时针的回滞窗口。对于多孔存储器，黑暗条件下的回滞窗口约为 65V，相当于总施加电压的 40.6%，且分布在负栅极电压区，说明被俘获的电荷是空穴；在光照条件下，回滞窗口扩大到 130V，相当于总施加电压的 81.2%，且在正、负栅极电压区均有分布，其中正栅极电压区的回滞窗口略宽于负栅极电压区，说明空穴和电子都被俘获。相较而言，无孔存储器在黑暗条件下的回滞窗口约为 40V，在光照条件下的回滞窗口为 110V，均小于多孔存储器的相应值。这个结果说明，多孔存储器对空穴和电子的俘获能力均优于无孔存储器。

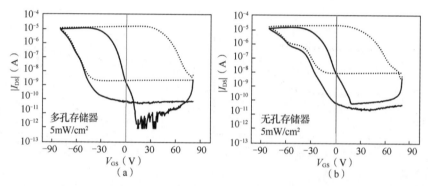

图 4.31　两种存储器在黑暗和光照条件下的存储回滞曲线（实线为黑暗条件下的曲线，虚线为光照条件下的曲线）[52]

接下来，进一步研究无孔存储器和多孔（典型孔径）存储器在不同沟道长度下的光应力特性。测试前先将各存储器恢复至初始态，测试光强依然为 5mW/cm²，沟道宽度 W 固定为 1500μm，沟道长度分别为 L_1=50μm、L_2=150μm、L_3=250μm、L_4=350μm（见图 4.32）。如图 4.33 所示，在不同的沟道长度下，随着光应力时间的延长，I_{DS} 增大，表明沟道中参与输运的光生空穴数量逐渐增加。在同一个器件中，沟道长度越大，所对应的 I_{DS} 越大，这是因为沟道面积的增加引起了受光面积的增大，从而产生的光生空穴的数量也增加。从图中可以看出，多孔存储器与无孔存储器表现出明显不同的光应力稳定性。对于无孔存储器，I_{DS} 的增大是均匀的、近似线性的。沟道变长（受光面积增大）后，I_{DS} 在初始阶段的增幅呈现出微弱的指数式增长的趋势。而多孔存储器的增幅在沟道较短时就已经表现出明显的指数式增长的特性，尤其在沟道长度为 50μm 时，I_{DS} 在初始的 400s 内极速增大，在达到电流饱和后又开始减小，显示出典型的负微分电阻特征。这种特征说明在沟道变短时，由于多孔结构的存在，器件的有效沟道长度也变短了，使沟道中的横向电场增强、载流子的迁移速度变大，导致电流增大，甚至大于大沟道面积下的 I_{DS}。当载流子的迁移速度达到最大值时，电流也饱和。如图 4.30（a）所示，光照条件下的输出特性曲线也证实了这一点，在 $V_{GS}=-10V$ 以后，虽然 V_{GS} 的绝对值在增加，但是 I_{DS} 的增幅变得均匀了，说明载流子处于速度饱和状态。在施加光应力的过程中，不断产生的大量光生激子在多孔结构的界面被分解，累积的光生电荷所形成的内建电场最终导致了载流子迁移速度的降低，电流也随之降低，因此出现了负微分电阻现象。我们发现，孔径越大的器件，饱和点出现得就越早。小孔径器件在 300s 左右出现饱和点，而中等孔径器件是在 240s 左右出现饱和点，大孔径器件的饱和点出现得更快，是在 160s 左右。这说明，孔径越大对有效沟道长度的影响就越大，就越容易出现类似短沟道的效应。

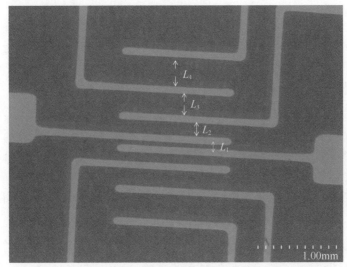

图 4.32   光应力稳定性与沟道长度的依赖关系测试器件的 SEM 图像[52]

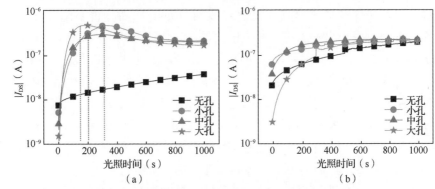

图 4.33   不同存储器的光应力稳定性与沟道长度的依赖关系
（a）沟道长度为 50μm   （b）沟道长度为 150μm

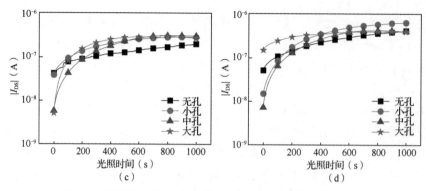

图 4.33　不同存储器的光应力稳定性与沟道长度的依赖关系（续）
（c）沟道长度为 250μm　（d）沟道长度为 350μm

4.2.3　用光刻法制备的纳米孔图案

光刻图案化在有机电学领域已经发展得比较成熟。截至本书成稿之时，人们已经通过不同的技术制备了各种构建块（如纳米点、纳米柱、纳米线、纳米管等），这些纳米结构在光电子器件的发展中发挥了重要作用。本书第 4.2.1 小节介绍了基于湿度效应（呼吸图法）制备的纳米孔图案化薄膜，本小节从制备工艺的角度介绍基于光刻法制备的纳米孔图案化薄膜。与其他纳米孔图案制备方法相比，光刻法具有技术成熟、图案有序化程度高等优点，同时也存在制备工艺复杂、成本昂贵的缺陷。光刻法分为聚焦离子束（Focused Ion Beam，FIB）光刻、电子束光刻（Electron Beam Lithography，EBL）、干涉光刻（Interference Lithography，IL）、纳米压印光刻（Nanoimprint Lithography，NIL）、超薄氧化铝膜法等。

1. FIB 光刻

FIB 光刻是一种无掩模、直写的纳米结构技术，在半导体工业、材料科学和生物领域得到了广泛的应用。FIB 光刻是利用聚焦的离子束[通常是镓离子（Ga[+]）]从样品中局部去除或磨去材料，能够形成约 10nm 的高分辨率图案[见图 4.34（a）][53]。此外，由于离子的质量比电子大得多，并且可以在相对较短的波长上以更大能量的撞击来传递图案，而产生的散射较少，因此它可以直接在硬材料（如半导体、金属或陶瓷）上执行图案形成过程。在此基础上，人们利用 FIB 光刻技术成功制备了纳米杆、纳米杯、纳米孔、纳米沟槽、纳米线、纳米点等多种微观纳米结构。最早的纳米多孔结构是 1998 年由格雷戈里·埃布森（Gregory Ebsen）等人研究出的亚微米圆柱形空腔的光学特性金属薄膜，单个纳米孔直径可以达到 0.6～150nm。此后，人们制备了各种纳米孔结构，并对其光学和力学性能进行了多种研究。埃夫特哈利·阿明（Amin Eftekhari）和同事利用纳米孔图案作为流动表面等离子体共振（Surface Plasmon Resonance，SPR）传感器件[见图 4.34（b）]，并且使用具有纳米孔结构的 Cu 薄膜作为阴极电极，来激发适当调谐的表面等离子激元响应，从而改变 SPR 传感器件的光电发射特性[见图 4.34（c）][54]。近年来，有研究人员在高折射率、低损耗的硅衬底上利用入射的 Ga+以高斯分布的方式，采用 FIB 铣削法制备出了一种反射模式的彩色滤光片。有趣的是，这种彩色滤光片中独特的锥形纳米孔几何结构阵列可以与可见光相互作用，并通过调节这些纳米孔的直径和周期，产生不同的颜色[55]。可见，FIB 光刻已在不同应用领域成为一种强有力的纳米结构加工技术。

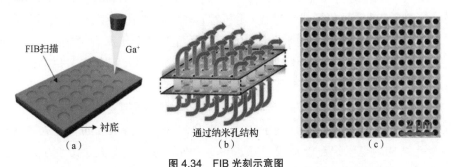

图 4.34　FIB 光刻示意图

（a）利用 FIB 光刻制备纳米孔薄膜示意图　（b）采用纳米孔图案作为流动 SPR 传感器件的纳米孔薄膜示意图
（c）在金属氮化物薄膜上通过 FIB 光刻制备的纳米孔阵列的 SEM 图像[54, 55]

2．EBL

EBL 是另一种无掩模的直接写入光刻技术，它提供了一种可重复且精确的方法来制备精确到 10nm 以下的纳米孔结构[56]。目标结构的分辨率在很大程度上取决于电子束的大小和对准系统的质量。EBL 首先利用电子束在预旋涂光刻胶上的曝光及化学溶液的显影来写入图案化掩模。然后，在随后的沉积或蚀刻过程中将图案化的光刻胶用作牺牲掩模，以生成纳米孔结构的几何图形，如纳米柱线、纳米三角形、纳米环、纳米新月体等。早在 1981 年，威廉·艾萨克森（William Isaacson）和查尔斯·默里（Charles Murray）就进行了一项开创性的研究，当时艾萨克森和默里在光束可蒸发低分子量抗蚀剂（NaCl）中蚀刻出了直径为 2nm 的多孔图案。通常，EBL 采用聚甲基丙烯酸甲酯（PMMA）作为正性光致抗蚀剂，电子束曝光可以诱导其断链，使其溶解在显影剂中形成图案。

3．IL

IL 又称激光干涉光刻（Laser Interference Lithography，LIL），是一种不使用掩模的、廉价的大面积纳米图案化技术。该技术是利用从不同方向入射的两束（或两束以上）相干光，在光刻胶层上重叠，从而形成分辨率达到 12nm 的干涉图案。该干涉图案可由曝光剂量、显影时间、光波长和入射光束的角度控制。此外，一些具有高功率脉冲的激光干涉光束可以基于光热或光化学机制直接在材料表面进行加工。利用这项技术，研究人员已经开发出多种方法来构建纳米孔结构。例如，蒂亚戈·梅内塞斯（Thiago Menezes）和他的同事提出了一种制造大面积（2cm×2cm）纳米孔结构的方法，即将正性光致抗蚀剂双重曝光到由全息装置产生的条纹图案，通过化学显影、Au 薄膜的热蒸发、图案化光致抗蚀剂剥离，并在随后的沉积或蚀刻工艺中用作牺牲掩模，最终产生纳米几何形状，如纳米柱面、纳米三角形。

4. NIL

NIL 是一种低成本、高通量的制备大面积、高分辨率微/纳米结构的纳米刻蚀技术[57]。热零点①最早包括成型过程（用抗蚀剂填充图案化的模具）和脱模过程（从模具中释放结构）。当时，纳米孔结构已经被压印到了分辨率为 25nm 的 PMMA 抗蚀剂上，后被优化到 10nm 以下。截至本书成稿之时，已有许多热电偶被开发并用于制备具有纳米孔结构的金属薄膜。如图 4.35 所示，有研究人员提出了一种结合了热零点、深沟槽反应离子刻蚀、原子层沉积和剥离工艺的模板剥离方法[58]。通过将 NIL 与生命技术结合，阿尔文德·库马尔（Arvind Kumar）等人制备了具有纳米孔结构的毫米级悬浮银膜；除了热零点外，还有研究人员改变了印迹的机制，发展了紫外光零点和电零点（紫外光零点工作在室温下，避免了热零点过程中因加热而产生的缺点）；赵华平等人提出了一种利用电润湿效应制备出用于纳米孔图案的、步长可控的电场辅助纳米压印光刻（e-NIL）方法。在 e-NIL 中，涂有液体抗蚀剂的衬底被阶梯式可控地释放，在外加电场的驱动下与柔性模板连续接触，能够防止空气陷阱的形成，并允许大面积的共形接触。

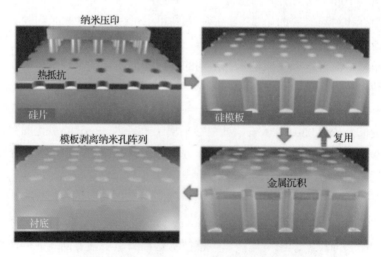

图 4.35　用 NIL 制造大面积纳米孔阵列的原理示意图[58]

---

① 热零点（Hot Embossing）是一种纳米压印技术。这种技术通过将高温模具压印在聚合物薄膜上，来使模具上的图案或结构转移至薄膜表面，从而制备微/纳米结构。

5．超薄氧化铝膜法

由于其独特和固有的纳米孔结构，阳极氧化铝（Anodized Aluminium Oxide，AAO）模板为制造功能材料的阵列纳米孔提供了一种低成本和有效的方法，可以在 5～500nm 范围内调整表面图案的特征尺寸，称为超薄氧化铝膜法。早在 1995 年，增田昌实（Masumi Masuda）和福田和之（Kazuyuki Fukuda）就复制了阳极多孔氧化铝的蜂窝结构，以制造高度有序的 Pt 和 Au 纳米孔阵列。之后，他们利用 AAO 模板构建了多种纳米孔结构，包括纳米点、纳米线、纳米柱、纳米网、纳米管。然而，传统的 AAO 模板是在阳极氧化过程中自组织产生的，具有多畴结构，孔排列为短程有序但长程无序。研究发现，在铝箔上使用初始表面图案的压印技术，可以将 AAO 模板进一步改进为完美的有序掩模，得到直径可控且具有高度有序的纳米孔图案的 AAO 模板[59]。在此基础上，可以获得不同沉积材料的、支持 AAO 的表面纳米孔结构，如 TiN 和 TiO$_2$。有研究人员进一步提出了双孔模板制造工艺，如图 4.36（a）所示。该工艺是在常规步骤（压印和阳极氧化）之后，在氢氧化钠溶液中对模板的底侧进行选择性刻蚀，这会产生两组不同的孔形貌（三元孔和四元孔），这种孔形貌也可以通过类似的选择性刻蚀和阳极氧化来实现[60]。除了附着在 AAO 模板上的纳米孔结构外，人们还进一步优化制备出一种独立的 AAO 膜（UTAM），并利用它在 Si 衬底上制备 Au 纳米孔薄膜，如图 4.36（b）所示，具体步骤：在 AAO 膜上沉积 Au；将 Au 纳米孔转移到 Si 晶片上；去除背面的残留 Al 及势垒层；去除 AAO 膜后，在 Si 晶片上制备 Au 纳米孔薄膜。

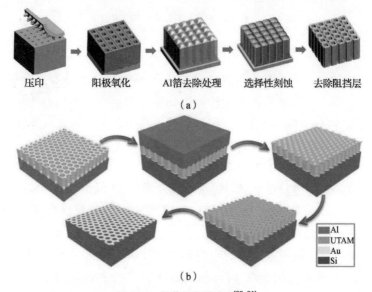

| 压印 | 阳极氧化 | Al箔去除处理 | 选择性刻蚀 | 去除阻挡层 |

（a）

| Al |
| UTAM |
| Au |
| Si |

（b）

图 4.36　超薄氧化铝膜法[60, 61]
（a）双孔模板制造工艺示意图　　（b）利用独立的 AAO 膜在 Si 衬底上制备 Au 纳米孔薄膜

4.2.4 用模板法制备的纳米孔图案

模板法的一大特点就是可重构性好、图案有序度高，但是制备工艺与呼吸图法相比较复杂。模板法分为纳米球光刻（Nanosphere Lithography，NSL）、嵌段共聚物（Block Copolymer，BCP）光刻，本小节主要从制备工艺的角度对上述方法进行介绍。

1. NSL

NSL 是一种简单、廉价、可重复使用的纳米制造技术，它使用高度单分散的纳米球（包括 PS、PMMA 和 SiO_2）作为沉积或刻蚀掩模，能够形成孔径约为 10nm 的高分辨率图案。1981 年，费希尔（Fisher）和同事首次提出使用 PS 纳米球的自组装单分子层作为掩模对 Pt 进行图案化。从那时开始，NSL 就因为能够通过结合加法和减法工艺来制备各种纳米孔结构而备受关注。如图 4.37 所示，以 PS 纳米球为例[61]，可以通过以下步骤制备具有纳米球的金属薄膜：首先利用溶液涂层、电泳沉积或在气液界面自组装的方法在适当的衬底上制备单分子层 PS 纳米球，然后利用反应离子（Reaction Ionetching，RIE）刻蚀法调节纳米孔结构的直径和周期性，最后进行金属沉积和揭开-剥离过程。

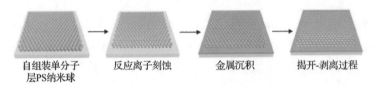

自组装单分子   反应离子刻蚀   金属沉积   揭开-剥离过程
层PS纳米球

图 4.37　用 NSL 制备具有纳米球的金属薄膜[61]

2. BCP 光刻

BCP 光刻是一种简单而通用的技术，用于"自下而上"地制造分辨率为 10nm 以下的纳米结构，它利用两种或两种以上化学性质不同且不相容的聚合物通过相分离自组装成各种有序纳米结构。在自组装过程中，不相容嵌段的排斥力会驱动聚合物形成各种有序结构。此外，聚合度、组成和链段的相互作用会影响纳米畴的相行为、尺寸和周期。BCP 光刻首先由帕克（Parker）和他的同事在 1997 年使用两种两嵌段共聚物进行了展示，包括聚苯乙烯-聚丁二烯（PS-PB）和聚苯乙烯-聚异戊二烯（PS-PI）。以后者为例，他们利用聚苯乙烯-聚异戊二烯 BCP 光刻得到了具有规则球形纳米畴的纳米孔模板，并将该纳米孔模板作为进一步刻蚀工艺的掩模，成功地在氮化硅覆盖的硅片中制备出孔径约为 20nm 的周期性纳米孔阵列。贝茨（Bates）和弗雷德里克森（Fredrickson）从实验和理论两个角度进一步研究了两嵌段共聚物的相行为，为控制其分子尺度的形态提供了新的思路。随后，各种两嵌段共聚物被广泛地合成和研究，如聚苯乙烯-嵌段-聚甲基丙烯酸甲酯（PS-b-PMMA）、聚异戊二烯-嵌段-二茂铁基二甲基硅烷（PI-b-PFS）、聚苯乙烯-嵌段-聚二甲基硅氧烷（PS-b-PDMS）、聚苯乙烯-嵌段-二茂铁基二甲基硅烷（PS-b-PFS）等。此外，如图 4.38 所示，有机多孔膜还可以进一步矿化成具有纳米孔结构的有机-无机杂化膜。除了直接自组装方法，鲁伊斯（Ruiz）等人还提出了模板引导方法：先进行图案预处理，再旋涂嵌段共聚物，最后形成纳米图案，其制备方式如图 4.38 所示[62]。图中，L_0 是孔径，L_S 是相邻孔的距离。该方法提高了纳米孔结构周期性阵列的密度，减小了尺寸，还改善了尺寸均匀性。

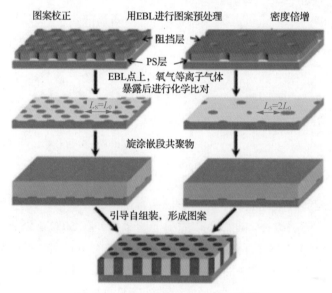

图 4.38　模板引导方法的过程示意图[62]

4.3　聚合物链相变工程

截至本书成稿之时，人们已经开发出各种存储介质来提高电荷存储密度和稳定性，它们通常可以分为 3 类：聚合物、NP 和铁电材料。然而，在大多数情况下，上述存储介质总是独立使用。研究人员提出了一种双纳米浮栅策略，使具有不同功函数的金属 NP 或不同维度的 2D 纳米片可以组合使用。然而，受限于高温热蒸镀工艺或掺杂浓度的精细调控，这类存储器的性能不可避免地受到 NP 的粒径及粒子分布均匀性的影响。聚合物链具有超分子作用力和拓扑结构，可以堆叠组装成微纳结构或聚集体，有应用于自掺杂的电荷俘获位点的潜力。如图 4.39 所示，有研究人员发现，采用交替的热处理或溶剂蒸气退火处理聚(3-己基硒酚)[Poly (3-Hexylselenophene)，P3HS]的方法可以实现高度可逆的相变过程，从而有效地提高 OFET 的场效应迁移率[63]。凌海峰等人将聚合物链相变工程引入 PFO 驻极体薄膜的制备中，通过改变退火温度（50℃ 和 80℃）来改变 PFO 分子堆积的构象[见图 4.40（a）][64]。本节以此工作为例，介绍聚合物链相变工程如何调控 OFET 存储器的存储性能。

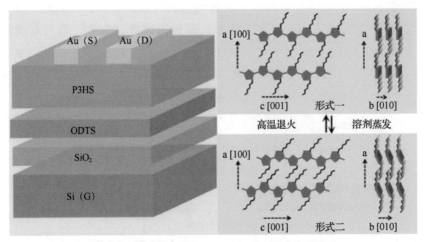

图 4.39　基于不同构象 P3HS 的 OFET 存储器结构[63]

光谱测试能够有效地验证 β 相的形成和含量特征。如图 4.40（b）所示，虚线圈代表吸收光谱测试数据，曲线代表发射光谱数据。在 50℃ 下退火的 PFO 薄膜，其最大吸收峰出现在 385nm 处，最大发射峰出现在 424nm 处，说明在该低温下退火形成的薄膜是无规相态（后文中称为无规相 PFO）。与之相对，在 80℃ 下退火的 PFO 薄膜，在 437nm 处出现了一个新的吸收峰，而且它的光致发光光谱从 424nm 红移到了 440nm，说明在此温度下薄膜中有 β 相结构形成（后文中称为 β-PFO）。β 相的链构象呈现出平面锯齿形的特征，具有电子俘获能力和相对较高的场效应迁移率[10^{-5} cm^2/(V·s)]。所形成的 β 相微纳结构在 PFO 薄膜中与"客体"相似，而无规相 PFO 薄膜作为"主体"。由于二者 LUMO 能级势垒的差异及掺杂界面处物理缺陷态的存在，这种掺杂结构可以充当电荷俘获位点。具有自掺杂微纳结构的 β-PFO 驻极体就成为一种集连续聚合物和分立纳米浮栅于一体的存储介质。此外，β-PFO 薄膜在 437nm 处的发射峰，落于并五苯的吸收范围内，因此二者之间可以形成较好的能量转移。

对于 OFET 存储器来说，聚合物驻极体的形貌和表面能是影响其上层有机半导体生长和结晶度的关键因素之一，可以采用两液法（水和二碘甲烷）测量并计算两类 PFO 薄膜的表面疏水性和表面能（γ_s），如图 4.40（a）所示。薄膜的表面能由式（4.11）决定，包括极性分量（γ_s^p，归因于极性力所产生的永久性和诱导偶极子，以及氢键）和色散分量（γ_s^d，由瞬时偶极矩产生）。由于 β-PFO 薄膜表面含有自掺杂的微纳结构，其表面水接触角从无规相 PFO 薄膜的 93.5°增大到 102.3°。与此同时，表面极性（χ_p，即极性分量在表面能中的占比）是 5.4×10^{-5}，远远小于无规相 PFO 薄膜（0.016）。这个结果说明，β-PFO 薄膜与水分子之间的作用力远远弱于无规相的薄膜。

$$\gamma_s = \gamma_s^d + \gamma_s^p \qquad (4.11)$$

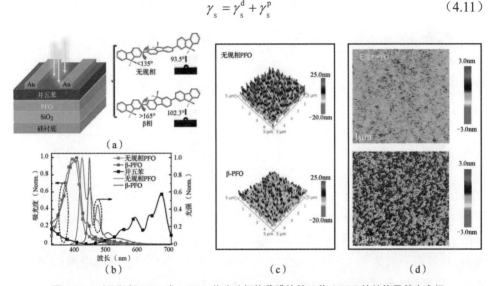

图 4.40　以无规相 PFO 或 β-PFO 作为驻极体薄膜的并五苯 OFET 的结构及基本表征
（a）器件结构示意图及 PFO 表面的水接触角　（b）无规相 PFO 薄膜、β-PFO 薄膜、并五苯薄膜的 UV-Vis 吸收光谱（左轴）和发射光谱（右轴）　（c）无规相 PFO 薄膜和 β-PFO 薄膜的 AFM 图像　（d）无规相 PFO 薄膜和 β-PFO 薄膜上沉积的厚度为 40nm 的并五苯的 3D AFM 图像[64]

两种 PFO 薄膜的表面形貌 AFM 图像如图 4.40（c）所示。无规相 PFO 薄膜的表面非常光滑，均方根粗糙度 R_q=0.33nm；而 β-PFO 薄膜的表面较为粗糙，其 R_q 为 0.67nm。这是由于 β-PFO 薄膜表面含有自掺杂的微纳结构（20～120nm），导致薄膜表面呈现出明显的起伏涨落。这种微纳结构可以为并五苯的结晶生长提供明显的成核位点，并五苯分子沉积生长时成核所需的热活化能明显被降低。考虑到两种 PFO 薄膜具有接近的表面能，因此当并五苯分子在二者表面生长时，是薄膜的表面形貌决定了并五苯的结晶度和形貌[见图 4.40（d）]。图 4.41 简要地呈现了有机半导体层并五苯分子的生长特征。可以看出，对于 β-PFO 薄膜而言，起伏涨落的表面使得其与有机半导体层有更大的接触面积，这有利于降低电荷从并五苯注入时的隧穿势垒。并且，在 β-PFO 薄膜表面，并五苯呈现出小而紧致的结晶颗粒。而无规相 PFO 薄膜表面虽然生长的是较大的并五苯晶粒，却伴随着明显的晶隙。

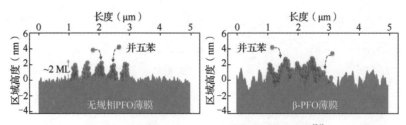

图 4.41　无规相 PFO、β-PFO 并五苯沉积示意图[64]

　　综上所述，聚合物链相变工程会改变驻极体形貌、表面能、光谱等，所以必然会对存储性能产生相应的影响，下面从 OFET 存储器的场效应特性及存储性能两个角度进行具体介绍。如图 4.42（a）、图 4.42（c）和图 4.42（d）所示，两种 PFO 存储器都存在典型的 P 型场效应特性，具有明显的线性区和饱和区。在饱和区，以 β-PFO 薄膜作为驻极体层的并五苯 OFET 存储器（以下简称 β-PFO 存储器）的场效应迁移率为 $0.13 cm^2/(V·s)±0.04 cm^2/(V·s)$，要低于以无规相 PFO 薄膜作为驻极体层的并五苯 OFET 存储器（以下简称无规相 PFO 存储器）的 $0.27 cm^2/(V·s)±0.07 cm^2/(V·s)$。这是由于：一方面，β-PFO 存储器中并五苯的结晶晶粒略小；另一方面，如图 4.42（b）所示，略小的并五苯晶粒导致 Au 源（漏）电极/并五苯界面处的接触电阻更大，通过转移线性测量法（Transfer Line Method，TLM)计算得到其值为 R_c=11.9 MΩ，大于无规相 PFO 存储器的接触电阻（7.4MΩ）。而较大的接触电阻会降低场效应迁移率。此外，由于导电沟道通常位于有机半导体层中与介电层界面临近的 1～3 个原子层处，上文提到的 β-PFO 薄膜与并五苯薄膜之间形成的涨落式界面会导致出现一个起伏的沟道区域，因此载流子在导电沟道中传输时会受到弹道散射效应的影响。

　　为了研究 β-PFO 驻极体薄膜中的自掺杂纳米结构对存储器存储性能的影响，首先测试存储器的存储回滞曲线。如图 4.43（a）所示，分别在黑暗和光照（5mW/cm²）条件下，对这两种 PFO 存储器先从 V_{GS}=80V 连续扫描到−80V，再回扫到 80V。两种 PFO 存储器皆表现出逆时针的回滞窗口。对于无规相 PFO 存储器，黑暗条件下的回滞窗口约为 50V，相当于总施加电压的 31%，且分布在负栅极电压区，说明被俘获的电荷是空穴；在光照条件下，回滞窗口扩大到 126V，相当于总施加电压的 78%，且在正、负栅极电压区均有分布，说明空穴和电子都被俘获。相较而言，β-PFO 存储器无论在黑暗条件下（54V）还是在光照条件下（140V）均表现出更大的回滞窗口，尤其在光照条件下的窗口增幅更加明显，说明其具有很强的电子俘获能力。要指出的是，OFET 存储器中也存在其他能够影响回滞曲线的物理因素，如驻极体层中含有极性基团时的极化现象（如—OH），在有机半导体层或有机半导体/驻极体界面处由吸附水分子诱导的浅陷阱，或者从栅极注入的电荷等。考虑到 PFO 分子结构中不含—OH 基团，极化产生的影响可以被排除。因此，我们重点考察了水分子吸附产生的影响。将两种存储器件置于恒温恒湿箱（湿度设置为 30%～40%）中 2 周可以发现，不论在黑暗条件下还是光照条件下，无规相 PFO 存储器均表现出明显的、易失性的逆时针回滞曲线，与由水汽引起的回滞现象吻合。回滞窗口在 β-PFO 存储器中是可以忽略的，这是由于紧致的并五苯分子和疏水的 β-PFO 驻极体表面的共同作用。通常，大的并五苯晶粒之间存在较大的晶隙，水分子容易穿过晶隙并吸附在并五苯晶粒和并五苯/驻极体界面处，进而形成长寿命的电子陷阱。在黑暗条件下，对于无规相 PFO 存储器而言，当栅极电压从正栅极电压区向负栅极电压区扫描时，就需要额外的空穴来平衡这些预存的电子，因此导致了无规相 PFO 存储器不准确的 50V 的回滞窗口。相较而言，β-PFO 存储器中紧致的并五苯晶粒可以抑制水分子的扩散及吸附，进而提升在空气环境下的器件可靠性。

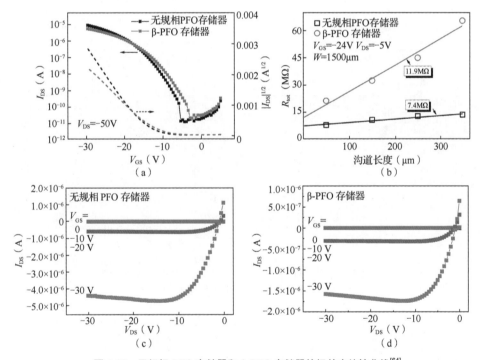

图 4.42　无规相 PFO 存储器和 β-PFO 存储器的场效应特性曲线[64]
（a）线性区的传输特性曲线　（b）接触电阻测试结果　（c）无规相 PFO 存储器的输出特性曲线　（d）β-PFO 存储器的输出特性曲线

为了更好地比较这两种 PFO 驻极体薄膜对空穴的俘获能力，本小节通过转移特性曲线的偏移，进一步测试两种存储器的存储能力。如图 4.43（b）所示，在黑暗条件下，当对器件施加 $-80V$ 的栅极电压 1s 时，转移特性曲线向左移动到了负栅极电压区，完成写入操作。之后只需对器件光照 1s，转移特性曲线便可以恢复到初始位置，相当于擦除操作。对于无规相 PFO 存储器和 β-PFO 存储器，写入态和擦除态之间的存储窗口分别约为 45V 和 57V。β-PFO 存储器的存储窗口较大，主要归因于 β-PFO 特有的自掺杂微纳结构具有更强的电荷俘获能力。另外，由于电荷是在栅极电压作用下通过隧穿过程注入驻极体和有机半导体/驻极体界面。因此，增大 β-PFO 与并五苯界面的接触面积等效于增大了有效隧穿面积，可提高电荷隧穿概率。

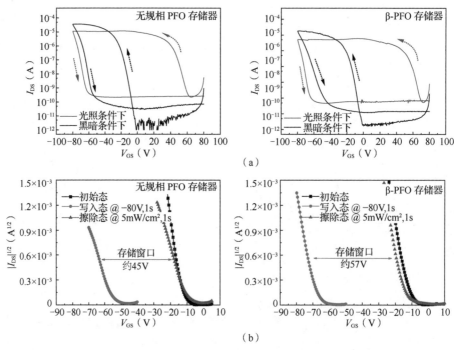

图 4.43　黑暗条件下和光照条件下（5mW/cm^2）的存储回滞曲线[64]
（a）双扫描传输曲线　（b）存储窗口转移特性曲线

研究发现，聚合物链相变使驻极体薄膜的荧光光谱红移的现象，可以提高并五苯 OFET 存储器在蓝光区的光敏响应能力。当空穴被俘获之后，累积的电荷会在驻极体内和有机半导体/驻极体界面间形成内建电场（E_{in}），阻止电荷的进一步注入。当入射光的光子能量大于材料的带隙时，可以激发出光生激子。入射光的光子能量可以用式（4.12）计算。在光照作用下，被俘获的空穴可以被光生电子释放。

$$E = hc / \lambda \qquad (4.12)$$

其中，h 是普朗克常数，c 是光在真空中的传播速度，λ 是入射光波长。本测试中，光源的最大光子能量约为 2.9eV，大于并五苯的带隙（约 1.9eV），但是非常接近无规相 PFO 的带隙（2.94eV）。因此对无规相 PFO 存储器进行光照时，光生激子主要产生于有机半导体层（并五苯）中，之后扩散至沟道区，再被内建电场分离成高能量的光生电子，中和被俘获的空穴。尽管无规相 PFO 和 β-PFO 有着相同的 HOMO 能级，但是 β-PFO 的 LUMO 能级要比无规相 PFO 低 0.12eV，因此 β-PFO 的带隙要略小，为 2.82eV。因此，β-PFO 驻极体也能够被入射光激发并产生光生激子。特别地，2.82eV 的带隙可以被波长为 435～450nm 的蓝光激发，这样就提高了并五苯 OFET 存储器在蓝光区的光敏响应能力。

通过光、电协同操作的读写擦循环测试进一步地验证了 β-PFO 对电子的俘获能力。测试条件为栅极电压−50V 写入（黑暗）、栅极电压−20V 读取（黑暗）、栅极电压 0V 光照擦除。如图 4.44 所示，两种 PFO 存储器均表现出可反复擦写的存储特性，电流开关比达到 10^3。然而，对于 β-PFO 存储器，其写入态对应的源漏电流值在初始的循环中先呈现出增长的态势（从 $6.1×10^{-11}$A 增长到 $1.0×10^{-9}$A），然后到达稳定值。这种初始阶段的源漏电流增长是 β-PFO 较强的电子俘获能力导致的。如前所述，并五苯和 β-PFO 均可以产生光生激子，而且并五苯与 β-PFO 含有的自掺杂的纳米结构为光激子的分离提供了大量的位点。因此在擦除过程中，β-PFO 存储器中会分离出大量的光生电子，可以充分地中和先前在写入操作中被俘获的空穴。同时，由于因 β-PFO 较低的 LUMO 能级而产生的电子俘获陷阱，以及由 β-PFO 周围环绕的无规相 PFO 充当的隧穿势垒，剩余的光生电子会被局域住。在下一个写入操作到来时，考虑到 β-PFO 有偏高的空穴迁移率，−50V 写入电压无法提供足够的空穴来中和被局域住的电子。因此，在经历了若干光擦除操作后，被俘获的电子会变得越来越多，导致写入过程的转移特性曲线向正栅极电压方向偏移。因此在同样的−20V 读取电压下，写入态对应的源漏电流值会呈现出变大的趋势，直到电子累积达到饱和。这个测试结果说明，β-PFO 存储器有较强的电子俘获能力。

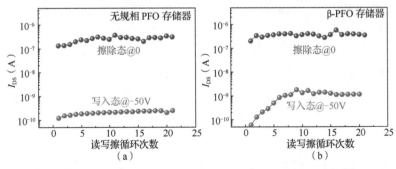

图 4.44　无规相 PFO 存储器和 β-PFO 存储器的读写擦循环测试[64]

基于上述讨论，由存储回滞曲线、转移特性曲线、读写擦循环测试的结果可以看出，由聚合物链相变工程制造的 β-PFO 存储器件有较强的电子俘获能力和较大的存储窗口。下面通过比较两种 PFO 存储器的存储窗口与写入电压、写入时间的关系，进一步说明 β-PFO 驻极体对器件存储稳定性的影响。在某种程度上，对于 P 型 OFET 存储器而言，大的存储窗口意味着阈值电压的可调性，即多级存储的能力。如图 4.45（a）所示，比较两种 PFO 存储器的电荷存储密度与写入电压的关系可以发现，存储窗口随着写入电压的增大，呈现出近似线性增长的趋势。这说明这两种 PFO 存储器具备五阶存储的编码能力。这种线性增长特性对应着本书第 4.1.1 小节提到的 FN 隧穿电荷存储机制，以−80V 写入电压为例，无规相 PFO 存储器的电荷存储密度为 2.6×10^{12} 个/cm^2，要小于 β-PFO 存储器（3.3×10^{12} 个/cm^2），说明 β-PFO 存储器有更多的电荷俘获位点和更高的存储效率。存储窗口随写入时间的变化关系如图 4.45（b）所示，随着写入时间的延长，注入的空穴增多，两种 PFO 存储器的存储窗口均呈现出对数式增长的趋势。在写入时间为 20ms 时，β-PFO 存储器的存储窗口就达到了 44.8V，远大于无规相 PFO 存储器（25.6V）。当写入时间延长到 2s 时，由于预存的电荷形成的内建电场会阻止电荷的有效注入，存储窗口也达到了饱和值。此时，两种 PFO 存储器的存储窗口差值逐渐变小并趋于稳定（11V）。这个测试结果说明，β-PFO 存储器中存在更强的俘获位点（尤其是在并五苯/β-PFO 界面处），这样才能使该存储器在 20ms 内俘获足够多的空穴。偏压维持时间测试同样验证了这两种 PFO 存储器的电荷存储稳定性[见图 4.45（c）]。与写入态对应的源漏电流值相比，擦除态的电流表现出更明显的衰减。在这种情况下，经过 8000s 的维持时间测试后，β-PFO 存储器依然能够保持 10^3 的电流开关比，几乎是无规相 PFO 存储器的 2 倍。这个结果进一步说明，局域在 β-PFO 存储器中的光生电子能够更稳定的存在。

进一步探究 β 相含量对存储性能的影响可以发现，高 β 相含量的 β-PFO 驻极体薄膜可以通过改变溶剂来实现。分别选用 1,2-二氯乙烷和甲苯制备中等（Medium）含量和高（High）含量的 β-PFO 薄膜则可以发现，电荷存储容量与 β 相含量不是正比例的关系。在同样的写入电压下，中等含量 β-PFO 存储器的存储窗口略大于低含量 β-PFO 存储器。然而，最高含量的 β-PFO 存储器的存储窗口并非最大。这是因为当 β 相含量过高时，PFO 薄膜表面的高度起伏会相应增大，不利于有机半导体层的结晶，还会对载流子在沟道中的传输产生极强的散射，因此高含量的 β-PFO 存储器中，其电荷注入时的接触电阻也较大。相应地，本测试得到的最高含量 β-PFO 存储器的场效应迁移率仅有 0.002cm^2/(V·s)，比低含量的 β-PFO 存储器低了 2 个数量级[0.13cm^2/(V·s)]。对比不同 β 相含量的 PFO 存储器擦除态的维持时间特性可以发现，由于 β 相结构对电荷的俘获能力较强，因此 β 相含量较高的存储器衰减较慢。

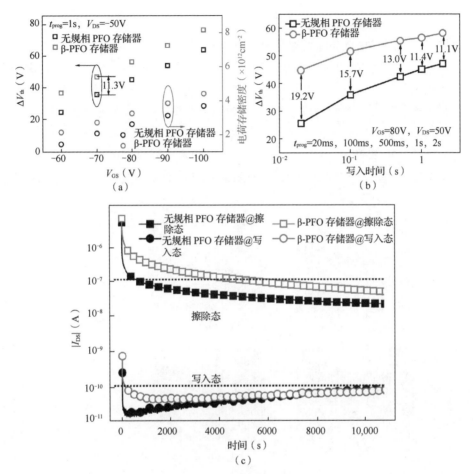

图 4.45　无规相 PFO 存储器和 β-PFO 存储器的存储窗口与写入电压、写入时间的关系
以及偏压维持时间测试结果[64]
（a）存储窗口和电荷存储密度与写入电压的关系　（b）存储窗口与写入时间的关系
（c）偏压维持时间测试结果（V_{DS}=-50V，V_{GS}=-25V）

　　基于以上研究结果，可以总结出基于 β 相自掺杂微纳结构的并五苯 OFET 存储器的工作机制。如图 4.46（a）所示，当对存储器施加负栅极电压时，空穴从并五苯以隧穿的方式注入并五苯/PFO 界面和 PFO 内，并被俘获。考虑到无规相 PFO 和 β-PFO 有相同的 HOMO 能级，即有相同的空穴隧穿注入势垒，β-PFO 存储器表现出的大存储容量主要来自两个方面：一方面，β-PFO 薄膜中"主-客"体自掺杂的微纳结构的界面充当了额外的电荷俘获位点；另一方面，自掺杂的微纳结构使并五苯与 β-PFO 的接触界面增大，相当于扩大了隧穿区域，提高了电荷隧穿注入的效率。接下来，被俘获的空穴导致导电沟道中可移动空穴的浓度降低，存储器的转移特性曲线沿负向移动。同时，被俘获的空穴的累积会形成指向有机半导体

层（并五苯）的内建电场 E_{in}。如前所述，自掺杂的 PFO 微纳结构相当于为俘获电荷增加了阻挡层，因此电荷可以较稳定地被局域。

对存储器进行光擦除操作（光照）的工作过程如图 4.46（b）所示。并五苯受激产生大量的光生激子，β-PFO 中会产生少量的光生激子。在内建电场 E_{in} 的作用下，光生激子很快分离成光生空穴和光生电子。光生空穴会漂移到导电沟道中形成光生电流，同时降低电子的注入势垒。然而，向下漂移的光生电子会与先前被俘获在并五苯/PFO 界面处的空穴复合。随着光照时间的进一步增加，光生的高能电子会进一步扩散到 PFO 内与剩余的空穴中和。至此，光擦除的操作就完成了。

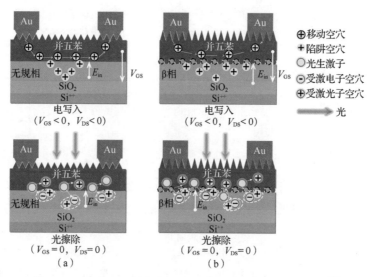

图 4.46 无规相 PFO 存储器和 β-PFO 存储器的工作原理示意图[64]
（a）电写入过程的工作原理示意图 （b）光擦除过程的工作原理示意图

4.4 自组装单分子层工程

SAM 是一种集界面修饰、电荷俘获和隧穿势垒功能于一体的单层结构，其厚度非常薄，并且能够通过物理或化学吸附有机分子到衬底上进行制备。SAM 的核心可以由 3 部分组成：头部基团、末端基团和连接。头部基团通常是分子的功能端，SAM 的功能性由头部基团本身决定。头部基团可以改变衬底的亲/疏水性，使其具有生物活性或完全具有另一种功能。头部基团（如黄金上的硫醇盐、SiO_2 上的硅烷和金属氧化物上的膦酸）固定在衬底上，而末端基团通常在有机半导体沟道界面处。分子自组装形成的纳米结构和相应的形貌受到非共价力的协同控制，包括氢键、偶极−偶极吸引、π-π 堆积、范德瓦耳斯力、疏水效应、静电相互作用和金属–配体配位。在大多数情况下，分子间固有的 π-π 堆积和高度定向的氢键被证明是主要的驱动力，通常与一个或多个其他非共价力协同作用。

OFET 存储器是界面器件，其性能在很大程度上取决于器件各功能层界面的结构和特性。自组装单分子膜作为小分子浮栅具有独立且分立的电荷俘获位点，可以提高器件的可靠性并防止电荷泄漏。此外，小分子的 SAM 还可以调节有机半导体和电荷俘获位点之间的空穴/电子注入势垒，进一步实现从单极型到双极型存储行为的转变。郑朝月等人对在硅表面形成的单层和多层氨基端基硅烷进行了深入的研究，提出了一种基于界面自组装分子的电荷存储型非挥发性 OFET 存储器[65]。在这项研究中，他们设计了由 N-苯基-N-吡啶基氨基（N-phenyl-N-pyridyl amine，PyPN）、N-苯基-N-(3-(三乙氧基硅烷基)丙基)胺[N-phenyl-N-(3-(triethoxysilyl)propyl) amine，PN]和 N,N-二苯基-N-(3-(三乙氧基硅烷基)丙基)胺[N,N-diphenyl-N-(3-(triethoxysilyl)propyl) amine，DPN]的 SAM 形成的 3 种小分子 CTL（见图 4.47）。这些 SAM 都具有相同的头部基团和连接，但末端基团不同。由于不同的 N 原子自催化和氢键效应，PyPN 形成了最大的聚集体，并与并五苯完全接触，这会导致更多的电荷注入。此外，与并五苯相比，PyPN 具有更小的 HOMO 势垒和疏水性。因此，基于 PyPN 的存储器具有比基于 PN 和 DPN 的存储器更大的存储窗口和更长的维持时间。

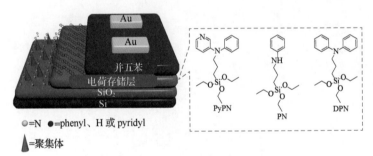

图 4.47　基于 SAM CTL 的 OFET 存储器[65]

SAM 作为 CTL 时，由于膜厚可减小到几纳米，因此可增加有效面电容。Halik 等人提出了一种 OFET 存储器，其中采用脂肪族和 C_{60} 官能化衍生物作为超薄 CTL（厚度约为 2.1nm），且脂肪族组分具有极好的绝缘特性。由于混合 SAM:AlO_x 电介质堆叠的厚度较小（约为 5.7nm），该 OFET 存储器能够以非常小的电压工作（2V）。Guo 等人提出了一种光子 OFET 存储器，其中包括作为 CTL 的光致变色二芳基乙烯（DAE）SAM[31]。在不同波长的光照下，DAE-SAM 的能级会发生变化，实现充电和放电。该 OFET 存储器可在低电压下工作（≤3V），并且具有长的维持时间（半年）和超过 10^4 次读写擦循环。具有 900 个存储单元的柔性成像传感器阵列，被进一步证明能够以高精度可重置地记录经调谐的紫外光（365nm）的空间分布[见

图 4.48]。Jang 等人使用小分子配体修饰的 CdSe QDs 作为并五苯 OFET 存储器的光敏 CTL。他们使用不同的表面修饰制备了 3 种类型的 QDs：十八烷基膦酸封端（ODPA-QDs）、每氟化硫沉积（F-QDs）和刷形聚苯乙烯盖（PS brush-QDs）。在光恢复过程中，由于长链聚合物阻碍并延迟了载流子从 QDs 到导电沟道的扩散，基于 PS brush-QDs 的器件需要 20s 以上才能恢复到初始态。相较而言，基于小分子 ODPA-QDs 和 F-QDs 的器件仅需 1s 的光照就可以恢复到初始态。

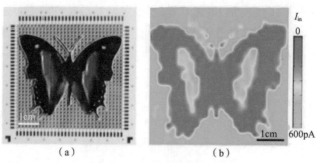

图 4.48　柔性成像传感器阵列[31]
（a）俯视图　　（b）成像时的电流分布

第5章　纳米浮栅中的微纳结构

在纳米浮栅型 OFET 存储器中，纳米浮栅可以分为分立的单组分 NP 浮栅、多组分浮栅及小分子浮栅。在单组分 NP 浮栅存储器件中，金属 NP 作为电荷俘获位点分散并孤立于聚合物基体（Matrix）中。由于金属 NP 不连续分布，电荷存储密度、存储速度可以通过金属 NP 的功函数和尺寸（密度和大小）有效地控制。适当选择具有高功函数的金属 NP 还可以优化存储的维持时间。Au-NP 因功函数较高（约–5.1eV），且化学性质稳定，被广泛应用于单组分 NP 浮栅中。在纳米浮栅 OFET 存储器中引入微纳结构对提高器件的存储能力有一定帮助。在浮栅型存储器的研究中，相分离工程多用于多组分纳米浮栅，通过引入双组分甚至三组分的金属 NP、"核-壳"型 QDs 材料，可以弥补单一浮栅的功函数匹配不足等问题，成为浮栅型存储器的热门研究方向。此外，小分子半导体材料的分子结构和电子结构清晰，且具有场效应迁移率高、合成灵活和易于纯化等明显优势，已经成为新型分子级浮栅型存储器的优秀候选材料。本章重点介绍纳米浮栅型 OFET 存储器的相分离工程、超晶格 Au-NP 浮栅工程和分子浮栅工程。

5.1　相分离工程

将有机半导体与绝缘聚合物共混旋涂已被证明是制备高性能 OFET 存储器的有效途径之一。在旋涂过程中，不同材料相互混合后，通过选择不同的溶质和溶剂、调节溶液的浓度，以及调控旋涂操作过程的条件设置等，会产生许多可能的相分离。与用传统的叠层方法制备器件相比，利用有机半导体/绝缘聚合物共混溶液实现相分离结构，用作 OFET 存储器中的有机半导体层和绝缘层，具有以下 4 个优点。

（1）克服了与有机半导体材料加工相关的脱湿问题。

（2）在原位提供了具有钝化层和/或栅绝缘层的半导体膜。

（3）钝化了有机半导体和衬底之间的界面。

（4）提供了与电极接触的光滑表面。

5.1.1　聚合物有机半导体/绝缘聚合物

聚合物有机半导体/绝缘聚合物共混溶液在沉积过程中会产生垂直相分离，

自发形成器件的有机半导体层和绝缘层，实现一步制备 OFET 存储器。二元聚合物共混物的相分离特性如图 5.1（a）所示。在溶剂蒸发过程中，共混物从一个混合相变为两个单独的相，从热力学角度来看，相分离行为取决于系统的自由能 G。相分离的边界分为两类：旋节相（$\partial G^2/\partial c^2=0$）和双轴相（$\partial G/\partial c=0$）。如图 5.1（b）所示，二元聚合物共混物的旋节线和双峰线是随成分和温度的变化而变化的。当温度较高时，熵是一个控制因素，更容易形成混合相；而当温度降低时，焓发生相互作用，优先形成两个单独的相。制备共混溶液往往需要溶剂作为第三组分，因此，需要考虑由聚合物 A、聚合物 B 和溶剂组成的三元体系[见图 5.1（c）]。当溶剂蒸发时，存在两种不同的相分离模式，分别是调幅分解和成核生长。由于薄膜界面破坏了系统的对称性，平行于和垂直于衬底表面的波动波长是确定最终形成薄膜微观结构的关键，因此，一种组分对衬底的优先吸引或垂直方向的波长波动的增加会导致垂直相分离的增强。旋涂过程中的光散射实验也表明，可以形成垂直分离的双层结构薄膜，系统的不稳定性形成横向畴。

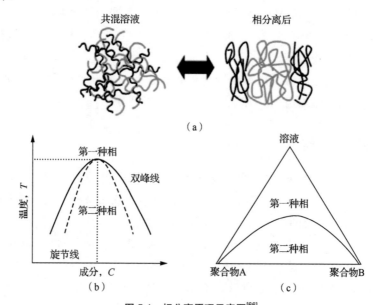

图 5.1　相分离原理示意图[66]
（a）二元聚合物共混物的相分离特性　（b）二元聚合物共混物的旋节线和双峰线
（c）聚合物 A、聚合物 B 和溶剂体系的三元相图

　　相分离是多组分薄膜制备过程中的一种复杂现象，与材料本身的物化性质、热力学参数和制备工艺参数息息相关。通过对材料、溶剂、衬底、后退火工艺及制备过程的选择与调控，可以实现对界面性质的优化，以提升器件性能。首先，

对于材料的选择，材料分子量、溶解度及不同材料之间的相容性等都是重要的因素。例如，若两种聚合物的溶解度不同，则溶解度最低的聚合物先固化。相溶性是聚合物的一个重要性质，通常由弗洛里·哈金斯（Flory-Huggins）相互作用参数（χ）决定，χ 值高意味着相分离的驱动力强大。其次，对于溶剂的选择，主要需要考虑溶剂的沸点、表面张力和黏度等因素。例如，溶剂的沸点不同会导致蒸发速率不同，进而影响相分离过程的时间。最后，衬底的表面能和粗糙度对相分离的形成至关重要。当溶液在衬底上凝固时，衬底的表面能会影响溶液液滴与衬底之间的润湿性。在溶剂蒸发过程中，表面能控制着瞬时润湿层的形成。此外，旋涂过程中的转速等工艺参数对相分离动力学有很大影响。

　　表面能在控制二元共混物的相分离过程中起着重要作用，决定了薄膜的表面形貌。利用不同材料形成薄膜的表面能之间的差异，可以实现独立、有序的电荷俘获阵列的制备，对纳米浮栅型 OFET 的器件性能产生重要影响，进而能够达到提升 OFET 存储器性能的目的。Arias 等人研究发现，在 OFET 器件中，衬底的亲/疏水性对相分离过程有很重要的影响[67]。在疏水性衬底上，低表面张力的聚噻吩优先沉积在膜–衬底界面上。如图 5.2（a）所示，在辛基三氯氢硅（OTS-8）处理的 SiO$_2$/Si 衬底上，利用旋涂法制备 PMMA 与聚[5,5′-双(3-十二烷基-2-噻吩)-2,2′-双噻吩]（PQT-12）共混膜时，会自发形成相分离的双层结构。通过引入扩散压力的概念可以合理地解释这一现象：OTS-8 处理的 SiO$_2$/Si 衬底疏水性较好，在其表面上 PMMA 的扩散压力低于 PQT-12，能量最小化导致了 PQT-12:PMMA 双层结构（PMMA 居于顶层）的形成。由相分离形成的 PMMA 可用作 OFET 中的缓冲层，从而基于 PQT-12:PMMA 共混膜的 OFET 比基于 PQT-12 膜的 OFET 具有更好的环境稳定性。在暴露于环境空气 48h 后，基于 PQT-12:PMMA 双层膜的 OFET 的转移特性曲线几乎没有发生偏移。而在亲水性衬底上，具有高表面张力的 PMMA 则被优先沉积在膜–衬底界面上。基于 P3HT:PMMA 双层膜的 OFET 结构如图 5.2（b）所示。值得注意的是，与基于纯 P3HT 薄膜的 OFET 相比，基于 P3HT:PMMA 双层膜的 OFET 中，有机半导体 P3HT 的含量可降低 98%，而不影响其电学性能。因此，这种方法有助于降低 OFET 中的有机半导体含量，从而降低器件制备中的材料成本。此外，利用相分离工程实现的双层结构薄膜，能够实现较薄绝缘层薄膜的制备，有利于低电压驱动的 OFET 的制备。基于 P3HT 与 PMMA 混合形成的相分离薄膜，王晓红等人研究了溶液浓度对 P3HT 和 PMMA 之间相分离界面形态的影响[68]。研究表明，溶液浓度越高，充当电荷传输通道的相分离界面的粗糙度越小，有利于促进有效的电荷传输，并提高 OFET 的场效应迁移率。

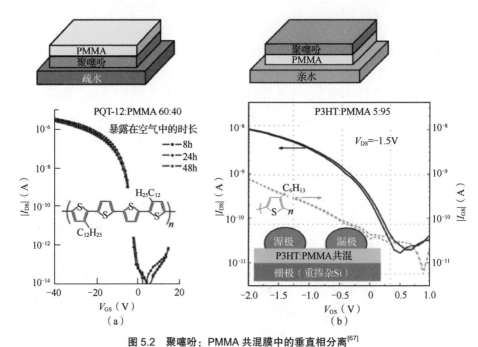

图 5.2　聚噻吩：PMMA 共混膜中的垂直相分离[67]
（a）PQT-12（底部）:PMMA（顶部）共混膜的 OFET 的结构和转移特性曲线　（b）基于 P3HT（顶部）:PMMA
（底部）共混膜的 OFET 的结构与转移特性曲线

　　除了垂直相分离之外，在薄膜制备过程中选择合适的溶剂，有利于高结晶度
纳米纤维网络的形成，从而提升 OFET 存储器的电学性能。陈文昌课题组研究了
通过使用不同溶剂调控 P3HT 的溶解度，从而调控 P3HT:PS 共混溶液的相分离过
程[69]。当使用良溶剂 CHCl₃ 溶解 P3HT:PS 共混物时，由于 P3HT 的溶解度较好，
因此无法有效结晶，难以形成纳米线结构。与此对应，如图 5.3 所示，当使用不良
溶剂 CH₂Cl₂ 溶解 P3HT:PS 共混物时，由于 P3HT 在溶液中的溶解度有限，P3HT
可以析出并自组装成纳米线晶体。随着溶剂的蒸发，PS 逐渐固化，形成在绝缘 PS
基质中嵌入高结晶 P3HT 纳米纤维网络的结构。在低 P3HT 含量下，这一结构的
形成对于保证较好的沟道电荷输运至关重要。此外，PS 电介质可以保护 P3HT 免
受环境气氛的影响，从而大大提升 OFET 存储器的环境稳定性。

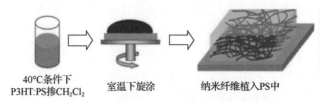

图 5.3　在 PS 电介质中嵌入 P3HT 纳米纤维的制备程序示意图[69]

5.1.2　小分子有机半导体/绝缘聚合物

小分子有机半导体往往能够形成更有序的纳米结构，对这些材料的研究往往是在超高真空（Ultra-high Vacuum，UHV）条件下通过热蒸发成薄膜或控制其单晶的生长来进行。为了能够降低薄膜制备的成本并与柔性电子产品结合，研究表明，在采用溶液法制备小分子有机半导体薄膜时，添加聚合物黏合剂可促进有机半导体结晶、增加薄膜均匀性及可重复性，从而提高所制备器件的电学性能。在基于红荧烯（Rubrene）的 OFET 中，红荧烯薄膜的沉积制备一直存在成膜能力偏差及材料易氧化的问题，而聚合物黏合剂在红荧烯薄膜的制备中发挥了很大作用。在这方面，艾伦·穆恩斯（Ellen Moons）等人于 2002 年提出：改变聚合物黏合剂的类型会影响薄膜沉积过程中的相分离机制，进而对薄膜形态、结构及 OFET 的电子特性产生显著影响[70]。李伟贤（Wi Hyoung Lee）等人通过在均三甲苯中旋涂二乙烯基四甲基二硅氧烷双(苯并环丁烯)（BCB）与聚(9,9 二烷基氟酮-三芳胺)（TFB）共混溶液，成功地制备了 BCB:TFB（TFB 居于底部）双层结构[71]。BCB:TFB:均三甲苯体系的三元相图如图 5.4（a）所示。图中，A 点附近溶剂较多，溶液以单相形式存在，在相图中用白色圆圈标记。当溶剂蒸发时，BCB:TFB:均三甲苯溶液由 BCB:均三甲苯和 TFB:均三甲苯组成的二元体系组成，随着溶剂继续蒸发，可得到垂直相分离的 BCB:TFB 双层结构（B 点）。在此过程中，较高的 Flory-Huggins 相互作用参数（如 $\chi_{BCB/TFB}=3$）加速了 BCB 和 TFB 的相分离。

虽然使用小分子有机半导体/绝缘聚合物共混物可以成功地制备出垂直相分离的共混膜，但通常会伴随着横向相分离，以及由垂直和横向结构组成的复杂结构。通过选择不同的聚合物黏合剂、控制溶剂蒸发速率和衬底润湿性等方法，可以获得理想的垂直相分离结构。BCB:TFB 双层结构薄膜的形成是热力学驱动的，但详细的相分离形貌取决于溶剂蒸发速率。溶剂蒸发速率通过影响轨道速度，决定了 BCB 与 TFB 之间的界面形态。对 AFM 图像的傅里叶变换进行平方，可以获得功率谱密度 $P(q)$ 与波矢量 q 的关系，并以此作为界面形态的函数来观察界面形态演变。BCB:TFB 双层结构薄膜的 AFM 图像及其 1D 功率谱密度分布如图 5.4（b）所示。当轨道速度为 0.050rad/s 时，功率谱密度最低，可以得到理想的垂直分相结构；轨道速度过高或过低时，则会形成横向分相结构。由于顶部的 BCB 层可以通过热退火交联，因此可以在相分离后的 TFB 有机半导体薄膜上制备一层致密的介电层。用 10%交联 BCB:TFB 双层结构制作的顶栅型 OFET 的场效应迁移率为 $4\text{cm}^2/(\text{V}\cdot\text{s})$。

可溶性并苯（acene）由于溶液可加工性好，并且具有高 π-π 轨道重叠，是一种易于实现相分离的小分子有机半导体。使用 acene 作为有机半导体材料，通过优化工艺条件，可以获得理想的薄膜形态和微纳结构，从而提升 OFET 的电学性能。例如，当 acene:PMMA 共混物沉积在亲水性衬底上时，由于 acene 和 PMMA 之间的表面能差异，具有低表面能的 acene 优先沉积在空气-薄膜界面。采用 acene:PMMA 双层结构薄膜（PMMA 居于底层）作为有机半导体层和栅绝缘层，通过合理地调控器件的制备条件，OFET 的场效应迁移率可以提升几个数量级。

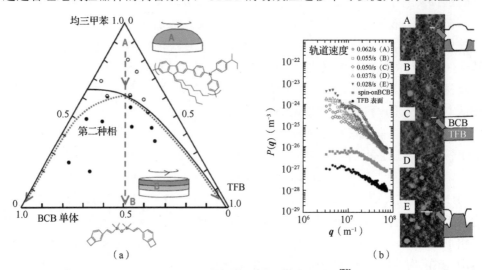

图 5.4　BCB 顶部/TFB 底部双层结构相分离[72]
（a）BCB:TFB:均三甲苯体系的三元相图　（b）BCB:TFB 双层结构薄膜的 AFM 图像及 1D 功率谱密度 $P(q)$
与波矢量 q 的关系[71]

李伟贤等人提出了 5,11-双(三乙基硅炔基)蒽醌噻吩（TES-ADT）:PMMA 双层结构薄膜（PMMA 居于底部）[见图 5.5（a）][71]。在旋涂共混溶液后，低表面能的 TES-ADT 沉积在空气-薄膜界面上，而高表面能的 PMMA 沉积在薄膜-衬底界面上。在旋涂过程中，由于溶剂的快速蒸发，TES-ADT 分子留在 PMMA 层上，使用 1,2-二氯乙烷蒸气进行溶剂蒸气退火后，TES-ADT 分子向上移动，以最小化共混膜的总表面能，垂直相分离程度大大增强。同时，TES-ADT 分子在溶剂蒸气气氛下结晶，形成 3D 多层结构，这对电荷载流子的横向传输非常有利。溶剂蒸气退火后，由于 TES-ADT 的垂直相分离增强和结晶的综合效应，基于 TES-ADT:PMMA 双层结构薄膜的 OFET 的平均场效应迁移率从 0.5cm²/(V·s)提高到 3cm²/(V·s)。利用溶剂蒸气退火是诱导共混膜相分离和结晶的有效方法，但是，由于在使用过程中需要用到有害溶剂，这种方法在实际应用中受到限制。李伟贤等人使用 2,8-二氟-5,11-双(三乙基硅炔基)蒽醌噻吩（F-TESADT）:PMMA 共混物通过一步旋涂工艺诱导垂直相分离[见图 5.5（b）][73]。在 F-TESADT 分子中，氟（F）原子的存在降低了其表面张力，使得 F-TESADT:PMMA 双层结构薄膜相分离的过程中，F-TESADT 优先在空气-薄膜界面结晶。此外，F-TESADT 分子间的 F-F

相互作用也有利于增强 F-TESADT 的结晶。F-TESADT 与 PMMA 相分离的程度及 F-TESADT 的结晶在很大程度上取决于制备共混溶液时用到的溶剂。低沸点（b.p.）溶剂的蒸发速率太快，不能完全实现垂直相分离，而使用高 b.p.的溶剂，可以使薄膜在旋涂过程中有足够的时间完成垂直相分离，并使 F-TESADT 分子在空气-薄膜界面处结晶，从而成功地制备出 F-TESADT 晶体:PMMA（PMMA 居于底部）的双层结构薄膜。如图 5.5（b）所示，使用高 b.p.的溶剂，基于 F-TESADT 晶体:PMMA 双层结构薄膜的 OFET 的平均场效应迁移率会显著增大。此外，由于高度结晶的 F-TESADT 晶体（顶部）和陷阱最小化的 PMMA（底部）组成的双层结构，基于 F-TESADT:PMMA 共混膜制备的 OFET，其环境和电学稳定性远远优于基于纯 F-TESADT 薄膜制备的 OFET。

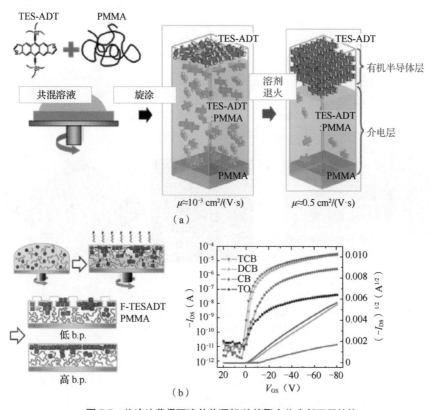

图 5.5　旋涂法获得可溶并苯顶部/绝缘聚合物底部双层结构

（a）TES-ADT:PMMA 共混膜经旋涂和溶剂蒸气退火后的形态和结构特征的示意图[71]　（b）F-TESADT 的形态、结构特征和转移特性曲线[73]

相分离工程在提升 OFET 存储器性能的研究中也有重要贡献。南京邮电大学李雯等人利用宽带隙有机半导体材料 WG3 作为电荷俘获材料，通过旋涂共混溶液形成相分离，开发了独立、有序的宽带隙有机半导体纳米阵列[37]，如图 5.6 所示。

与金属导体和窄带隙材料相比，宽带隙有机半导体材料具有较高的能量势垒，可以使被俘获的电荷稳定地存储其中。同时，制备独立、有序的宽带隙有机半导体纳米阵列作为 CTL，可进一步延长数据存储维持时间和提高器件的电荷存储量。WG_3 纳米阵列的形成可以归因于 TMP 在薄膜-衬底界面的优先聚集，以及薄膜中的纵向和横向相分离。这一方法可用于制备分离良好、高度有序的电荷俘获位点阵列。WG_3 纳米阵列在 OFET 存储器的电荷俘获与去俘获过程中起着重要作用，可提高存储容量、加快写入速度。并且，由于 WG_3 纳米结构独立、分散且高度有序，并五苯晶粒依然可以生长得很大，与 WG_3 薄膜器件相比，WG_3 纳米结构器件的场效应迁移率依然处于较好水平。

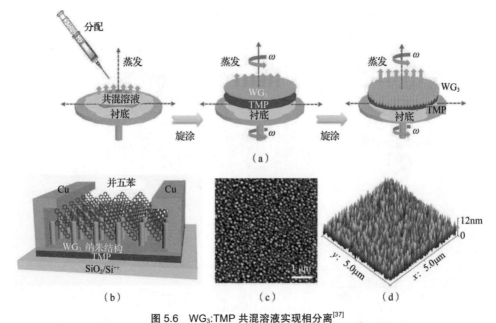

图 5.6　WG_3:TMP 共混溶液实现相分离[37]
（a）WG_3 纳米阵列形成过程示意图　（b）基于并五苯的底栅/顶接触 OFET 存储器的示意图　（c）WG_3 纳米阵列的 2D AFM 图像　（d）WG_3 纳米阵列的 3D AFM 图像

下面通过测试基于 WG_3 薄膜和 WG_3:TMP 共混膜的 OFET 存储器的存储性能，分析 WG_3 纳米结构在存储器中的作用。因为 WG_3:TMP 混合比例为 1∶5 的薄膜表现出均匀的纳米结构形貌，同时基于该薄膜的器件具有较高的场效应迁移率和电流开关比，所以后文以基于该薄膜的器件为研究重点，并简称为 WG_3 纳米结构器件。WG_3 纳米结构器件的写入擦除特性如图 5.7（a）所示。当在 WG_3 纳米结构器件的栅极施加一个大小为 -100V 的电压并持续 1s 后，器件的转移特性曲线由初始位置沿负栅极电压方向移动，并且可以稳定地保持在移动后的位置，表明 WG_3 纳米结构器件中产生了空穴俘获现象，此时器件处于写入态。当 WG_3 纳米结构器件受到白光照射 1s 后，转移特性曲线又回到初始位置附近，此时器件处于擦除态。计算写入态与擦除态间的转移特性曲线阈值电压的变化可得，WG$_3$ 纳米结构器件的存储窗口为 45V，相应的电荷存储密度为 $2.97×10^{12}$ 个/cm^2。WG$_3$ 薄膜器件的写入擦除特性如图 5.7（b）所示。在 WG$_3$ 薄膜器件的栅极施加电压 1s 后，器件的转移特性曲线由初始位置沿负栅极电压方向移动，接着用白光照射 WG$_3$ 薄膜器件 10s 后，转移特性曲线回到初始位置附近。计算转移特性曲线阈值电压的变化可得，WG$_3$ 薄膜器件的存储窗口为 28V，相应的电荷存储密度为 $1.8×10^{12}$ 个/cm^2，比 WG$_3$ 纳米结构器件的电荷存储密度小很多。可见，独立、有序的 WG$_3$ 纳米结构阵列能够有效地提高器件的电荷存储容量。

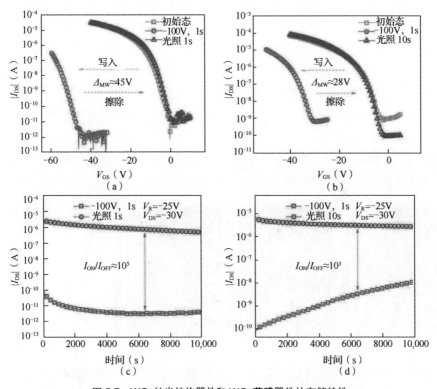

图 5.7 WG$_3$ 纳米结构器件和 WG$_3$ 薄膜器件的存储特性
（a）WG$_3$ 纳米结构器件的写入擦除特性　（b）WG$_3$ 薄膜器件的写入擦除特性
（c）WG$_3$ 纳米结构器件的维持时间特性　（d）WG$_3$ 薄膜器件的维持时间特性

接下来，对 WG$_3$ 纳米结构器件和 WG$_3$ 薄膜器件的维持时间特性进行测试，以验证器件的存储稳定性。在电写入操作过程中，以写入电压为-100V 和写入时间为 1s 来设置 WG$_3$ 纳米结构器件和 WG$_3$ 薄膜器件的写入态；在光擦除操作过程中，分别以光照 1s 和 10s 来设置 WG$_3$ 纳米结构器件和 WG$_3$ 薄膜器件的擦除态。

从图 5.7（c）可以看出，WG$_3$ 纳米结构器件在 10^4s 后仍能保持电流开关比为 10^5，具有非常稳定的维持时间特性。而 WG$_3$ 薄膜器件的写入态则表现出明显的衰减，导致器件的存储开关比在 10^4s 内从 10^5 降低到 10^2[见图 5.7（d）]。可见，独立的 WG$_3$ 纳米结构能够有效地抑制被俘获空穴的移动，因此可以提高存储器件的稳定性与可靠性。

通过溶液法旋涂实现相分离，除了表面性质和表面电荷俘获位置的因素外，栅绝缘层和有机半导体层之间的偶极无序和界面行为也直接影响界面处的电荷输运和俘获。官能团可能诱发表面偶极子，从而影响载流子的俘获与去俘获。因此，可以调控 OFET 性能（如场效应迁移率、电流开关比和亚阈值摆幅），这相应地为调节存储器特性铺平了道路。南京邮电大学仪明东等人设计了一系列具有分子可调能带和能级的宽带隙多苯基取代萘基化合物（TPP）[74]，使对电荷俘获能力的精细调节和存储性能的合理调整成为可能。他们采用了一种简单且高效的一步自旋镀膜方法来制备有序的电荷俘获纳米阵列，并在其表面形成偶极子层，从而显著地提高了存储性能和稳定性。如图 5.8 所示，他们用开尔文探针力显微镜（Kelvin Probe Force Microscope，KPFM）测量了 TPP-OCH$_3$:PS-NA 薄膜、纯 TPP-OCH$_3$ 和纯 PS 薄膜的接触电位差（CPD），证明了这种方法能够在纳米结构共混膜的表面上形成一个偶极子（或驻极体）层，该层会诱导一个小的内部电场，从而影响载流子的俘获与去俘获和电荷传输。

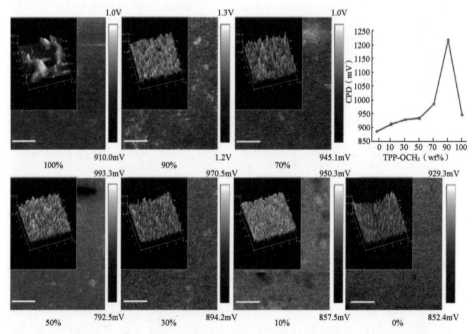

图 5.8　纯 PS、纯 TPP-OCH$_3$ 和不同混合比的 TPP-OCH$_3$:PS 共混膜的 CPD 和 3D AFM 图像（插图）[74]

5.2　超晶格 Au-NP 浮栅工程

金属纳米材料由于独特的小尺度效应、量子尺度效应、表面效应等，成为研究纳米浮栅型 OFET 存储器的热门材料。利用热蒸发和旋涂等薄膜制备工艺将 Au-NP 沉积在电介质表面或嵌入电介质基体中，仅能够实现适用于小面积（通常小于 $1cm^2$）器件的、相对均匀的薄膜，不能满足实际应用中大规模有源阵列的需求。此外，这种方法也难以实现精确可控的粒径尺寸、间距及隧穿介质的厚度，由此产生的 NP 不均匀分布或聚集会导致器件泄漏电流较大、维持性能较差。超晶格（Superlattice）材料是由两种不同组元以几纳米到几十纳米的薄层交替生长并保持严格周期性的多层薄膜，是一种特定形式的层状精细复合材料。基于超晶格的 Au 纳米浮栅表现出较好的 Au-NP 分布，可应用于高性能 OFET 存储器。

5.2.1　超晶格的类型

1970 年，美国 IBM 实验室的江崎和朱兆祥提出了超晶格的概念。他们设想用两种晶格匹配度很高的材料交替地生长周期性结构，每层材料的厚度在 100nm 以下，则电子沿生长方向的运动会产生振荡，可用于制造微波器件。两年后，这一设想在一种分子束外延设备上得以实现。许多组装技术可用于制备大面积的超晶格 NP。一般来说，超晶格 NP 的尺寸可从微米级别跨度到分米级别。

超晶格材料可以按其形成的异质结类型分为 3 种类型（见图 5.9）。第一类超晶格的导带和价带在同一层有机半导体材料中形成。第二类超晶格的导带和价带在不同层中形成，因此电子和空穴被束缚在不同有机半导体层中。第三类超晶格涉及半金属材料，导带底和价带顶在同一层有机半导体中产生，与第一类超晶格相似，但其带隙可在有机半导体、零带隙到半金属负带隙之间连续调整。

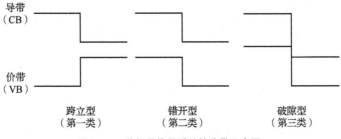

图 5.9　3 种超晶格异质结的能带示意图

按照形成超晶格材料的组分不同，超晶格材料可以分为以下 4 种类型。

（1）组分超晶格：是指在超晶格结构中，重复单元由不同有机半导体材料的薄膜堆垛而成的超晶格。

（2）掺杂超晶格：是指在同一种有机半导体中，用交替改变掺杂类型的方法制备的周期性结构的超晶格。

（3）多维超晶格：是指在多个维度上，由两种或多种材料构成的周期性交替结构的超晶格。

（4）应变超晶格：是指由晶格常数差别较大的两种超薄层材料交替组成的超晶格结构。

5.2.2　超晶格 Au-NP 的制备方法

Au-NP 与配体自组装形成超晶格，可以赋予材料独特的性质。例如，使用聚合物作为配体可改善超晶格 Au-NP 的机械稳定性。超晶格 Au-NP 在生物传感、催化、光子晶体、纳米电子及能量转换和存储等方面具有广泛的应用。超晶格 Au-NP 的制备方法多种多样，本小节介绍几种常见的制备方法。

1. 液-液界面组装

液-液界面组装是一种基于亲水纳米结构组装发展起来的组装技术，操作简便、实用性强，是制备超晶格 Au-NP 的常用方法之一。液-液界面组装的主要步骤如下。

（1）合成与制备 NP。

（2）选择诱导剂，并将诱导剂加入合成的 NP 中，诱导 NP 上升到两相界面组装。

（3）转移超晶格。去除组装结构上层的液相，将组装结构转移到各种亲水性衬底进行表征。

华中科技大学朱锦涛课题组提出了一种简单的超晶格 Au-NP@PS 制备策略，形成了非紧密堆积的厘米级超晶格片[75]。如图 5.10（a）所示，他们首先通过种子生长法合成 Au-NP，并通过配体交换过程，用巯基封端的 PS 进行功能化；然后，将 Au-NP@PS 分散在高浓度氯仿（>60mg/mL）中，并将一滴（约 1μL）Au-NP@PS 溶液滴在直径约为 6cm 的疏水容器中，分散体会在水面上自发扩散，Au-NP@PS 自组装成尺寸为厘米级的具有非紧密堆积结构的超晶格，整个装配过程只需要约 1s 即可完成。以 16nm Au-NP@PS$_{5K}$ 为例，通过快速组装，一层粉红色的薄膜在水面上形成，薄膜的直径约为 3.4cm。该 NP 膜具有均匀的六边形非紧密堆积结构，缺陷较少，如图 5.10（b）～图 5.10（d）所示。由于聚合物配体的疏水性，当柔性 NP 膜转移到衬底上时，不会形成明显的结构损伤。

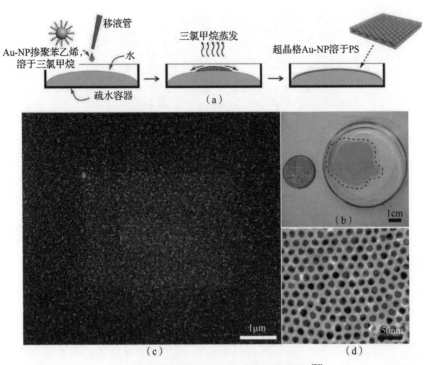

图 5.10　厘米级超晶格片的制备过程及表征[75]
（a）在疏水容器内的水面上通过快速液-液界面组装形成超晶格 Au-NP@PS 的流程示意图　（b）Au-NP@PS$_{5K}$（厚度为 16nm）的超晶格纳米片　（c）超晶格纳米片的六边形非紧密堆积结构的 TEM 放大图像　（d）超晶格纳米片的六边形非紧密堆积结构的 SEM 图像

Selvakannan 等人利用十六烷基苯胺（Hexadecylaniline，HDA）分子具有静电结合到 NP 表面并还原的功能，首先完成了与氯金酸盐水离子的络合，然后还原形成了 Au-NP，在两相转移实验中一步合成了有机可溶 Au-NP，这一过程大大简化了 Brust 规则。并且，他们通过改变 HDA 与 AuCl$_4^-$的物质的量分数，实现了对 Au-NP 尺寸的控制。Rao 等人在液-液界面合成、组装和表征了包括 Au-NP 在内的多种 NP[76]。在典型的反应中，水和甲苯溶液存在于同一烧杯中，甲苯中的 Au 前体与水中的四(羟甲基)氯化膦在界面发生反应，形成独立的金属膜。通过改变反应温度，可以在很大程度上控制 NP 膜的性质（见图 5.11）。一般来说，在较低温度下形成的薄膜表现出窄尺寸分布的球形颗粒，获得的薄膜的电阻测量值在兆欧范围内；而在较高温度下形成的薄膜由宽尺寸分布和窄粒间距离的较大颗粒组成，获得的薄膜的电阻测量值在千欧范围内。使用不同链长的烷硫醇处理薄膜时，也能够观察到类似的趋势。例如，较长/较短链长的硫醇会使更大/更小的颗粒分离。以上研究结果表明，液-液界面为合成和组装具有不同性质的 NP 提供了非常多的可能性。

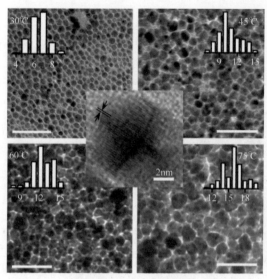

图 5.11　不同温度下的液-液界面制备 Au-NP[76]

2．空气-水界面组装

空气-水界面组装是制备和组装纳米材料的一种常见技术。疏水性 NP 可以在空气-水界面上形成单分子层，从而形成不同类型的组装。亲水性 NP 也可以通过在空气-水界面上分散带相反电荷的分子/聚电解质单分子膜来组装：存在于水亚相中的 NP 与界面处的带电分子静电相互作用，从而实现组装。Fendler 等人率先将空气-水界面用于实现各种结构的组装。Wei 等人利用空气-水界面组装了不同尺寸的间苯二酚四硫醇封装的 Au-NP，形成了良好的密排六方结构（Hexagonal Close-packed，HCP）有序阵列。Kimura 等人使用双功能外部氢键介质，如 4-吡啶羧酸（4-pyridinecarboxylic Acid，PyC）或反-3-(3-吡啶基)丙烯酸[Trans-3-(3-pyridyl) acrylic Acid，PyA]，在空气-水界面组装出了巯基琥珀酸封端的 Au-NP，并实现了粒子间距的控制。萨斯特里等人利用空气-水界面组装、制备并修饰了 NP，通过与脂肪酸或脂肪胺单分子膜的静电络合组装亲水性 NP，合成了具有多功能单分子膜形成分子的 NP、异胶体多粒子膜等。

3．衬底上组装

衬底上组装是制备超晶格 Au-NP 的另一种常见技术。透射电子显微镜（Transmission Electron Microscope，TEM）网格是迄今为止使用最多的衬底。Ohara 等人研究并解释了非极性有机溶剂中的一滴稀释 NP 分散液在 TEM 网格上蒸发时，环状超晶格的形成[77]。由于疏水性溶剂能够均匀地润湿表面，相同类型的组装可在疏水性好的合适衬底上形成，如有机改性的 Si、HOPG 或 Teflon 等。Lin

等人用电子显微镜直接成像减薄的 SiN 作为衬底，并用十二硫醇成功地钝化了 5nm Au-NP，如图 5.12 所示。少量额外的十二硫醇有助于减缓蒸发过程，从而有助于长程组装形成[78]。非极性溶剂不会润湿云母或玻璃等亲水性衬底，无法改善超晶格的质量，而使用与 TEM 网格相似的碳膜来修饰玻璃表面，可以显著地改善超晶格质量。Korgel 等人通过结合衬底-颗粒和衬底-溶剂的相互作用，确定了分散液滴在衬底上形成不同厚度膜的条件[79]。研究发现，在 TEM 网格上滴加 NP 分散体时，溶剂极性的改变会极大地影响膜的厚度，从而影响形成单层膜或多层膜的倾向。结果表明，添加到氯仿（CHCl₃）中的乙醇量的增加，有助于形成厚度更大的膜，从而有助于形成 3D 的单层膜；单独从氯仿溶液中滴注相同浓度的分散液则只会形成单层膜。

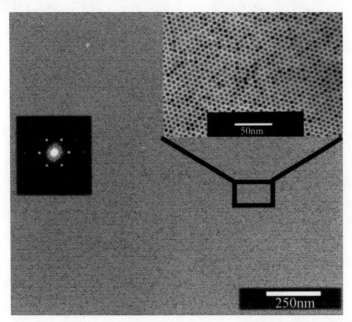

图 5.12　SiN 衬底上的一种长程 2D 有序排列的十二烷基硫醇包覆的 Au-NP[78]

通过在表面形成 SAM，可以使衬底的化学性质发生更系统的变化，许多二硫醇介导的组装都利用了这一过程，尤其是生长 3D 薄膜的组装。SAM 可以由简单的单官能烷硫醇分子制成，该分子具有暴露的疏水部分，可用于组装疏水性 Au-NP。另外，双功能分子的自组装膜也被用于进行高度有序的线性组装，如图 5.13 所示。刘善堂等人使用 AFM 探针将十八烷基硅烷的末端—CH₃ 基团转化为—COOH 基团[80]。这些—COOH 基团与适当的试剂进一步反应，可以生成表面硫醇基团，如图 5.13（a）所示[80]。最后，将这些硫醇图案化的衬底浸入 Au₅₅ 团簇中，就可以实现用 Au-NP 书写硫醇图案化的图案。使用这一过程可以开发出真正的 Au$_{55}$ 颗粒单颗粒线。葆拉·门德斯（Paula M Mendes）等人使用 3-(4-硝基苯氧基)丙基三甲氧基硅烷[3-(4-nitrophenoxy)propyltrimethoxysilane]作为改性剂，暴露出具有硝基（—NO$_2$）的衬底[81]，并通过 EBL 将这些硝基还原为胺基（—NH$_2$），从而使电子束暴露区域转化为—NH$_2$ 基团，如图 5.13（b）所示。最后，在酸性（pH<7）条件下，将图案化的衬底浸入带负电的 Au-NP 分散液中。由于带负电荷的 Au-NP 仅与表面的特定基团相互作用，即书写图案，因此 NP 真正复制了这种图案。

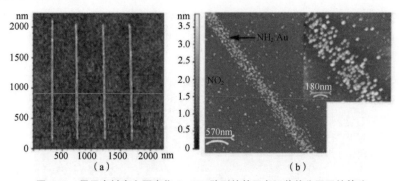

图 5.13　用于在衬底上图案化 Au-NP 阵列的基于自组装单分子层的策略

（a）使用 AFM 探针对衬底进行修改/图案化[80]　（b）对衬底进行修改，以暴露在电子束辐照模式下还原为—NH$_2$ 基团的—NO$_2$ 基团[81]

5.2.3　影响超晶格形成的因素

形成超晶格的过程涉及 NP 的分散、溶液的配备、NP 与配体的组装等环境。因此，影响超晶格形成的因素有很多，本小节介绍比较常见的影响因素。

1. 影响超晶格形成的关键因素

在 Au-NP@PS 粒子的组装过程中，自发扩散是形成超晶格单分子层（Superlattice Monolayer，SM）的关键步骤。Au-NP@PS 溶液在水上的自发扩散由扩散系数（S）决定，且与表面张力相关：

$$S = \gamma_{gB} - \gamma_{AB} - \gamma_{gA} \tag{5.1}$$

其中，γ_{AB}、γ_{gA} 和 γ_{gB} 分别是 Au-NP@PS 溶液与水、Au-NP@PS 溶液与空气，以及空气与水之间的表面张力。通常，只有当 S 大于或等于 0 时，才会发生自发扩散。

Au-NP@PS 溶液的浓度（$C_{Au-NP@PS}$）在 NP 的形成中起着关键作用。CHCl$_3$ 与水不互溶，由于表面能高，纯 CHCl$_3$ 液滴不能在水面上扩散。同样，低浓度的 Au-NP@PS 溶液（＜20mg/mL）不能在水上扩散。而高浓度的 Au-NP@PS$_{5K}$ 溶液（＞60mg/mL）能通过自发扩散形成薄膜。因此，Au-NP@PS 溶液的浓度（$C_{Au-NP@PS}$）

是调节扩散系数 S 的关键因素。S 和 $C_{Au-NP@PS}$ 的依赖关系如图 5.14 所示。随着 $C_{Au-NP@PS}$ 从 1mg/mL 增加到 50mg/mL，S 从-49.12 增大至-5.01。然而，当 $C_{Au-NP@PS}$ 进一步增加至 60mg/mL 以上时，因为 Au-NP@PS 溶液不能在水中形成稳定的液滴，所以该溶液和水之间的表面张力可以忽略不计。由 S 随 $C_{Au-NP@PS}$ 的变化趋势可以推测，若进一步增加 $C_{Au-NP@PS}$，S 最终会趋向 0。

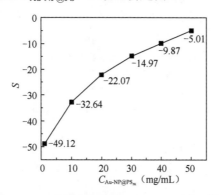

图 5.14　系统的扩散系数与 $C_{Au-NP@PS_{5K}}$ 的关系[75]

2．超晶格粒子间距的影响因素

相邻 Au-NP 之间的粒子间距（d）在确定超晶格 Au-NP 的光学性质和电学性质方面起着关键作用。例如，在 SM 中，NP 通常以六边形紧密堆积或以无序松散的形式排列，NP 之间有共形接触，d 不均匀。由于近场耦合（Near Field Coupling，NFC）效应，不均匀的 d 会影响相邻的 NP，增强彼此的 SPR。因此，制备 d 值可调的超晶格 Au-NP 对于实现可控的材料性质具有重要意义。

d 值可调的非紧密堆积结构 NP-SM 的制备，通常是以 DNA 或活性分子作为连接配体，但是这种制备方法通常较复杂。而以聚合物作为配体，可以通过定向组装形成有序的 NP 组装体。同时，通过改变聚合物链长度可以达到调节粒子间距 d 的目的，操作过程相对更加简单有效。仪明东等人的研究表明，在制备 Au-NP@PS-SM 时，可以通过改变配体 PS 的分子量来控制 d。当采用 PS_{5K} 时，Au-NP 密集排列、结构清晰（d=5.24nm±0.84nm）。当 PS 的分子量从 PS_{12K} 增加到 PS_{20K} 时，非紧密堆积结构的 d 值由 10.67nm±1.97nm 提高至 13.50nm±1.62nm，如图 5.15 所示。然而，当使用 PS_{50K} 时，Au-NP 呈现松散无序的堆积，而不是六边形的非紧密堆积结构，d 增加到 20.77nm±7.76nm。在分散的 Au-NP@PS 溶液中，由于 NFC 效应，可以观察到 SM 组装体的 SPR 光谱出现不同程度的红移。随着 PS 分子量减小，SPR 光谱的红移增加，说明 Au-NP@PS-SM 形成。此外，该技术突破了制备厘米级非紧密堆积 NP 的限制，为 NP 在微电子、光电和生物传感等领域的实际应用提供了可能。

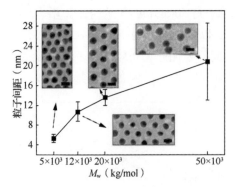

图 5.15　SM（NP 尺寸为 16nm）的 d 与配体 PS 的 M_w 之间的依赖关系[75]

不同官能团封端配体的超晶格对颗粒大小和 d 均有较大影响。对于尺寸相似的 NP，使用不同单官能团配体封端，会在超晶格的组装中展现出明显的差异。例如，在 Au-NP 的组装中，使用胺封端和烷烃硫醇封端，会分别获得尺寸为 9nm 或 4.5nm 的颗粒。研究表明，硫醇可以牢固地附着在 Au 表面，导致烷烃链以全反式构象固定，使得相邻 Au-NP 上的两个烷硫醇容易发生交错，有利于超晶格的形成。而相对来说，胺在 Au 表面的附着牢固性较差，允许更快速的交换，因此形成有序烷基链的趋势较小，可能导致在 Au-NP 表面形成多层配体。实验结果表明，以十二烷硫醇作为配体的超晶格 Au-NP 的烷基链交错程度较强，d 约为 1.9nm；以与烷基链长度相似的十二烷基胺作为配体的超晶格 Au-NP 的烷基链交错程度较弱，d 大于 3.5nm。此外，配体的链长对超晶格的 d 也有一定的影响。Martin 等人首次研究了 NP 表面上巯基链长度与 d 的系统变化。研究表明，随着巯基链每增加一个碳原子的长度，d 增加 1.2Å，且 NP 之间的距离总是保持一个链长，相邻粒子的巯基链之间具有良好的交错程度。Fink 等人的研究也验证了以上观点，通过使用不同链长（C_6 至 C_{18}）的溴化季铵作为配体，NP 在衬底上自组装成 2D 和 3D 结构超晶格，随着溴化季铵链长的增加，NP 间的 d 逐渐增加。

3．超晶格的结构和稳定性的影响因素

在制备超晶格的过程中，NP 超晶格阵列的结构和稳定性受粒径（D）与配体的链长（L）之比（D/L）的影响。Abe'cassis 等人的研究表明，Au 和配体的数量及配体的化学性质可用于调控 NP 的最终尺寸，超晶格结构的形成取决于粒径，在不同的实验条件下，粒径大于 4nm 的颗粒可能形成超晶格。只有当 Au-NP 足够大时，范德瓦耳斯吸引力才足以平衡热能。如果粒子太小，热能会使 NP 分散，无法实现自组装；而对于颗粒尺寸太大的粒子，颗粒之间吸引力太强，会导致颗

粒不可逆地聚集，形成非晶的结构，从而无法自组装成晶体平衡结构。

Brown 和 Hutchison 等人研究了十五胺包覆的颗粒尺寸为 1.8～8nm 的超晶格 Au-NP，研究结果也验证了以上观点。研究表明，被同一配体覆盖的 NP，颗粒尺寸不同，形成的超晶格结构也有所差异。其中，较小的 NP（$d\approx1.8$nm）会形成 3D FCC 超晶格，而较大的 NP（$d>5$nm）会形成有序的 2D 和 3D 超晶格；对于更大的 NP（$d\approx8$nm），相邻 NP 的原子晶格取向相同，即呈现取向有序。超晶格的高度有序性表明，可能从足够多的分散样品中获得 NP 的单晶，这一研究结果不仅为超分子器件的制备提供了可能，也为难以形成的 NC 单晶提供了解决方案。

5.2.4　超晶格金纳米颗粒浮栅存储器

王珂等人基于 Au-NP@PS-SM 制备了并五苯 OFET 存储器，并通过将其与非晶态（Amorphous Molecule，AM）Au-NP 和纯 PS 薄膜对比，证明了有序周期结构对存储器性能的影响，如图 5.16 所示。考虑到库仑阻塞效应、薄膜表面粗糙度、有序结构和 NFC 效应，他们以 16nm Au-NP@PS$_{12K}$-SM 作为研究对象。光滑的 PS 界面有助于沟道材料并五苯的结晶，相应器件初始态的转移特性曲线和输出特性曲线表明，所有器件都呈现出典型的 P 型场效应行为，场效应迁移率较高[$\mu=0.72$ cm^2/(V·s)]，电流开关比为 $6.9\cdot10^5$。此外，当在栅极施加 100V 的电压时，负载在 Au-NP@PS-SM 层上的隧穿电场强度 E_T 估算为 2.13mV/cm^2，几乎是 AM 器件（$E_T \approx0.31$mV/cm^2）的 7 倍。较高的 E_T 会使电荷隧穿效应增大，从而促进电荷从并五苯注入 Au-NP。

超晶格 Au-NP 浮栅存储器的工作原理：在黑暗条件下，向器件的栅极施加脉冲幅值为 −100V、脉冲时间为 1s 的脉冲电压，空穴从并五苯隧穿过 PS 层，并被俘获在 Au-NP 中，被俘获的空穴会形成指向并五苯的内建电场（E_{in}），因此转移特性曲线沿负栅源电压方向移动，作为写入过程；随后，通过光照 1s（15mW/cm^2）可将写入的电荷擦除。在光照过程中，光敏并五苯薄膜中产生大量的光生激子，并向并五苯/PS 界面移动。在 E_{in} 的驱动下，这些光生激子被分离，形成光生空穴和光生电子。光生空穴向导电通道漂移以形成光生电流并降低电子注入势垒，而光生电子向下移动，与被俘获在 Au-NP 的空穴复合，转移特性曲线恢复到初始态。SM 器件的存储窗口（20.1V）远大于 AM 器件（8.8V）和纯 PS 器件（5.6V），有序的周期性结构在降低带电 Au-NP 的非均匀斥力及增加空穴注入等方面发挥了重要作用。

如图 5.16（e）～图 5.16（g）所示，在 60V（15mW/cm^2、1s 光照）/−80V（黑暗）的条件下，器件实现了电子俘获模式的写入/擦除操作。实验结果表明，与 AM

器件和纯 PS 器件相比，SM 器件表现出更大的存储窗口（53.5V）和优越的电子俘获能力，其中电子俘获能力的增强得益于并五苯与 SM 薄膜激发的局域表面等离激元的耦合。并五苯-SM 叠层薄膜在 544nm 处具有宽吸收峰，位于电荷转移发生的位置，而不是并五苯的单重态裂变位置，可有效地提高 SM 器件的光响应能力。如图 5.17（a）所示，SM 器件的维持时间较长，在 10^4s 后电流开关比依然可以维持在 7.7×10^5。进一步延长拟合曲线可知，它在 10 年之后仍然能够具有超过 10^2 的电流开关比。如图 5.17（b）所示，在读写擦循环特性测试中，SM 器件具有稳定的开关状态，最大电流开关比为 4.2×10^5，并且在连续循环中没有退化，证明了器件光信号的即时记录能力。因此，将 Au-NP@PS-SM 应用于 OFET 存储器，基于 SM 的 OFET 存储器在单器件中集成光信号检测和存储，在光通信或生物医学成像等方面具有应用前景。

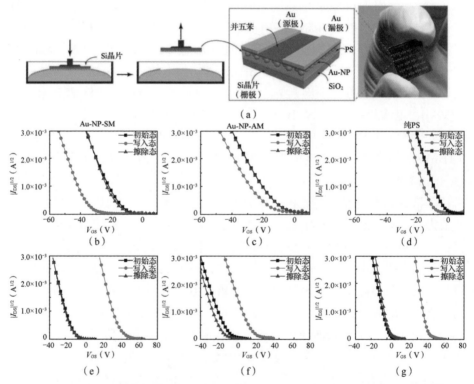

图 5.16　OFET 存储器的制备过程、结构示意图，以及有序周期结构对存储性能的影响[75]
（a）SM 到硅片的转化过程和 OFET 存储器结构的示意图　（b）基于 Au-NP-SM 的并五苯 OFET 存储器的存储窗口（空穴俘获模式）　（c）基于 Au-NP-AM 的并五苯 OFET 存储器的存储窗口（空穴俘获模式）　（d）基于纯 PS 驻极体的并五苯 OFET 存储器的存储窗口（空穴俘获模式）　（e）基于 Au-NP-SM 的并五苯 OFET 存储器的存储窗口（电子俘获模式）　（f）Au-NP-AM 的并五苯 OFET 存储器的存储窗口（电子俘获模式）　（g）基于纯 PS 驻极体的并五苯 OFET 存储器的存储窗口（电子俘获模式）

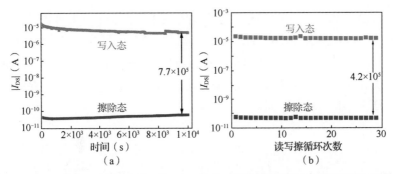

图 5.17 基于 Au-NP-SM 的并五苯 OFET 存储器的存储稳定性和读写擦循环特性[75]
（a）存储稳定性　（b）读写擦循环特性

5.3　分子浮栅工程

小分子半导体材料具有分子结构和电子结构清晰、合成方法灵活及易于纯化等明显优势。在 OFET 存储器中，小分子半导体材料还可以作为沟道材料、电荷俘获介质、修饰剂和掺杂剂参与所有的电荷存储过程，即电荷产生、传输、注入和存储。可溶液加工的小分子浮栅材料，结合了小分子易合成和类似聚合物的溶液加工成本低的优点，越来越受到研究人员的关注。本节介绍单组分分子浮栅、多组分掺杂型浮栅和金属有机骨架（Metal Organic Framework，MOF）纳米片浮栅这 3 种分子浮栅工程。

5.3.1　单组分分子浮栅

基于单组分分子浮栅的 OFET 存储器以连续的小分子薄膜作为电荷俘获层，不需要额外的隧穿层或金属纳米浮栅，电荷俘获层和阻挡层的双层堆叠构成了简单的核心结构。当单组分的小分子半导体材料用作电荷俘获层时，分子本征的激子结合能、深电荷陷阱位点、体相和表面电导率决定了非易失性存储器电荷存储的稳定性。在设计用于单组分分子浮栅的有机小分子半导体材料时，难点在于需要同时考虑电荷俘获位点和非共轭结构，以实现可控的电荷俘获位点数量和分布。

在纳米浮栅型 OFET 存储器中，与聚合物共混用作电荷俘获位点的有机小分子半导体材料往往是窄带隙的。与之不同的是，用在单组分分子浮栅型 OFET 存储器中的有机小分子半导体材料需要是宽带隙小分子半导体材料，具有较高的势垒，以保证电荷俘获稳定性。南京邮电大学余洋等人以 TPA 基团作为空穴俘获位点，并以共轭打断连接的 9-苯基氮杂芴单元充当电子俘获位点，同时充当包围在 TPA 周围的空间位阻和空穴阻挡基团，设计并合成了具有 TPA 和 4,5-二氮杂芴单元的 D-A 型分子，以及位阻型 PN 打断二芳基氮杂芴小分子[TPA(PDAF)$_n$, n=1,2,3]，并将其作为 CTL 制备了单组分分子浮栅型 OFET 存储器。该器件的结构和能带结构如图 5.18（a）、图 5.18（b）所示[82]。该器件具有优异的存储性能，在−100V 的负向写入电压和（光照下）100V 的正向写入电压下，基于 TPA(PDAF)$_1$、TPA(PDAF)$_2$ 和 TPA(PDAF)$_3$ 的 OFET 存储器分别得到了 52V、66V 和 89V 的存储窗口，如图 5.18（c）～图 5.18（e）所示。

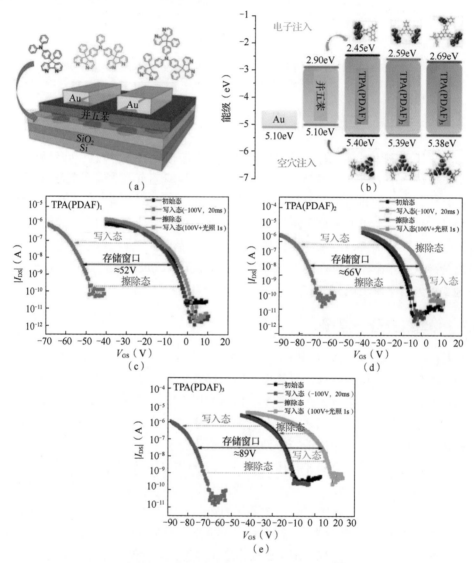

图 5.18　基于 TPA(PDAF)$_n$ 的 OFET 存储器[82]

OFET 存储器的分子电荷存储机制示意图如图 5.18（b）所示，在栅极电压作用下，空穴被注入分子的 HOMO 能级，并被俘获在 TPA 基团中。随着空穴阻挡基团 PDAF 的增加，被俘获的空穴更难以从 TPA 核中释放。可见，TPA(PDAF)₃ 分子具有更稳定的电荷维持特性。由于 3 个大空间位阻 9-苯基氮杂芴连接在 TPA 核上，TPA(PDAF)₃ 具有较大的扭转角，可以防止俘获空穴的泄漏，从而在 CTL 中具有长电荷维持时间。此外，TPA(PDAF)₃ 薄膜呈现出单一的纳米分子行为和随机分子分布，作为 OFET 存储器的 CTL，可以看作相对孤立的分子俘获中心，这种特殊的分子行为也有助于电荷的存储和维持。与有机纳米浮栅类似，TPA 基团充当空穴俘获核心，而非共轭结构的 4,5-二氮杂芴空穴阻挡基团起到"绝缘"的阻挡作用。这种新颖的共轭打断小分子设计为电荷俘获材料的设计提供了一种新的思路，是实现高性能 OFET 存储器的有效途径。

具有较大空间位阻和合理电子结构的 D-A 型小分子有利于 OFET 存储器中的电荷俘获与维持。李伟贤（Wi Hyoung Lee）等人合成了一种电子给体-间隔桥-电子受体的共轭推拉式有机小分子（PPOMs）。这种电荷俘获分子含有三芳基胺（作为给电子基团）、噻吩（作为间隔基团）及丙二腈（作为吸电子基团）。共轭推拉式有机小分子由于间隔桥的存在，使得侧链具有空间位阻的分子可在形成的纳米界面中影响有机半导体层的电荷传输并产生更多的电荷俘获位点，从而实现更大的存储窗口。更重要的是，空间位阻产生的电荷俘获位点对于电荷的浓度和分布可控是十分重要的，这在位阻型的超支化聚合物驻极体中也得到了很好的证明，小分子的空间位阻和合理的电子结构设计是高性能 OFET 存储器中优异的电荷俘获介质的有效设计策略之一。

与传统浮栅相比，SAM 形成的单组分分子浮栅具有独特的优势：能够提高器件的可靠性，防止因独立和离散陷阱而导致的浮栅电荷泄漏；由于所有的陷阱都是分子尺寸的，能够提高陷阱电荷密度和缩小亚纳米尺寸器件的能力；可通过分子结构工程和化学合成实现器件性能和功能的可裁剪性。在氧化铝栅极表面引入具有电荷俘获功能的 SAM，可以实现基于并五苯的低电压 OFET 存储器；通过调节 SAM 层的分子结构，还可以进一步调控器件性能。乔伟曾（Chiao-Wei Tseng）等人利用上述方法，制备了如图 5.19（a）所示的器件，其中，SAM 分子以膦酸基作为锚定部分，位于两个烷基链之间的电荷俘获核心基团是电荷俘获位点[83]。器件存储特性的调节可以通过改变电荷俘获核心基团的结构实现，包括作为空穴/电子俘获位点的二乙酰基（DA）基团和萘四甲酰基二酰亚胺（ND）基团，或在单分子层中同时包含 DA 和 ND 两种基团。与单独含有 DA 基团或 ND 基团的 OFET 存储器相比，同时含有 DA 基团和 ND 基团的器件具有更长的维持时间和更可靠的读写擦循环特性，在柔性衬底弯曲时也表现出相当稳定的性能。弯曲的方向对器件性能的影响很小，如图 5.19（b）所示。研究结果表明，SAM 在柔性非易失性存储器中拥有巨大的应用潜力。

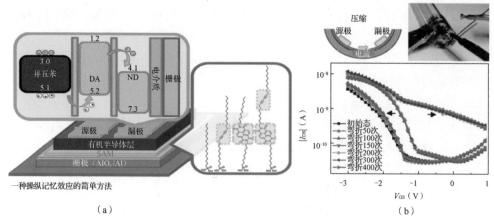

图 5.19 双浮栅单层膜 OFET 存储器[83]
（a）器件结构 （b）柔性器件测试

5.3.2 多组分掺杂型浮栅

　　将有机小分子浮栅材料与聚合物半导体材料进行掺杂形成的多组分掺杂型浮栅作为 OFET 存储器的电荷俘获层，具有其独特的优势。与传统的浮栅相比，多组分掺杂型浮栅可以通过简单、高效的方法一步成膜，减少器件的制备步骤。与单组分分子浮栅相比，有机小分子浮栅材料与有机半导体层不直接接触，可以阻挡俘获的电荷反向泄漏到沟道中，从而能够提升器件的维持特性。并且，介电材料的引入可以钝化有机小分子浮栅材料与底层薄膜之间的界面，并改善电荷俘获层的表面形貌，有利于有机半导体层的有机半导体薄膜的生长、提高器件的电流开关比和场效应迁移率。多组分掺杂型浮栅的制备方法主要有两种：旋涂法和热蒸发法。

　　孙辰等人设计并合成了一系列氰基取代 SFX 作为分子浮栅，以研究偶极矩对电荷俘获的影响[84]。SFX 的 HOMO 能级相同，而偶极矩的大小顺序为SFX<DCNSFX<<CNSFX。器件结构如图 5.20（a）所示。与极性 CNSFX 相比，基于 DCNSFX 和 SFX 的 OFET 存储器表现出更快的电荷存储速度、更大的存储窗口和更高的电荷存储密度（约为 1×10^{13} 个/cm^2）。以上研究结果表明，具有较小偶极矩和较大位阻的对称材料 SFX，有望应用于具有快速响应特性的大容量 OFET存储器。在此基础上，为了排除 SFX 薄膜的表面形貌产生的影响，孙辰等人利用旋涂法制备了 SFX:PS（SFX 的质量百分比为 10%）薄膜，并将其应用于多组分掺杂型浮栅 OFET 存储器。PS 的引入为有机半导体层中并五苯晶体的生长提供了更好的底层界面条件，使得并五苯的粒径尺寸更大，从而显著地提高了器件的源漏电流水平和电流开关比。该器件的能级结构如图 5.20（b）所示，与 SFX 相比，PS 具有更低的 HOMO 能级，为空穴提供了更深的俘获位置，并且 SFX 不直接与

有机半导体层接触，有效地阻挡了电荷的去俘获，从而提升了器件的维持性能，如图 5.20（b）和图 5.20（c）所示。

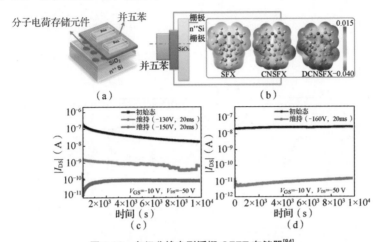

图 5.20　多组分掺杂型浮栅 OFET 存储器[84]
（a）掺杂在 PS 中的 SFX 的能级图　（b）掺杂在 PS 中的 DCNSFX 的存储窗口曲线
（c）基于 DCNSFX 的三电平多位 OFET 存储器的维持时间测试
（d）掺入 PS 的 DCNSFX 基 OFET 的维持时间测试

许辉等人从典型的 PN 结构出发，构建了具有分子 N-PN 结的双核铜簇（[DBTDP]$_2$Cu$_2$I$_2$）[85]，并将其用作 OFET 存储器的 CTL，制备了单分子浮栅器件。在该器件的栅极施加-100V 的电压，可以获得 80V 的负向存储窗口和 10^4s 的维持时间。将[DBTDP]$_2$Cu$_2$I$_2$ 与 PS 掺杂（[DBTDP]$_2$Cu$_2$I$_2$:PS，[DBTDP]$_2$Cu$_2$I$_2$ 的质量百分比为 5%）并利用旋涂法制备的共混膜，可以改善薄膜的形态均匀性，从而实现上层并五苯薄膜的均匀生长。他们制备的多组分掺杂型浮栅 OFET 存储器[见图 5.21（a）]的 V_{th} 接近 0，电流开关比达到 10^5，场效应迁移率达到 0.75 cm^2/(V·s)。如图 5.21（b）所示，通过施加-80V 的负向写入电压，空穴可以有效地注入并被俘获到[DBTDP]$_2$Cu$_2$I$_2$:PS 层中，与纯 [DBTDP]$_2$Cu$_2$I$_2$ 薄膜相比，PS 基体中[DBTDP]$_2$Cu$_2$I$_2$ 数量的减少降低了理论最大电荷存储密度，导致存储窗口减小，电荷泄漏被 PS 延迟，维持特性增强[见图 5.21（c）]。此外，由于 PS 基体可以抑制[DBTDP]$_2$Cu$_2$I$_2$ 和并五苯之间的分子间界面相互作用，从而可以有效地阻挡电子从二苯并噻吩（Dibenzothiophene，DBT）单元泄漏。因此，对于多组分掺杂型浮栅存储器，在光辅助条件下，施加 80V 的正向写入电压，可以实现电子的有效注入和俘获。如图 5.21（d）所示，30 次读写擦循环测试的结果显示出多组分掺杂型浮栅存储器也具有良好的耐受性。以上研究表明，多组分掺杂型浮栅存储器中，PS 的引入使配体间相互作用的电子泄漏得到有效的抑制，有利于单分子材料的固有电学性质的表达。

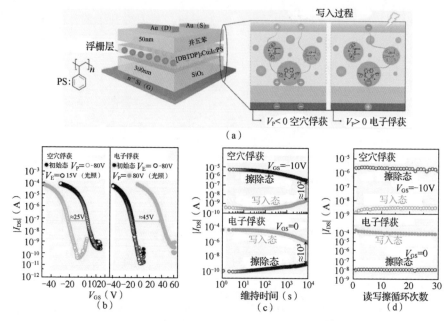

图 5.21　[DBTDP]₂Cu₂I₂:PS 基 OFET 存储器[85]

（a）器件结构　（b）存储窗口曲线　（c）维持时间　（d）读写擦循环

顶栅底接触（TG/BC）型 OFET 存储器能够通过精细图案化方法（如光刻和印刷工艺）形成具有窄间距的源漏极，以减小存储单元的尺寸。志生野（Shiono）等人以 PMMA:TIPS-pentacene 为电荷俘获层[86]，采用旋涂工艺制备了基于 P3HT 的 TG/BC 型 OFET 存储器，器件结构如图 5.22（a）所示。该器件可将光敏和存储功能集成到单个 OFET 存储器中，器件具有优良的非易失性光存储特性，能在蓝光、绿光和红光下表现出光存储效应。例如在光照下，该器件也具有稳定的电荷维持特性，如图 5.22（b）所示。通过改变光强，该器件可以实现光信号的多级存储，如图 5.22（c）所示。并且，由于电荷俘获层的存在，该器件的光敏性得到增强，可以在弱光强度下实现对 V_{th} 的大幅度调节，优于传统的 OPTM。上述特性使得多组分掺杂型浮栅存储器可应用于具有更高存储密度的有机存储器及光学图像传感器阵列。

通过溶液处理使用有机半导体材料作为浮栅，是实现大面积均匀电荷俘获层的一种有效方法，然而在溶液处理过程中，有机半导体的自发聚集增加了控制电荷俘获位点分布的难度。因此，以可预测的方式构建纳米浮栅结构仍然存在一些挑战。王伟等人采用热蒸发的方法，同步沉积了有机小分子半导体 C_{60} 与长链烷烃分子四氯化碳（Tetratetracontane，TTC）的共混膜，并以其作为分子浮栅/隧穿层制备了多组分掺杂型浮栅 OFET 存储器[87]，器件结构如图 5.23（a）所示。其中，小分子半导体 C_{60}-NP 嵌在 TTC 中，分别作为分子浮栅和隧穿层。研究表明，多组分掺杂型电荷俘获层（C_{60}:TTC）的厚度和组成对该器件的性能有较大影响，如图 5.23（b）、图 5.23（c）所示。通过平衡隧穿电场强度和 C_{60} 的密度，令 C_{60}:TTC 层的厚度为 35nm、C_{60} 与 TTC 的掺杂比 1:1 时，该器件在相对较低的（±40V）栅极电压下，实现了 8V 的存储窗口、超过 100 次的稳定读写擦循环及超过 10^4s 的维持时间。

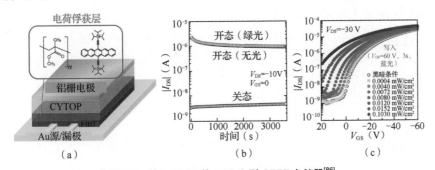

图 5.22 基于 P3HT 的 TG/BC 型 OFET 存储器[86]
（a）器件结构示意图 （b）维持特性曲线 （c）不同光照环境下的转移特性曲线

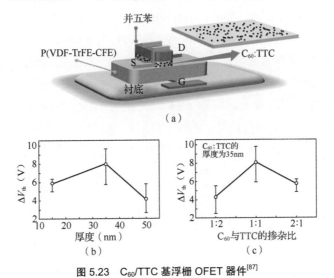

图 5.23 C_{60}/TTC 基浮栅 OFET 器件[87]
（a）器件结构示意图 （b）C_{60}:TTC 层的厚度与存储窗口的关系（C_{60} 与 TTC 的掺杂比为 1：1）
（c）C_{60} 和 TTC 的掺杂比与存储窗口的关系

5.3.3 金属有机骨架纳米片浮栅

MOF 材料是一种周期性的晶体有机-无机杂化结构，由超弱分子相互作用和强配位键构成，是信息存储、可穿戴电子和光电子器件领域新兴的一类重要的功能材料。MOF 材料具有复杂的微孔层次结构，赋予了材料在系统结构设计和纳米合成方面的优势。电子/空穴与 MOF 材料的相互作用对于系统地探索 MOF 电子学和研究相关的结构−性能相关性非常重要。

在对 OFET 存储器的研究中，聚合物驻极体薄膜中多孔结构薄膜的多孔结构有利于电荷的注入，具有多孔结构薄膜的器件也为多功能器件的实现和发展开辟了新的途径。MOF 纳米片具有可设计的杂化组分、定向有序微孔、可调节的电子能带结构、可调的电荷传输路径、良好的热稳定性和溶液可加工等优势，使得其在 OFET 存储器的研究中具有重要价值。如图 5.24（a）所示，南京邮电大学石乃恩等人合成了厚度小于 10nm 的单分散超薄 MOF 材料——四(4-羧基苯基)卟啉铜纳米片[Copper Tetrakis(4-carboxyphenyl)porphyrin Nanosheet]，通过空气−水界面自组装的溶液处理方法，可以在厘米级的衬底上制备出电荷俘获层（Cu-CTL）。他们在此基础上制备了基于 Cu-CTL 的 OFET 存储器[88]，如图 5.24（b）所示。与使用四(4-羧基苯基)卟啉[Tetrakis(4-carboxyphenyl)porphyrin，TCPP]薄膜作为电荷俘获层的存储器相比，Cu-CTL 器件的存储特性得到了显著改善。Cu-CTL 器件在较短的写入脉冲（小于 20ms）下，实现了大的存储窗口。在 Cu-CTL 器件中引入 PS 层（Cu-CTL:PS）消除了 Cu-CTL 层表面的不均匀性，改善了粗糙度，有效地提升了器件的空穴迁移率[μ_h=0.37cm^2/(V·s)]和电流开关比（I_{ON}/I_{OFF}=10^5），如图 5.24（c）所示。在−80V 的负向写入电压和（光照下）80V 的正向写入电压下，Cu-CTL 器件实现了 37.48V 的存储窗口，如图 5.24（d）所示。此外，该器件在至少 100 次读写擦循环内保持了良好的开态/关态切换过程，具有良好的耐受性，器件开态和关态的维持时间在 10^{4}s 以上，如图 5.24（e）和图 5.24（f）所示。MOF 纳米片浮栅有助于探索溶液加工的高性能 OFET 存储器，将为信息存储、逻辑电路、可穿戴电子设备及智能机器等新兴概念的柔性电子设备提供新的材料方案。

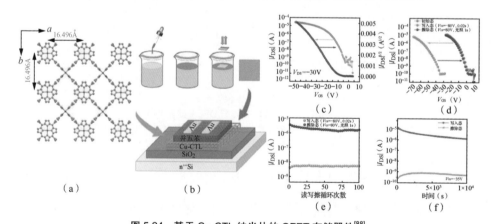

图 5.24　基于 Cu-CTL 纳米片的 OFET 存储器件[88]
（a）Cu-CTL 的 2D MOF 结构示意图　（b）基于 Cu-CTL 纳米片的 OFET 存储器的制备　（c）Cu-CTL:PS 基 OFET 存储器的转移特性曲线　（d）存储窗口　（e）读写擦循环　（f）维持时间

　　本章介绍了 3 种纳米浮栅中的微纳结构效应,分别为相分离工程、超晶格 Au-NP 浮栅工程及分子浮栅工程;详细介绍了纳米浮栅中的微纳结构的产生、影响微纳结构的形成因素,以及目前利用微纳结构提高 OFET 存储器性能的相关工作。相分离工程可以制备独立、有序的有机半导体纳米阵列,可进一步提升器件的维持性能,并提高器件的电荷存储密度。以自组装超晶格 Au-NP 作为纳米浮栅,有望有效地提升 OFET 存储器的器件性能。使用小分子化合物作为分子级电荷俘获介质,是一条实现高密度存储、高稳定性存储并阐明"材料-性能"构效关系的技术路线,很有发展前景。

第6章　异质结

异质结是指两种具有不同带隙的半导体材料之间的界面。20 世纪 50 年代以来，作为电子器件的基础，无机异质结引起了研究人员的广泛关注，从 20 世纪末期开始，有机异质结也成功地应用于有机半导体器件。在有机发光二极管（Organic Light Emitting Diode，OLED）、有机太阳电池（Organic Solar Cell，OPV）和 OFET 中引入有机异质结，可达到提高器件性能的目的：在典型的双层 OLED 结构中引入有机异质结，可以降低开启电压、提高效率；在 OPV 器件中引入有机异质结，可提高 OPV 器件的光电转换效率；在 OFET 器件中引入双层光敏材料组成的异质结，可以有效地提高 OFET 器件的光响应能力。由混合异质结组成的导电沟道可以将多个功能层的功能组合在一起，是制备基于 OFET 的传感、探测和存储器件的重要策略。此外，混合异质结可以结合不同材料的特性，以及材料之间的界面特性，以设计多功能器件，从而在 OFET 的应用中降低有机半导体材料分子设计的要求。

本章首先介绍异质结的类型，然后介绍用于高性能非易失性 OFET 存储器的 3 种异质结：双层（半导体层/存储层）光敏异质结、类量子阱型有机半导体异质结（简称类量子阱型异质结）和有机半导体层中的混合异质结。

6.1　异质结的类型

按形成异质结的两个半导体的导电类型来分类，异质结可以分为两种类型：由导电类型相同的两种半导体组成的异质结，称为同型异质结，包括 NN 同型异质结和 PP 同型异质结；由导电类型不同的两种半导体形成的异质结，称为异型异质结，即 PN 异质结。构成异质结的两个半导体的费米能级之间的差异导致了空间电荷区的各种电子态。根据费米能级的相对位置和导电类型的不同，异质结可以分为 4 类，如图 6.1 所示。图中，E_C、E_v 和 E_F 分别是导带、价带和费米能级。

（1）耗尽型异质结。如果 P 型半导体的费米能级大于 N 型半导体的费米能级（$\varphi_p > \varphi_n$），则异质结两侧的电子和空穴均被耗尽，空间电荷区由不可移动的正、负离子组成[见图 6.1（a）]。这种异质结被称为耗尽型异质结，大多数无机异质结都属于这一类，包括传统的 PN 同质结。

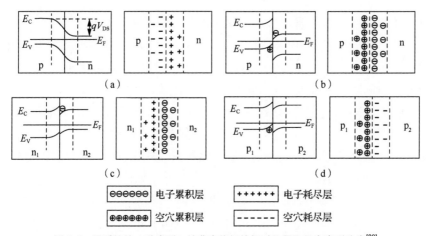

图 6.1　异质结的 4 种类型，按费米能级的相对位置和导电类型分类[89]
（a）耗尽型异质结（$\varphi_p > \varphi_n$）　（b）累积型异质结（$\varphi_p < \varphi_n$）　（c）电子累积/耗尽型异质结（$\varphi_{n1} > \varphi_{n2}$）
（d）空穴累积/耗尽型异质结（$\varphi_{p1} > \varphi_{p2}$）

（2）累积型异质结。如果 P 型半导体的费米能级小于 N 型半导体的费米能级（$\varphi_p < \varphi_n$），则空间电荷区由异质结两侧的感应自由电荷组成，这种异质结称为累积型异质结，如图 6.1（b）所示。CuPc/F$_{16}$CuPc 异质结和 2,5-双(4-联苯基)双噻吩（BP2T）/F$_{16}$CuPc 异质结都属于这一类。

电子亲和力的定义为将电子从半导体的导带底部转移到真空水平所需的能量。电子亲和力和带隙是半导体材料的固有特性，与掺杂无关，而功函数与掺杂有关。当两种具有不同电子亲和力、带隙和功函数的半导体结合在一起形成异质结时，能带中会形成不连续性，这被认为是由费米能级排列导致。在自由界面态和真空水平排列的理想情况下（没有界面偶极子），导带中的不连续性（ΔE_C）等于两种半导体的电子亲和力（χ）的差值：

$$\Delta E_C = \chi_1 - \chi_2 \tag{6.1}$$

这被称为安德森（Anderson）亲和力规则。价带的不连续性（ΔE_v）由 $\Delta E_g - \Delta E_C$ 决定，ΔE_g 是两种半导体之间带隙的差别。能带分布可以根据这个规律来构造。

N 型和 P 型半导体的功函数可以写成

$$\varphi_n = \chi_n + \delta_n \tag{6.2}$$

$$\varphi_p = \chi_p + E_{g,p} - \delta_p \tag{6.3}$$

其中，下标 n 和 p 分别表示 N 型和 P 型半导体，δ 是 P 型（或 N 型）半导体的费米能级和价带（或导带）之差。累积型异质结的形成必须满足亚德森亲和力规则，即 $\varphi_p < \varphi_n$：

$$\chi_n - \chi_p > E_{g,p} - \left(\delta_n + \delta_p\right) \tag{6.4}$$

对于在单一材料中，通过引入不同的掺杂剂所形成的 N 型和 P 型半导体层之间的同质结，由于电子亲和性相同（$\chi_n=\chi_p$）不可能满足 $\chi_n>\chi_p$ 的条件，因此无法形成累积型异质结，不能表现出自由载流子的积累。同质结总是满足 $\varphi_p>\varphi_n$，因此可以形成耗尽型同质结，经典的硅 PN 结是一个典型的例子。

（3）电子累积/耗尽型异质结。对于由两个具有不同费米能级的 N 型半导体组成的 NN 同型异质结，假设 $\varphi_{n1}<\varphi_{n2}$，在靠近异质结的界面处，半导体层 φ_{n1} 是电子耗尽层，半导体层 φ_{n2} 是电子聚集层。这种异质结被称为电子累积/耗尽型异质结，如图 6.1（c）所示。

（4）空穴累积/耗尽型异质结。对于 PP 同型异质结，假设 $\varphi_{p1}<\varphi_{p2}$，在靠近异质结的界面处，空穴在半导体层 φ_{p2} 一侧耗尽，在半导体层 φ_{p1} 一侧积累，这被称为空穴累积/耗尽型异质结，如图 6.1（d）所示。

6.2 光敏型多层异质结

通过将 OFET 存储器与光、电、磁、热等多种物理虚拟"栅极"相互结合，可以为新型智能有机电路提供丰富的器件选择。其中，OPTM 在传统的电脉冲操作的基础上，引入了光作为"第四电极"。光栅极不仅可以调控沟道中的载流子密度，还可以实现飞秒级的光写入或光擦除操作。更重要的是，光栅极可与电栅极相互协同调控 OFET 存储器。通过选择光敏型电荷俘获材料与有机半导体材料，可组成光敏型多层异质结，光电双模的信号刺激工程为开拓超越晶体管传统的电路功能提供了无限可能。常见的光敏型电荷俘获材料有光敏聚合物驻极体、钙钛矿 QDs、光致变色材料、无机 NP 和小分子材料等，本节重点介绍前三类材料。

6.2.1 光敏聚合物驻极体

光活性沟道通常起源于有机半导体层，大多数具有中等带隙的有机半导体能够实现可见光区域的光吸收，然而对紫外光的响应很弱甚至没有响应，因此紫外传感光电存储特性的控制受到限制。为了解决这一难题，人们在有机半导体层和栅绝缘层之间引入额外的光敏聚合物驻极体层（简称光敏层）。光敏层的引入可以影响电荷传输，并改变沟道中的光电响应。聚合物驻极体吸光材料与不同的材料相结合，可以实现互补交叠光敏层。

凌海峰等人选用聚(9,9-二辛基芴并苯噻二唑)[Poly(9,9-dioctylfluorene-alt-benzothiadiazole), F8BT]作为光敏聚合物驻极体，因其在可见光区的吸收光谱可以与光敏半导体并五苯相互补充，其发射光谱又与并五苯的吸收光谱相互交叠，构成特殊的"互补交叠光敏核心层"，拓展了 OPTM 对入射光的吸收效率[52]。该器件的结构及所采用的分子的化学结构如图 6.2 所示，其基本工作过程为：光敏半导体在光照下产生光激子，分裂出的光生空穴和光生电子分别参与沟道电流传输及电荷俘获，调控转移特性曲线发生偏移，在单一存储单元中产生多阶非易失性的存储态，从而实现高密度的多比特存储。基于这种互补光敏层构筑的 OPTM，具有光、电、光电联合 3 种写入操作的功能性，阈值电压可以在较大范围内实现可控的偏移，能够实现大容量的电荷存储，并且可以有效地实现稳定的多阶非易失性电存储。

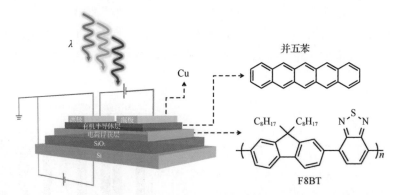

图 6.2   凌海峰等人提出的 F8BT 基 OPTM 的结构及所采用的分子的化学结构

评价 OPTM 的光响应特性的主要参数有光敏度（Photosensitivity，常用 P 表示）和光响应度（Responsivity，常用 R 表示）：

$$P = \frac{I_{ph}}{I_{dark}} \frac{I_{ill} - I_{dark}}{I_{dark}} \tag{6.5}$$

$$R = \frac{I_{ph}}{P_{in} A} = \frac{I_{ill} - I_{dark}}{P_{in} A} \tag{6.6}$$

其中，I_{ph}、I_{ill} 和 I_{dark} 分别是光生电流、明电流和暗电流，P_{in} 和 A 分别是单位面积上的光功率密度和沟道区面积。光敏度 P 反映了 OFET 器件对光的敏感程度，光响应度 R 反映了 OFET 器件将光信号转换为电信号的能力。与传统光敏场效应晶体管的光响应特性不同的是，在 OPTM 中，当 V_{GS} 超过一定范围时，I_{ill} 的值虽然在增长，但是要低于相应的 I_{dark} 值，呈现出电流崩塌（Current Collapse，CC）或光电流"负响应"的特征，即在光照下和高栅极电压下，源漏电流的值比黑暗条件下降低了。我们提出一种由光应力主导的电荷陷阱崩塌机制（称为光致电流崩塌）：光照条件下，金属/半导体界面的电荷注入势垒会被削弱，界面接触电阻降低，沟道电流从由接触电阻主导的注入电流，转变为由沟道电阻主导的传导电流。受源漏电压控制，被驻极体俘获的电荷会改变沟道中的电势分布，使输出曲线的截止点提前出现，源漏电流迅速饱和，进而导致电流的显著衰减。光致电流崩塌现象可应用于新型光探测器的开发，将光探测功能和数据存储功能集成到一个单元器件中，电流崩塌比还可以发展成为一种评价驻极体材料电荷俘获能力的新指标。

基于 F8BT/并五苯的 OFET 存储器具有优异的空穴俘获能力，较大的存储窗口有利于实现多阶电存储态。在此基础上，该器件采用光电双通道的方式进行编码，可以丰富编码方式。编码与对应操作过程[见图 6.3（a）]：首先设置器件的初始态为"00"；然后在 V_{GS} 分别为–60V、–70V 和–80V 时，施加同等时间的光脉冲信号，此时将阈值电压对应的电平信号分别设置为"01""10"和"11"；最后，使用光脉冲信号进行复位。采用光电双通道的方式进行编码时，将阈值电压对应的电平信号与标准的 8 位 ASCII 对照，同样可以实现字符解调功能，如图 6.3（b）所示。

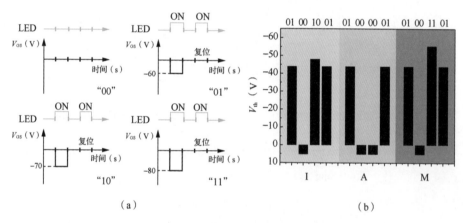

图 6.3　字符解码功能应用
（a）栅极电压、光脉冲联合输入主导的信息编码与对应操作的示意图　　（b）将阈值电压对应的电平信号与标准的
8 位 ASCII 对照，对"IAM"进行解调

除了可以对字符进行解调和传送外，该器件还可作为输出电平信号的发生器，或对图像信息进行解调和传递（见图 6.4）。具体的编码操作过程为：首先，先后对图像进行像素化和灰值化处理，图像中的每个像素点对应一个电平信号，像素点的灰度值可以通过电平信号的高低控制；然后，用该器件将图像信息以像素点的方式发送出去。在接收端，将电平信号按照约定的矩阵形式排列起来并转化为对应的灰度值，就可以实现对图像信息的接收和存储。

Huang 等人展示了用于 OPTM 的聚集增强发射（Aggregation Enhanced Emission，AEE）活性聚酰胺[90]。如图 6.5 所示，在紫外光照射下，聚酰胺发射出强绿色光，可以被并五苯（有机半导体层）直接吸收。因此，驻极体层间的发射峰与有机半导体的吸收峰重叠，能够诱导更多的光致激子，这是获得更好存储性能的关键之一。

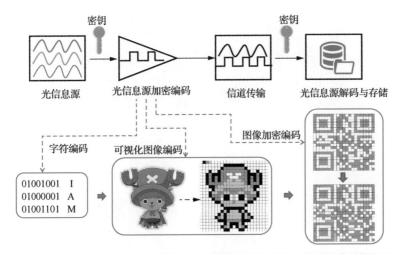

图 6.4　基于 F8BT/并五苯的 OFET 存储器对信息源进行编码、传输、解码和存储的原理示意图

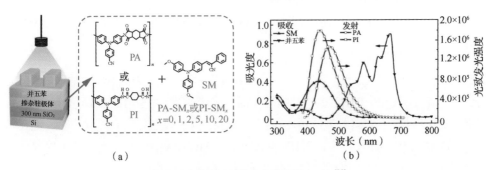

（a）　　　　　　　　　　　　　　　　（b）

图 6.5　在掺杂驻极体层中使用的 OPTM[90]

　　王穗东等人通过采用 PCBM:PVN 共混膜作为电荷俘获层，制备出了可用于选择性光探测的 OFET 存储器[91]。器件结构如图 6.6 所示，其中 P 型并五苯和 PCBM:PVN 共混膜分别用作有机半导体层和电荷俘获层。有机半导体层和电荷俘获层都采用光敏型有机材料，可以有效地提高 OPTM 的光敏性和光响应度。由于 PCBM 和 PVN 在甲苯中具有优异的溶解性，PVN 基质中 PCBM 的混合比例可以调节。如图 6.6 所示，当 PCBM 与 PVN 的质量比分别为 0∶10（器件 A）、0.25∶9.75（器件 B）和 3∶7（器件 C）时，该器件可以在紫外光、可见光和近红外光区域获得不同的光谱响应边缘。没有 PCBM 的 OFET 存储器仅对紫外光响应，而电荷俘获层中 PCBM 含量相对较低和较高的相应器件中，光谱响应边缘可分别扩展到可见光和近红外光区域。具有不同混合比的电荷俘获层能够产生不同数量的电荷俘获位点，这些位点可由具有不同光子能量的光辅助激发，从而使 OFET 存储器产生可调谐光谱响应。可配置的电荷俘获层和可模块化的光谱响应，为探索用于光学传感和/或监测的 OFET 存储器的功能和应用提供了一种灵活的途径。

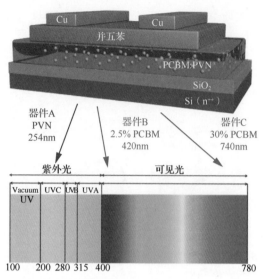

图 6.6　用于选择性光探测的 OFET 存储器结构示意图，其中采用 PCBM:PVN 共混膜作为电荷俘获层[91]

　　使用平面有机异质结作光敏层，以提高 D-A 材料界面的激子解离效率，也是实现高性能 OPTM 的有效方法。苏哈尔·阿尔帕斯兰·科塞门（Zühal Alpaslan Kösemen）等人采用 P3HT:CuPc:P3HT 多层结构用作活性光吸收层，并采用 PMMA 作为介电层，制备了 OPTM[92]，如图 6.7 所示。在这一器件结构中，电荷载流子的传输发生在基于 P3HT 的有机半导体层中，P3HT 和 CuPc 的 HOMO 能级很接近，便于空穴载流子的传输。而光生激子的产生和解离在所有有机半导体层中实现。研究表明，与基于 P3HT 或 CuPc 的传统单组分器件相比，基于 P3HT:CuPc:P3HT 多层结构的 OPTM 具有更宽的吸收光谱区域，且展现出较强的光响应度（约为 45mA/W）和光敏度（约为 2×10^3）。这种多层结构推动了高性能光电转换器件的实现与发展。

　　光活性聚合物点（Photoactive Polymer Dot，Pdot）是一种有机半导体，通常以 NP 的形式通过核-壳体结构存在，有利于隔离陷阱电荷。Pdot 的光响应特性可以通过改变核结构来控制，而壳结构的设计可以调控 Pdot 的尺寸稳定性和分散性。此外，Pdot 具有优良的水处理性能，使浮栅的环保制造成为可能。因此，Pdot 具有结构改性较容易、水分散性良好和光电特性可定制等优点，是构成纳米浮栅的理想候选材料。廖明云等人使用水处理 Pdot 作为浮栅制备了光可擦除 OPTM，器件结构如图 6.8（a）所示。嵌在绝缘聚合物基体中的离散共轭 Pdot 作为有效的电荷俘获位点，能够通过电场和光照俘获/去俘获电荷，实现了光可擦除[93]。在此基础上，他们还通过改变 Pdot 的核结构，研究了基于 Pdot 的 OPTM 的结构-性能的关系。研究结果表明，改变共聚物的受体部分可以调控器件的光存储特性；并且，将 Pt 络合物插入聚合物骨架中形成环铂化 Pdot，可将器件的存储类型从易失性转变为非易失性。经调控后，该器件可以实现多级（六级）非易失性光存储、10^4 s 以上的维持时间，表现出出色的存储稳定性，如图 6.8（b）所示。值得注意的是，Pdot 纳米浮栅的制备不使用任何有机溶剂，这为光存储的可持续发展提供了研究思路。

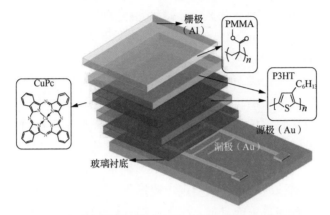

图 6.7 基于 P3HT:CuPc:P3HT 多层结构的 OPTM 的结构示意图及所用有机材料的化学式[92]

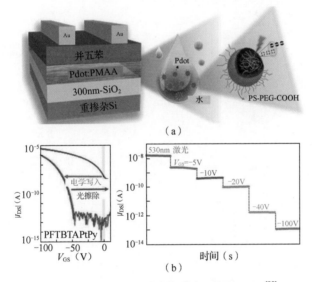

图 6.8 基于水处理 Pdot 浮栅的光可擦除 OPTM[93]
（a）器件结构示意图 （b）转移特性曲线和多级存储示意图

6.2.2 钙钛矿量子点

全无机卤化物钙钛矿量子点（Inorganic Halide Perovskite Quantum Dots，IHP QDs）具有发射带宽窄、吸收性能优秀、载流子寿命长和强铁电性等特性，是制作纳米浮栅的理想候选材料，可用于制造高性能浮栅型光存储器。根据光照在器件操作中的作用，浮栅型光存储器可分为光写入/电擦除型和电写入/光擦除型两类。目前，基于 IHP QDs 的浮栅型 OFET 存储器的研究进展主要局限于前一种类型，并且研究以 IHP QDs/聚合物复合薄膜作为浮栅的浮栅型 OFET 存储器的光擦除特性和多级存储的文献有限。

黄世华等人展示了一种具有多级存储和光擦除的浮栅型光存储器。该器件是将嵌入 PS 矩阵中的 $CsPbBr_3$ QDs 作为光敏型纳米浮栅，如图 6.9（a）所示。选择 $CsPbBr_3$ QDs 是因为其高场效应迁移率、优异的热稳定性、良好的吸收性能和优异的电荷存储性能。并五苯、C_8-BTBT[化学式见图 6.9（b）]与 $CsPbBr_3$ QDs 的能带匹配良好、空穴迁移率高、电流开关比大、截止电流非常小，且在空气中的稳定性好。这种非易失性浮栅型光存储器整体表现出卓越的存储性能，包括大存储窗口（约为 90V）、超过 10^7 的电流开关比、出色的多级存储和良好的可靠性，维持时间超过 10 年，如图 6.9（c）～图 6.9（e）所示。此外，该浮栅型光存储器表现出光擦除特性，可以较低的能耗实现擦除操作。这项工作不仅为高性能浮栅光存储器提供了有效的指导，而且展示出在电编程和光擦除过程下实现多级数据存储的巨大潜力。

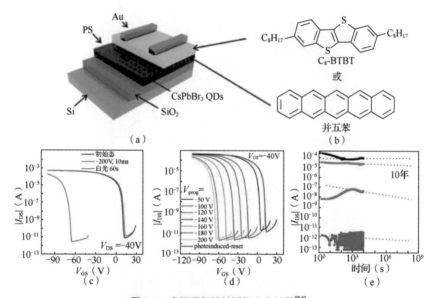

图 6.9　底栅顶部接触浮栅光存储器[94]
（a）底栅顶部接触浮栅型光存储器的器件结构　（b）并五苯和 C_8-BTBT 的化学式
（c）存储窗口　（d）多级存储曲线　（e）维持时间

基于 C_8-BTBT 和并五苯的浮栅型光存储器可能的电写入/光擦除机制，如图 6.10 所示。首先，这两个器件具有相同的电写入过程：黑暗条件下，在浮栅型光存储器上施加负向 V_{GS}[见图 6.10（a）和图 6.10（c）]，由于 PS 的厚度较小，空穴可能通过隧穿从 C_8-BTBT 或并五苯层转移到 $CsPbBr_3$ QDs 的深能级态；空穴被俘获到

CsPbBr$_3$ QDs 后，浮栅型光存储器导电沟道中的空穴浓度降低，转移特性曲线向负方向移动，进入电写入状态。同时，被俘获的空穴在有机半导体层和 CsPbBr$_3$ QDs:PS 复合电荷俘获层之间形成内部电场（E_{in}）。由于并五苯和 C$_8$-BTBT 在可见光区域的吸收特性不同，这两种器件具有不同的光擦除过程，分别如图 6.10（b）和图 6.10（d）所示。在白光照明下，基于 C$_8$-BTBT 的器件的 CsPbBr$_3$ QDs 中产生了高密度光生激子。由于内部电场（E_{in}）的存在，这些光生激子立即被分离成光生空穴和光生电子。光生电子与被俘获在 CsPbBr$_3$ QDs 深能级态的空穴重新复合，而高能量的浅能级光生空穴由于能量驱动力很容易从 CsPbBr$_3$ QDs 进入 C$_8$-BTBT。该过程增加了 C$_8$-BTBT 导电沟道中的空穴浓度，并导致光擦除行为。对于基于并五苯的器件，当它们暴露在白光下时，并五苯和 CsPbBr$_3$ QDs 中都会产生光生激子。在 E_{in} 的驱动下，并五苯中产生的光生激子被分离为光生空穴和光生电子。光生空穴会流入并五苯的导电沟道，导致沟道中空穴的浓度提高，光生电子会向下与 CsPbBr$_3$ QDs 的深能级态中的陷阱空穴复合。这时，CsPbBr$_3$ QDs 中的光生激子会遇到与 C$_8$-BTBT 基器件的 CsPbBr$_3$ QDs 中的光生激子相同的过程。最后，电荷俘获层中存储的电荷被耗尽，并五苯导电沟道中的空穴浓度也增加，导致转移特性曲线移回到其初始态。

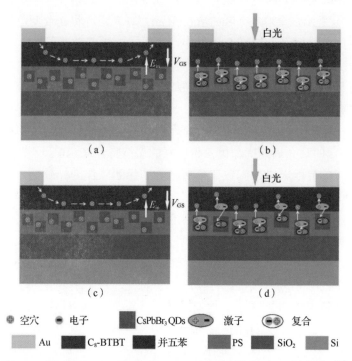

图 6.10　基于 C$_8$-BTBT 和并五苯的浮栅型光存储器的电写入/光擦除机制[94]

（a）基于 C$_8$-BTBT 的器件的电写入机制（$V_{GS}<0$，$V_{DS}<0$）　（b）基于 C$_8$-BTBT 的器件的光擦除机制（$V_{GS}=0$，$V_{DS}=0$）

（c）基于并五苯的器件的电写入机制（$V_{GS}<0$，$V_{DS}<0$）　（d）基于并五苯的器件的光擦除机制（$V_{GS}=0$，$V_{DS}=0$）

6.2.3　光致变色材料

光致变色材料是一类具有代表性的光敏材料，具有可逆的异构化和颜色变化的特点。在光异构化过程中，它们的物理和化学性质很容易改变，包括介电常数、极性、质子化。在分子水平上，可以观察到几何结构和电子结构的可逆变化（包括偶极矩的变化、π共轭和带隙），可以转化为对应宏观性质，包括形状、聚集行为和电导的变化。这些特性还会使它们的能级发生很大的变化，从而可以用来控制器件有机半导体层的电荷传输特性。对基于光致变色材料的OPTM的研究主要集中在3种类型的光致变色系统上：偶氮苯、螺吡喃和DAE。光致变色材料可以与OFET存储器中的有机半导体层结合，同时施加光照和电场来促进沟道电导的调制，从而可以产生电双稳态。尽管这些方法很有前景，但大多数基于光致变色OFET存储器需要长期光照或额外的栅极电压来实现写入和擦除。这一要求限制了操作的可行性和效率。此外，基于光致变色OFET存储器在黑暗条件下的可靠存储也是一项挑战。

对光活性层进行专门设计和结构优化，可以实现稳健的光/电操作的双重功能。其中，光敏OFET和电存储OFET应在黑暗和光照条件下分别稳定地工作。如图6.11（a）所示，金泰宇（Tae Wook Kim）等人通过将光致变色的螺环吩嗪分子作为电荷俘获材料引入OFET器件中，展示了一种双功能器件[95]。分散在聚合物中的光致变色分子不仅具有与纳米浮栅相似的非易失性电荷存储特性，而且在紫外光与可见光交替照射下呈现出可逆的电子结构，使得该器件既可以作为电存储晶体管又可以作为光电晶体管，如图6.11（b）所示。此外，该器件中的光响应电荷俘获层在黑暗和光照条件下都具有优异的存储性能，包括大的存储窗口（约为56V）、稳定的耐久周期（$>10^2$）和良好的保持特性（$>10^4$s）。在有机半导体层和介电层之间的界面上引入光致变色螺吡喃和螺恶嗪作为光敏受体分子，制备的OFET器件可以实现两种准稳态之间的快速切换。这两种准稳态的特点是器件的阈值电压明显不同，且器件表现出较高的电流开关比（$10^3\sim10^4$）、良好的维持特性和读写擦除循环稳定性。此外，为了研究光致变色材料的分子结构对光存储器件性能的影响，多尔戈·D.达希采诺娃（Dolgor D. Dashitsyrenova）等人对OFET基存储单元中的一系列光致变色材料进行了研究，揭示了复合分子结构对器件电学特性和工作稳定性的影响[96]。他们合成了一系列具有高热稳定性的非对称光致变色二杂芳烯，探索了3种不同于分子"桥"结构的光致变色二杂芳烯。化合物TO-0在"桥"中不包含羰基官能团，TO-1具有邻近噻吩单元的羰基，并且TO-2具有朝向恶唑部分的羰基[见图6.11（c）]。二芳基乙烯TO-0、TO-1和TO-2的光电性质主要取决于乙烯"桥"中是否存在羰基及羰基的定位。

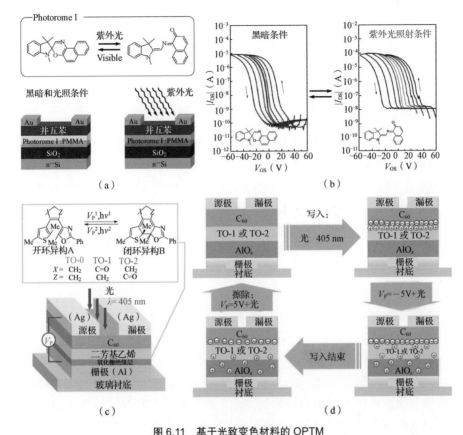

图 6.11　基于光致变色材料的 OPTM

（a）基于螺环吩嗪分子的双功能器件结构　（b）黑暗条件及紫外光照射条件下，光敏 OFET 存储器的回滞曲线[95]

（c）基于光致变色二杂芳烯的光敏 OFET 存储器的结构

（d）基于光致变色二杂芳烯的光敏 OFET 存储器的工作原理[96]

　　基于以上实验结果，基于光致变色二杂芳烯的光敏 OFET 的工作原理可解释如下：写入操作时，在光照条件下施加负栅极电压，光致变色层中形成的光生激子解离后，空穴向栅极方向移动，并被俘获在电介质中（在光致变色化合物/AlO$_x$ 界面处或 AlO$_x$ 体相中）。TO-1 和 TO-2 器件中光生电子在有机半导体/电介质界面处保持稳定，而 TO-0 器件没有出现这种现象，说明这种稳定的实现与 TO-1 和 TO-2 中存在羰基基团有关。富勒烯自由基阴离子很可能会可逆地加到光致变色化合物的羰基，从而形成 O$^-$ 中心阴离子，比富勒烯碳负离子稳定得多[见图 6.11（d）]。进行擦除操作时，在光照条件下施加正栅极电压，被俘获的空穴从电介质中去俘获，在电场作用下向有机半导体层扩散，并与导电沟道中累积的电子复合，器件重新回到其初始态。因此，基于 TO-1 和 TO-2 的器件呈现出光开关行为。对于 TO-0 器件，进行写入操作时，在光照条件下施加正栅极电压，光生激子解离后，电子向栅极方向移动并被俘获在电介质中。同时，空穴在光致变色分子上变得稳定。

进行擦除操作时，负栅极电压导致了电子的去俘获及向有机半导体/电介质界面的移动。综上所述，基于光致变色材料的浮栅型光存储器的作用机理并不仅仅是简单的环化-环复原反应，还涉及光诱导电荷分离、隧穿效应和陷阱效应等过程。

6.3 类量子阱型有机半导体异质结

量子阱是指由 2 种不同的半导体材料相间排列形成的、具有明显量子限制效应的电子或空穴的势阱，由于量子阱宽度（只有当尺度足够小时才能形成量子阱）的限制，其最基本的特征是载流子波函数在 1D 方向上的局域化。多层有机半导体材料可以组成类量子阱，将其引入 OFET 器件中，可以有效地提高 OFET 存储器的性能。

李雯等人提出了一种基于类量子阱型异质结的新型 OFET 存储器的概念[24]，如图 6.12（a）所示。该异质结由并五苯:P13:并五苯组成，并五苯和 P13 的分子结构、HOMO 能级和 LUMO 能级的相对位置如图 6.12（b）所示。他们通过调节底部并五苯层的厚度探索了基于类量子阱型异质结的 OFET 存储器的存储机制。电学表征和薄膜形貌表明，该存储机制是嵌在并五苯层和聚合物驻极体层中的不连续 P13 电荷俘获的结果。在施加适当的栅极电压（V_{GS}）后，基于类量子阱型异质结的 OFET 存储器的存储窗口约为 60V[见图 6.12（c）]，电荷存储密度估计约为 $4.35×10^{12}$ 个/cm^2。如图 6.12（d）所示，基于类量子阱型异质结的 OFET 存储器在 3000 次读写擦循环中表现出良好的耐久性，表明其具有较高的可靠性和稳定性。如图 6.12（e）所示，器件的写入和擦除状态的源漏电流可以很稳定地保持 10^4s 以上。以上研究结果表明，基于并五苯:P13:并五苯类量子阱型异质结的 OFET 存储器具有优异的非易失性存储特性：大的存储窗口（约为 60V），高电流开关比（约为 10^4），可实现 3000 次读写擦循环和超过 10^4s 的维持时间，并且计算出的维持时间可延长至 10 年以上。此外，写入阈值电压（V_{th-P}）和擦除阈值电压（V_{th-E}）的值随着写入/擦除脉冲持续时间的延长而增加，如图 6.12（f）所示，表明基于类量子阱型异质结的 OFET 存储器具有较高的电荷存储容量，可以实现多级存储。如图 6.13（a）所示，在不同的栅极电压下，基于类量子阱型异质结的 OFET 存储器可以实现 4 个明显可区分的电导状态，包括 1 个关闭状态（−120V）和 3 个导通状态（60V、80V 和 120V），可在单个 OFET 中分别读取。并且，如图 6.13（b）所示，4 种电导状态的相应维持特性良好，高可靠的维持时间在 10^4s 以上。基于类量子阱型异质结的 OFET 存储器为非易失性多级存储的实现提供了可靠的研究思路。

这种基于类量子阱型异质结的新型器件确切的电荷存储过程还不完全清楚，这里提出一个可能的机制。在器件上施加一个正向的栅极电压，P13:并五苯界面会产生电子，其中一部分电子注入 PVP 层，同时另一部分电子因并五苯:P13:并五苯形成的类量子阱结构而被限制在不连续的 P13 中。当撤去外加电场后，电子可以被稳定地维持在 P13 及 PVP 中，在并五苯导电沟道中诱导出大量的空穴，因此器件的转移特性曲线向正向移动，在这种情况下，器件处于高导电态。当在器件上施加一个负向的栅极电压，P13 及 PVP 中存储的电子被释放，与并五苯导电沟道中的空穴中和，此时器件的转移特性曲线向负向移动，器件处于低导电态。

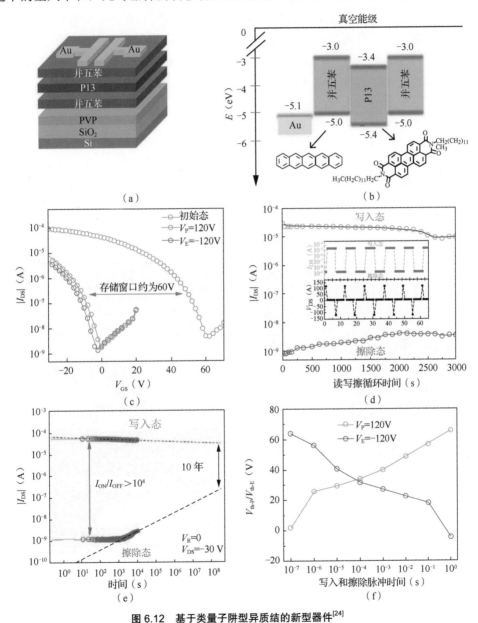

图 6.12 基于类量子阱型异质结的新型器件[24]
（a）器件结构　（b）能带图　（c）用于写入和擦除过程的转移特性曲线　（d）读写擦循环曲线
（e）维持时间曲线　（f）阈值电压漂移与写入和擦除脉冲时间的函数关系

在以上研究的基础上，分别使用 PMMA 和 Al 作为栅绝缘层和栅极，在柔性 PET 衬底上制备的柔性 OFET 存储器，如图 6.13（c）中的插图所示。基于类量子阱型异质结的柔性 OFET 存储器的写入和擦除特性可以实现灵活调控。写入电压、擦除电压分别为 100V、−140V、时间为 1s 时，基于类量子阱型异质结的柔性 OFET 存储器的阈值电压偏移量和电流开关比分别超过 30V 和 10^2。写入/擦除状态的 V_{th} 随机械弯曲次数（弯曲半径为 10mm）的变化如图 6.13（d）所示。实验结果表明，该柔性 OFET 存储器在 10^4 次连续弯曲后仍能正常工作。因此，基于类量子阱型异质结的柔性 OFET 存储器有望成为未来柔性存储器的候选器件。

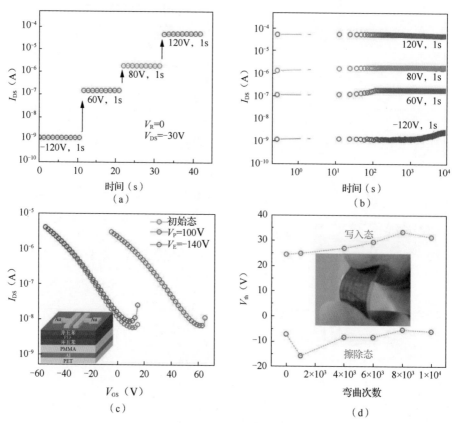

图 6.13　基于类量子阱型异质结的 OFET 存储器的维持特性和柔性 OFET 存储器的存储特性[24]
（a）对应的源漏电流水平　（b）不同写入电压下有机异质结 OFET 存储器的保持特性（V_{GS}=60V、80V、120V、−120V）　（c）柔性有机异质结 OFET 存储器的写入和擦除特性　（d）写入/擦除状态下，弯曲次数不同时 V_{th} 的变化

6.4　有机半导体层中的混合异质结

由混合异质结组成导电沟道，可以将多个功能层的功能组合在一起，是制备

基于 OFET 的传感、探测和存储器件的重要策略。混合异质结由两种不同材料的共混物组成,制备方法通常有两种:一种是将两种可溶有机半导体制备成共混溶液;另一种是由两种有机小分子半导体共同热蒸发进行制备。在有机半导体中掺杂光致变色材料形成混合异质结并用于制备 OFET 存储器,可以有效地提高器件的光响应性,实现光电双模调制。将 P 型和 N 型半导体共混制备的有机-有机异质结,可以有效地拓展器件的光谱响应范围,以及实现导电沟道的双极型输运。此外,有机-2D 混合异质结可以通过提升薄膜有序度、优化薄膜结构和电子结构提高 OFET 器件的性能。

6.4.1 掺杂光致变色吸光材料

在 OFET 结构中引入光致变色材料的工程方法有:直接作为有机半导体层材料,作为有机半导体层或介电层中的掺杂剂,或者作为有机半导体/电极和有机半导体/电介质界面的修饰层。OFET 中的电荷载流子仅在邻近电介质的有机半导体的几个分子层内流动,因此,电介质/有机半导体界面处光致变色化合物的异构化可显著改变导电沟道的电特性(陷阱/载流子的密度、介电常数、电容)和器件本身,从而提供所需的强光开关效应。同时,有机半导体材料的本征电荷传输特性不会因为相邻光致变色层的存在而恶化。

南京邮电大学钱妍等人在 CuPc 活性层中掺杂一种基于二噻吩的光致变色剂——芴取代二噻吩基乙烯(BMThCE)[97],实现了一种新型的、空气稳定的、具有光电双模调制多级存储的 OFET 存储器。相同的电流状态可以通过光电写入实现,使这些器件可用于逻辑门应用。该器件的结构如图 6.14(a)所示。他们在 PMMA 修饰的 SiO_2 介电层上采用同时蒸镀的方法,共蒸发了 CuPc 和质量百分比为 20% 的开环芴取代二噻吩基乙烯(o-BMThCE)作为活性层。在 CuPc:o-BMThCE 基 OFET 中,光致变色反应也可以发生在 CuPc:BMThCE 共混膜中。如图 6.14(b)所示,在紫外光(λ 为 200~400nm)照射下,电子被激发到 CuPc 的 LUMO 能级上,在 HOMO 能级上产生空穴,同时 o-BMThCE 转变为为闭环芴取代二噻吩基乙烯(c-BMThCE)。CuPc 中的空穴容易转移并被俘获到光转化的 c-BMThCE 分子中,器件阈值电压沿负向偏移。通过施加可见光($\lambda>490nm$),c-BMThCE 转变为 o-BMThCE,HOMO 能级水平恢复,空穴去俘获,器件阈值电压恢复至初始态。如图 6.15(a)所示,基于 CuPc:BMThCE 的光存储器的 V_{th} 值与光照时间有强相关性,ΔV_{th} 几乎随着光照时间的线性函数而增加[见图 6.15(b)]。相应地,改变紫外光或可见光的照射时间[见图 6.15(c)]可以得到多个电导态,且在黑暗条件下,电导态在空气中高度稳定,维持时间达到 10^4s 以上。此外,基于 CuPc:BMThCE

的光存储器还可以通过电操作实现写入和擦除，并且可以通过不同的栅偏压值控制载流子俘获的程度，从而获得多个中间电流状态[见图 6.15（d）～图 6.15（i）]，所有这些电流状态都是高度稳定的，保持时间可以超过 10^4 s。

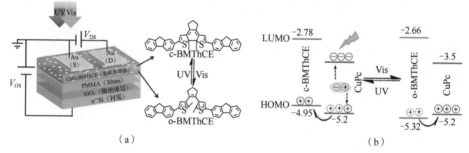

（a）　　　　　　　　　　　　　　　　　　（b）

图 6.14　混合异质结的新型光电双模调制多级存储器（UV 表示紫外光，Vis 表示可见光）[97]
（a）器件结构　（b）工作机制

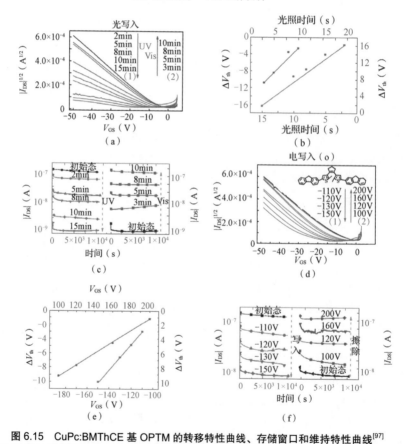

图 6.15　CuPc:BMThCE 基 OPTM 的转移特性曲线、存储窗口和维持特性曲线[97]
（a）不同光照时间下的转移特性曲线　（b）不同光照时间下的存储窗口　（c）不同光照时间下的维持特性曲线
（d）CuPc:o-BMThCE 在不同电压下的转移特性曲线　（e）CuPc:o-BMThCE 在不同电压下的存储窗口
（f）CuPc:o-BMThCE 在不同电压下的维持特性曲线

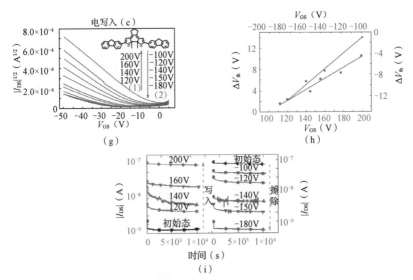

图 6.15　CuPc:BMThCE 基 OPTM 的转移特性曲线、存储窗口和维持特性曲线[97]（续）
（g）CuPc:c-BMThCE 在不同电压下的转移特性曲线　　（h）CuPc:c-BMThCE 在不同电压下的存储窗口
（i）CuPc:c-BMThCE 在不同电压下的维持特性曲线

基于上述结果，对于基于 CuPc:o-BMThCE 或 CuPc:c-BMThCE 的器件，可以通过电写入或光写入实现相同的电流水平，即高电阻状态/低电阻状态（HRS/LRS），因此可以实现 NOR 和 OR 逻辑门。如图 6.16 所示，首先，初始"1"状态设置为高电流 LRS，"0"状态设置为低电流 HRS。然后，以紫外光照射、可见光照射和电刺激作为输入。对于照明输入，有光照明、无光照明分别定义为"1"和"0"；对于电输入，有电压操作、无电压操作分别定义为"1"和"0"。输出为调制器件的电流水平（$V_{DS}=-50V$，$V_{GS}=-30V$），LRS 和 HRS 分别为"1"和"0"。通过电压操作（$V_{GS}=-150V$，5s）、紫外光照明（2.49mW/cm²，15min）或其组合，HRS 可转化为 LRS。相应地，通过电压操作（$V_{GS}=180V$，5s）、可见光照明（5.86mW/cm²，10min）或其组合，HRS 可重置为 LRS。基于 CuPc:BMThCE 的光存储器具有高空气稳定度的光/电压双模可调谐功能，能够实现多电平存储和双输入逻辑门，是一种集成化和多功能的有机半导体器件，在光学传感器及加密信息存储等方面具有广阔的应用前景。

将光致变色分子引入 OFET 存储器可以展现出相当好的光/电操作的正交性，但在实现材料电导态变化的过程中，光致变色分子在介观尺度上伴随的形态变化可能会导致器件电导态稳定性不足的问题。为了解决该问题，两种电导态之间需要满足5 个特点：分子结构变化小、电子性质调制范围大、异构体相互转化的稳定性好、光刺激诱导异构体切换的速度快，以及在薄膜状态下异构体的有效切换。DAE 材料可以满足上述所有特性，在早期的研究中，由 DAE 和三芳胺衍生物制备的多层结构的 OFET 存储器，可以实现 30 个电流水平的多级存储。但是，多层结构的制备需要多步骤处理，并且器件需要几分钟的高强度光照才能实现电导态之间的切换。此外，这种器件电导态之间的可逆性、维持时间和存储容量性能不够理想。Leydecker 等人使用 P3HT 与 DAE 共混膜（P3HT+DAE-Me）作为有机半导体层[98]。如图 6.17 所示，光致变色 DAE 分子分散在聚合物基质中并作为空穴俘获位点，光强和光照时间决定了共混膜中开放和封闭的 DAE 异构体的数量，可以通过特定波长下的光强和光照时间精确调控漏极积累电荷载流子的速率，从而控制器件的输出电流。另外，DAE 分子的长维持时间确保了特定信息位的存储稳定性。多阶电流水平的稳定性为构建具有 8 位存储单元（256 阶）的高密度存储器铺平了道路。

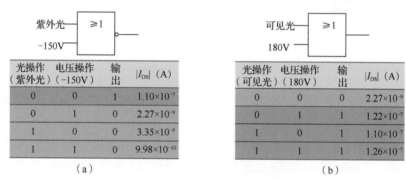

光操作 （紫外光）	电压操作 （−150V）	输出	$\lvert I_{DS} \rvert$（A）
0	0	1	1.10×10^{-7}
0	1	0	2.27×10^{-9}
1	0	0	3.35×10^{-9}
1	1	0	9.98×10^{-10}

（a）

光操作 （可见光）	电压操作 （180V）	输出	$\lvert I_{DS} \rvert$（A）
0	0	0	2.27×10^{-9}
0	1	1	1.22×10^{-7}
1	0	1	1.10×10^{-7}
1	1	1	1.26×10^{-7}

（b）

图 6.16　逻辑门的电路符号及当前真值表[97]
（a）NOR 逻辑门　（b）OR 逻辑门

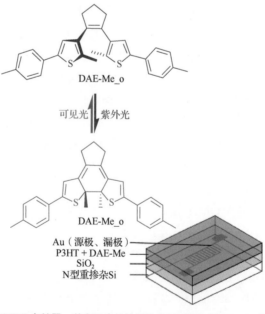

图 6.17　双功能 OFET 存储器，其有机半导体层由 DAE 部分（DAE-Me 的共混物）构成[98]

6.4.2　有机-有机混合异质结

在单一材料体系中，空穴和电子的有效注入是影响双极型 OFET 性能的关键因素。大多数有机半导体具有宽带隙（2～3eV），导致电极功函数与有机半导体之间的能级不匹配。由于从功函数相同的金属电极向 HOMO 能级和 LUMO 能级平衡地注入载流子的难度较大，单组分有机双极型薄膜往往表现出相当不平衡的电荷传输特性。尽管采用不对称的源漏极可以避免这一问题，但这种方法会使器件的制备过程更加复杂。将 P 型和 N 型有机半导体通过溶液法或共蒸发法形成共混膜，制备有机-有机混合异质结，是实现双极型器件的另一有效方法。Tada 等人提出，自旋涂层可用于制备具有 P 型和 N 型有机半导体互穿网络的双极型 OFET。这种双极型 OFET 是在 Si/SiO$_2$ 衬底上用手指形底接触 Sn:Au 电极制备的，有效电子迁移率和空穴迁移率非常低，分别为 10^{-9} cm^2/(V·s) 和 10^{-7} cm^2/(V·s)。为了提高场效应迁移率，Meijer 等人[99]将 PCBM 和聚[2-甲氧基-5-(3′,7′-二甲基辛氧基)]-对亚苯基乙烯 [Poly[2-methoxy-5-(3′,7′-dimethyloctyloxy)]-p-phenylene Vinylene，OC$_1$C$_{10}$-PPV]的共混溶液旋涂在六甲基二硅氮烷改性的 Si/SiO$_2$ 衬底上，形成了具有 P 型和 N 型有机半导体互穿网络的 OFET，实现了双极型传输。该器件的电子迁移率和空穴迁移率分别达到了 7×10^{-4} cm^2/(V·s) 和 3×10^{-5} cm^2/(V·s)，如图 6.18（a）所示。

混合异质结 OFET 中有机半导体层的表面和界面形貌对器件性能起着至关重要的作用。Singh 等人在不同的聚合物栅绝缘层上，以聚[2-甲氧基-5-(3,7-二甲基辛氧基)]-1,4-亚苯基乙烯（Poly[2-methoxy-5-(3,7-dimethyloctyloxy)]-1,4-phenylene-vinylene，MDMO-PPV）、N,N-双 4-甲基苯基-4-苯胺封端的聚 9,9-二辛基-芴基-2,7-二酰基（Poly-9,9-dioctyl-fluorenyl-2,7-diyld End Capped with N,N-biss4-methylphenyld-4-aniline，PF）和 PCBM（掺杂比为 1：1：2）混合异质结为有机半导体层，制备了有机-有机混合异质结双极型 OFET[100]。他们制备的薄膜纳米形态与场效应器件中的双极型电荷输运之间有很强的相关性，如图 6.18（b）所示。在 BCB 和 PVP 栅绝缘层上沉积的共混膜没有大的相分离畴，表现出双极型传输特性，而在 PVA 栅绝缘层上沉积的共混膜，表现出约 200nm 的相分离畴结构，只能实现单极型传输。通过选择溶剂、使用溶剂添加剂、热处理或溶剂退火等后处理方法控制有机混合异质结薄膜的形貌，是实现理想薄膜形貌的有效方法。

在使用单层结构的混合异质结中，空穴和电子都是在有机半导体/绝缘体界面附近传输的，而在使用双层结构的异质结中，空穴和电子可以在不同层中传输，可以有效地提高器件的场效应迁移率。研究表明，双层异质结器件的电子和空穴的场效应迁移率高达 10cm^2/(V·s)。然而，由于在旋涂过程中后续沉积的薄膜会溶解已经沉积的薄膜，使得基于溶液法制备双层结构的有机半导体异质结具有挑战性，多层旋涂薄膜难以实现。利用体相异质结（Bulk-hetero Junction，BHJ）制备的双层结构器件是最有前途的器件之一，因为它们容易使用单一溶液工艺沉积。

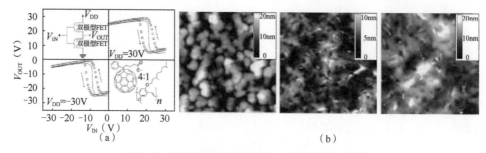

图 6.18　采用溶液法处理的有机-有机混合异质结[100]

（a）基于两个相同的双极型 OC_1C_{10}-PPV:PCBM OFET 的互补型逆变器的传输特性[99]　（b）MDMO-PPV:PF:PCBM
（1:1:2）在 PVA、BCB 和 PVP 上的共混物的接触模式 AFM 图像

在可加工溶液有机半导体中，与聚合物半导体材料相比，小分子半导体材料更容易合成和纯化，可以提高所制备器件的可重复性。陈铭洲课题组合成了 2-苯并[d,d']噻吩并[3,2-b;4,5-b']二噻吩{2-phenylbenzo[d,d']thieno[3,2-b;4,5-b']dithiophene，P-BTDT}和 2-(4-正辛基苯基)苯并[d,d']噻吩并[3,2-b;4,5-b']二噻吩{2-(4-n-octylphenyl)benzo[d,d']thieno[3,2-b;4,5-b']dithiophene，OP-BTDT}。由于 OP-BTDT 的溶解性较好，他们采用旋涂法制备了 OP-BTDT 薄膜，并制备出了 OFET 器件。该器件表现出 0.05 cm^2/(V·s)的空穴迁移率达到 0.05 cm^2/(V·s)[101]。并且，通过混合适量的 P-BTDT 和 OP-BTDT（P-BTDT:OPBTDT，M-BTDT），基于 M-BTDT 的 BHJ 双极型 OFET 存储器的空穴迁移率可以提升一个数量级，达到 0.65 cm^2/(V·s)，器件结构如图 6.19（a）所示。进一步地，他们将 M-BTDT 与 C_{60} 混合，制备出混合异质结双极型 OFET。该混合异质结会根据 M-BTDT 与 C_{60} 掺杂比的不同出现不同的相，可调控器件中电子迁移率和空穴迁移率，如图 6.19（b）所示。掺杂比为 1:1 的 M-BTDT:C_{60} 混合异质结可以实现具有两个不同相的精细结构网络，使更多的 C_{60} 相存在于较大尺寸的颗粒中，而这些较大的 C_{60} 相能够使器件获得平衡的空穴迁移率[0.03 cm^2/(V·s)]和电子迁移率[0.02 cm^2/(V·s)]，如图 6.19（c）所示。

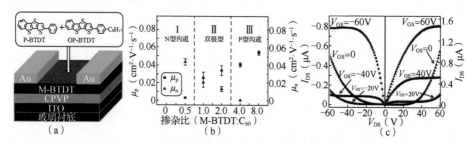

图 6.19　基于 M-BTDT 的 BHJ 双极型 OFET 存储器[101]

（a）器件结构，以及小分子 OP-BTDT 和 P-BTDT 的化学结构　（b）不同掺杂比下器件的空穴迁移率和电子迁移率
（c）掺杂比为 1:1 时器件的输出特性曲线

　　有机–有机混合异质结的研究已广泛应用于光敏 OFET 中，可以有效地提升器件的光响应度，扩展器件的光吸收范围。Kim 等人制备了 P3HT:F8BT 异质结的光敏 OFET，与未引入异质结的光敏 OFET 相比，可在较低的光强度下实现更高的光响应度。孙蕾等人提出了基于 PbPc:C$_{60}$ 共混膜的光敏 OFET[102]，可以将器件的光吸收范围扩展到近红外区。该器件在 808nm 的近红外光下的光响应度高达 322mA/W。此外，栅极电介质的选择也会显著影响光敏 OFET 的光响应性。研究表明，以 PVA 为栅极电介质生长 PbPc:C$_{60}$ 混合异质结，对应的器件展现出较高的光响应度（21A/W）和外量子效率（30%），分别是以 SiO$_2$ 为栅极电介质的器件的 124 倍和 126 倍。

　　在 OFET 存储器中，有机–有机混合异质结不仅可以作为导电沟道实现空穴与电子的平衡传输，而且可以为写入/擦除操作提供充足的电子和空穴，从而实现高性能的非易失性存储。Park 等人[103]使用 PS 作为驻极体，以 P 型有机半导体 TIPS-pentacene 和 N 型有机半导体 N2200 的共混膜（TIPS-pentacene:N2200）作为有机半导体层，制备出一种高性能非易失性 OFET 存储器，器件结构如图 6.20（a）所示。调节混合异质结中 N2200 和 TIPS-pentacene 的掺杂比，可以优化器件的存储特性。研究表明，TIPS-pentacene 与 N2200 的最优掺杂比为 6∶1。此时，器件表现出较高的电子迁移率[μ_e=0.12 cm^2/(V·s)]、较低的阈值电压[V_{th}=0.11V]，以及较高的电流开关比（I_{ON}/I_{OFF}=10^7）。当在该器件的栅极施加负电压时，有机–有机混合异质结中的 TIPS-pentacene 可以提供更多空穴以存储在 PS 驻极体中，随着 TIPS-pentacene 比例的增加，器件在负向上能够得到更大的 V_{th} 偏移，因此该器件的存储窗口随着 TIPS-pentacene 比例的增加而增大。当在该器件的栅极施加正电压时，与以纯 N2200 作为沟道的器件相比，以 TIPS-pentacene:N2200 混合异质结作为沟道的器件能够将足够的电子注入 PS 驻极体中，使完全擦除过程成为可能。此外，以 TIPS-pentacene:N2200 混合异质结作为沟道的器件具有明显更优的存储性能，包括更稳定的读写擦循环、更大的存储窗口[见图 6.20（b）]、更高的电流开关比和接近 10 年的维持时间[见图 6.20（c）]。

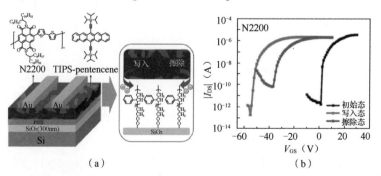

图 6.20　溶液处理的 N2200:TIPS-pentacene 混合异质结高性能非易失性 OFET 存储器[103]
（a）器件结构及化学式　（b）存储窗口曲线

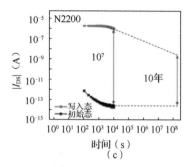

图 6.20　溶液处理的 N2200:TIPS-pentacene 混合异质结高性能非易失性 OFET 存储器[103]（续）
（c）维持时间特性曲线

6.4.3　有机-二维混合异质结

对于给定的有机半导体材料，电荷传输与有机薄膜的有序度密切相关，因为无序因素（缺陷、杂质和畴边界）会引入散射并降低电荷传输效率。通常，OFET 的关键参数（包括场效应迁移率、阈值电压和电流开关比等）均与有机半导体薄膜的有序度和表面/界面电子结构密切相关。薄膜的有序度受到分子-衬底相互作用的影响，在没有生长模板的情况下，有机半导体薄膜在惰性衬底上很难达到高度有序，而在单晶表面上，有机半导体分子通常偏离其最优的组装方式，导致结构不稳定。2D 材料的兴起为改善有机半导体薄膜的有序度提供了一种可能的解决方案。2D 材料独特的晶格结构可以为有机半导体提供外延模板，而有机半导体和 2D 材料层之间的弱范德瓦耳斯吸引力作用允许更灵活的有机半导体外延生长。此外，2D 材料除了改善有机半导体层作为生长模板的形态外，还能优化 OFET 导电沟道的电子结构。有机-2D 混合异质结通过提升薄膜有序度、优化薄膜结构和电子结构，为实现 OFET 器件性能的提升提供了平台。

Andrea Liscio 等人首先在 SiO$_2$ 衬底上沉积了不连续的还原氧化石墨烯（Reduced Graphene Oxide，RGO），然后沉积了 P3HT 薄膜，所得薄膜的形貌如图 6.21（a）所示[104]。利用这种方法制备的 OFET 中的电荷传输路径如图 6.21（b）所示，导电 RGO 优先充当电荷传输路径，能够缩短器件的有效沟道长度，有效地提升 P3HT 薄膜的电荷传输特性。随着 RGO 覆盖率的提高，P3HT:RGO 共混物的空穴迁移率显著提高，如图 6.21（c）所示。然而，当覆盖率增加到一定值（42%）时，器件的导电沟道将由连续 RGO 主导，导致栅极调制性能较差。为了提高有机-2D 材料之间的电荷转移效率，Alina Lyuleeva 等人通过微波辅助热引发氢化硅烷化反应，合成了功能化的 SiNS、SiNS-C$_{12}$H$_{25}$、SiNS-苯乙烯基(SiNS-styrenyl，SiNS-PhAc)和 SiNS-2-(3-己基噻吩-2-基)乙烯基[SiNS-2-(3-hexylthiophene-2-yl)vinyl，SiNS-ThAc]，

160

分子结构如图 6.21 （d）所示[105]。他们将具有不同功能的 SiNS 与 P3HT 共混溶液旋涂在 Si/SiO$_2$ 衬底上，制备了 EGT，如图 6.21 （e）所示。与纯聚合物器件相比，SiNS-ThAc:P3HT 共混膜器件的源漏电流和场效应迁移率有了较大提升，提高了 3～4 倍，如图 6.21 （f）所示。

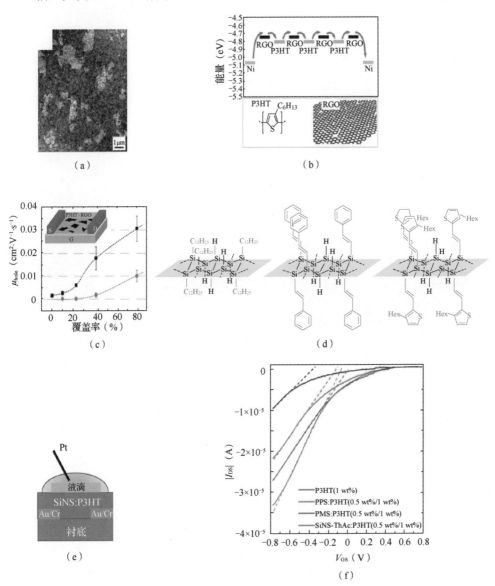

图 6.21 采用 2D 材料作为掺杂剂的有机-2D 混合异质结 OFET

（a）P3HT 薄膜覆盖的 RGO 片的 AFM 图像 （b）器件中能量图和电荷传输的示意图 （c）RGO 和 RGO+P3HT:RGO 场效应晶体管的空穴迁移率与覆盖率[104] （d）SiNS 的结构 （e）EGT 器件的结构 （f）转移特性曲线（实线）和线性拟合（虚线）[105]

基于能带结构的相对位置，本章介绍了不同类型的异质结，包括双层光敏异质结、类量子阱型异质结和混合异质结，并将其应用于 OFET 及其光电存储器件和电荷存储器件，实现了双极型电荷输运、电荷存储及光电存储。此外，本章还阐述了在这些领域中利用异质结实现的一些工作。异质结的设计策略为实现高性能双极型电荷输运、电荷存储及光电存储的 OFET 器件提供了新的设计思路，并实现了不同有机半导体材料组合在 OFET 存储器中的应用。

第7章　存储机制的直观表征

晶体管器件中的宏观电荷分布规律，本质上对整个器件的性能产生影响，比如场效应迁移率、阈值电压、亚阈值摆幅和电流开关比等。常规的电学测试手段只能测试器件的电流-电压特性，不能直观地反映出电荷在有机半导体层及存储层中的空间分布情况。为了更加直观和深入地研究 OFET 存储器的存储机制，研究人员致力于使用扫描探针显微镜（Scanning Probe Microscope，SPM）研究有机半导体薄膜中的电荷分布规律。SPM 是扫描隧道显微镜（Scanning Tunneling Microscope，STM）及在 STM 的基础上发展起来的各种新型探针显微镜[AFM、静电力显微镜（Electrostatic Force Microscope，EFM）、磁力显微镜（Magnetic Force Microscope，MFM）、扫描离子电导显微镜、扫描电化学显微镜等]的统称，是国际上近年发展起来的表面分析仪器，是综合运用光电子技术、激光技术、微弱信号检测技术、精密机械设计和加工、自动控制技术、数字信号处理技术、应用光学技术、计算机高速采集和控制及高分辨图形处理技术等现代科技成果的光、机、电一体化的表征仪器。

7.1　原子力显微镜

AFM 可以在纳米级尺度上对绝缘材料、半导体材料及导体材料的性能展开研究，它通过检测待测样品表面和一个微型力敏感元件之间的极微弱的原子间相互作用力来研究物质的表面结构及性质。AFM 是一种纳米级高空间分辨率的 SPM，可以直观地展示出材料的纳米结构，是其成像和测量的重要工具，适用于真空、液体、大气环境。凭借其自身分辨率高、测试样品制备简单并且适用于多种环境的优势，AFM 显示出了巨大的应用潜力，成为纳米科学研究不可或缺的工具。

世界上第一台 AFM 于 1986 年在 IBM 实验室诞生，与 STM 一起成为第三代显微镜的代表[106]。1987 年，Martin 等人研发出了第一台工作于非接触模式的 AFM；1994 年，Hansma 等人又发明了轻敲模式下的 AFM。至此，作为新一代原子级高分辨率仪器，AFM 可以从原子级对各类材料进行表征和操纵，显现出巨大的优越性，成为表征材料微纳尺度特性的重要工具之一。经过三十多年的发展与技术革新，AFM 的稳定性与分辨率得到极大程度的提高，横向分辨率可达到 0.1~0.2nm，纵向分辨率可达到 0.01nm[107]。与此同时，AFM 的应用范围及适用性也越来越广，从最基础的样品表面形貌表征发展到样品局域性质分析，从材料科学领域拓展到生物领域，更是衍生发展出磁力显微镜、侧向力显微镜（Lateral Force Microscope，LFM）、EFM 等一系列测量技术，满足了不同环境和不同性质样品的研究需求[108]。人们利用 AFM 对材料的形态学[109]、力学、电学[110-112]、磁学[113]等方面的基本性质展开了大量研究。

AFM 的特点是通过微悬臂和悬臂上的尖细探针来收集样品表面信息。它利用微悬臂感受和放大悬臂上尖细探针与受测样品原子之间的相互作用力，从而达到检测的目的，具有原子级的分辨率；利用压电元件精准地控制样品的微小移动，用导电悬臂和导电 AFM 模块测量样品的电势；利用测试探针上的电流来评估样品的电导率或样品表面的电子迁移。

使用 AFM 时，需要将对力极敏感的微悬臂一端固定，并将带有微小针尖的另一端与样品表面轻轻接触。由于针尖与样品表面存在极微弱的排斥力，因此恒定这种作用力，使悬臂垂直于样品表面做起伏运动，就可以利用光学检测法或隧道电流检测法测得对应于扫描各点的位置变化。最后，放大并转换测得的信号，就可以得到原子级的样品表面 3D 立体形貌图像，如图 7.1 所示。AFM 的悬臂通常由 Si 或氮化硅构成，其上装有探针，探针尖端的曲率半径为纳米量级。

图 7.1　AFM 的探针

当探针被放置到样品表面附近时，悬臂上的探针头会因为受到样品表面的力的作用而遵从胡克定律发生弯曲偏移。偏移会由照射在微悬臂上的激光束反射至光电二极管阵列中。悬臂表面常会镀上反光材质（如铝）以增强其反射，如图 7.2所示。

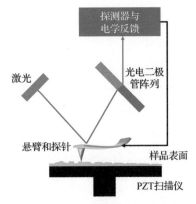

图 7.2　AFM 的工作原理

　　不同于电子显微镜只能提供 2D 图像，AFM 能提供真正的 3D 立体图像；在用 AFM 进行测试前，样品不需要做任何特殊处理（如镀铜或碳，这种处理会对样品造成不可逆的伤害）。电子显微镜需要运行在高真空条件下，AFM 在常压下（甚至在液体环境下）就可以良好工作。因此，AFM 可以用来研究生物宏观分子，甚至活的生物组织。它就像盲人摸象一样慢慢地抚摸物体表面，并将表面形貌直观地呈现出来。AFM 的缺点是成像范围太小、速度慢、受探头的影响太大；由于分辨率很高，因此在样品制备过程中或者从背景噪声中产生的假像都能够被检测到。

　　AFM 一般有 3 种不同的机械设计：样品扫描、探针扫描和 XYZ 分立平板扫描（XY 样品扫描、Z 探针扫描），如图 7.3 所示。样品扫描设计的优点是机械结构简单、噪声小，缺点是样品空间小。探针扫描设计的优点是样品空间灵活、可支持大样品及自动样品台扫描，缺点是机械结构相对复杂、噪声大。XYZ 分立平板扫描设计的优点是光路开阔、适合外加光信号，缺点是噪声大、机械结构复杂。AFM 还能够测量其他物理参数，如摩擦力、磁场力、电场力、表面电势和温度，以及进行纳米尺度的刻蚀和操纵。

(a)　　　　　　　　(b)　　　　　　　　(c)

图 7.3　采用不同机械设计的 AFM
（a）样品扫描　（b）探针扫描　（c）XYZ 分立平板扫描

AFM 的成像模式主要有 5 种：接触模式（Contact Mode）、抬起模式（Lift Mode）、轻敲模式（Tapping Mode）、扭转共振模式（Torsional Resonance Mode），以及峰值力模式（Peak Force Mode）。如图 7.4 所示，与光学显微镜和电子显微镜完全不同的是，AFM 基本不采用光学或电子透镜成像，而是利用纳米级探针在材料表面上方扫描来检测样品的形貌信息。不同成像模式之间的主要区别在于相应的针尖与样品的相互作用力及作用方式不同。下面重点介绍接触模式、抬起模式和轻敲模式。

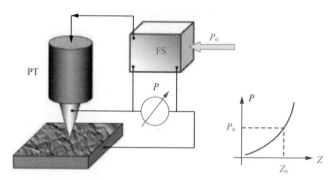

图 7.4　AFM 扫描图[①]

（1）接触模式

在接触模式下，来自悬臂的作用力使探针紧压样品表面，在扫描过程中始终与样品保持接触。针尖与样品相互接触，会导致原子间产生库仑斥力。接触模式的扫描速度较快，拥有原子级分辨率，成像也较稳定，多用于测试纳米刻蚀和刮痕所形成的形貌。但是由于在扫描过程中，悬臂施加在针尖上的力可能对样品的表面结构造成破坏，因此接触模式不适用表面较柔软的样品。同时，这种成像模式也会污染针尖，使针尖产生较大的损耗。

（2）抬起模式

与接触模式相比，在抬起模式下针尖与样品之间始终保持着恒定的距离，探针与样品间主导力为分子间的范德瓦耳斯力。在抬起模式下，针尖与样品没有直接接触，不会损坏探针及样品表面的结构。但是，抬起模式的测试分辨率低于接触模式，且扫描速度较慢，因此在实际中的应用比较有限。

（3）轻敲模式

轻敲模式是介于接触模式和抬起模式之间的一种特殊的成像模式。扫描过程中，悬臂在其共振频率附近振动，针尖间断性地与样品表面接触，即"轻敲"样

---

① 图中，FS 为反馈系统，PT 为压电传感器，P 为被检测的物理量，P_0 为被检测物理量的参考阈值，Z 为探针到样品之间的距离，Z_0 为检测信号为 P_0 时探针到样品之间的距离。

品表面，反馈系统通过不断调节针尖与样品间的距离来控制悬臂的振幅与相位，保持针尖与样品之间的作用力恒定，同时记录扫描器的移动情况以获得形貌图像。这种成像模式既避免了接触模式破坏样品表面形貌的缺陷，又克服了抬起模式下分辨率较低的不足，在实验中具有普适性，因此成为一种常用的成像模式。

AFM 在电学方面的表征技术主要包含导电原子力显微镜（Conductive Atomic Force Microscope，C-AFM）、EFM 和 KPFM 等[114]。C-AFM 可以同时得到被测样品表面的形貌结构、电流信号强度，进而得到被测样品表面微纳尺度的 I-V 特性曲线[115]。因为 C-AFM 的表征是基于接触模式的，所以其与被测样品表面电导水平的相关性弱，针尖与样品之间的接触力会在一定程度上破坏样品的表面结构，影响样品形貌以及电流的分辨率，所以仅仅适用于表征导电性差的材料。

与 C-AFM 相比，EFM 与 KPFM 拥有以下 3 点优势。

（1）EFM 和 KPFM 对测试材料的导电性没有要求，广泛适用于金属材料、半导体材料及绝缘材料[116, 117]。

（2）KPFM 可以直接测量材料表面功函数，过程直观、结果精确。

（3）EFM 和 KPFM 的横向分辨能力可以满足人们对材料微纳尺度电学特性的表征要求。特别是 KPFM，同时在横向分辨率和电压分辨率方面具有较大优势[118]。

EFM 和 KPFM 已被应用于场效应晶体管工作机制的研究中。EFM 和 KPFM 主要依赖长程静电作用力来获取材料的电学特性，它们采用二次扫描的方式（轻敲模式与抬起模式交叉扫描），在获得样品形貌特征的同时也可以获得材料表面的电学信息。二者的不同点是：在二次扫描过程中 KPFM 可以直接获得材料表面的电势分布情况，而 EFM 获得的信号则是电场力梯度的变化。由于 EFM 和 KPFM 均采用了轻敲模式与抬起模式，在扫描过程中针尖不与样品直接接触，避免了针尖对样品表面的损坏，因此适用于柔性、易损坏的有机薄膜材料表征，也有利于保护探针针尖的金属镀层，从而获得更稳定的实验结果。

7.2　静电力显微镜

EFM 是一种利用测量探针与样品的静电相互作用来表征样品表面静电势能、电荷分布及电荷输运的 SPM。EFM 可以提供薄膜的亚表面特性、各种单层系统的端基差异、半导体中的掺杂剂分布、表面成分差异、分子的极化特性和电荷俘获特性等信息。

7.2.1　工作原理

与 AFM 相似，EFM 的关键部分也是悬臂上的探针。但与 AFM 测量探针与样品的范德瓦耳斯力不同，EFM 是通过测量二者的库仑斥力来实现样品成像。EFM 工作时，探针与样品之间会被加上操作电压，悬臂上的探针受静电力的作用在样品表面振荡，但不接触样品表面。如图 7.5 所示，EFM 对每一条扫描线都会进行两次扫描，第一次扫描是通过轻敲模式来获得材料表面的形貌信息，第二次扫描是通过抬起模式获得电学信息，每次扫描的过程都包括了跟踪（Trace）与回溯（Retrace）两部分，具体过程如下。

（1）针尖进行第一次扫描，通过轻敲模式获得材料表面的形貌信息。

（2）针尖抬起一个固定的高度，进入抬起模式。

（3）针尖与材料表面始终保持恒定的距离，进行第二次扫描，获得材料表面电场力梯度的变化信息。

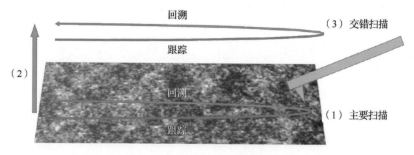

图 7.5　EFM 的扫描过程

在测量电场力梯度的过程中，EFM 的悬臂通过压电元件在其共振频率下振动，金属镀层的针尖抬起一个固定的高度，此时样品与针尖之间的分子间范德瓦耳斯力及悬臂与样品间的静电力可忽略不计，主导力是针尖与样品间的长程静电力。当长程静电力作用时，悬臂的共振频率发生变化。如图 7.6 所示，针尖与样品之间的静电力存在引力与斥力，引力使悬臂的共振频率在定量值上减小，斥力使悬臂的共振频率在定量值上增大。EFM 的检测系统通过检测悬臂共振频率的变化，得到样品表面电场力梯度的变化。悬臂振动频率的检测方法分为振幅调制、相位调制与频率调制，本书介绍的实验中主要用相位调制。

实际应用中，EFM 主要用于表征材料表面的电场力梯度的变化。一般而言，电场力梯度的变化是由场源引起，场源可以是材料中被俘获的电荷，也可以是给材料施加的电压。而在本书运用 EFM 表征材料存储电荷能力的实验中，场源为被材料俘获的电荷，电荷扩散的过程就是场源发生变化的过程。我们通过给针尖施加适当的电压来测量材料表面电场力梯度的变化，从而监测电荷扩散的情况，达到表征材料表面的电场力梯度变化的目的。

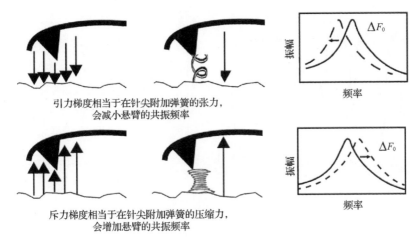

引力梯度相当于在针尖附加弹簧的张力，
会减小悬臂的共振频率

斥力梯度相当于在针尖附加弹簧的压缩力，
会增加悬臂的共振频率

图 7.6 针尖与样品间的静电力作用

EFM 既可以对材料的电学性能进行定性测量，又可以便捷地定量分析计算电荷量与电荷存储密度，这使得它在材料的电荷俘获、存储等性质的研究中显现出了巨大优势。人们利用 EFM 表征技术对薄膜材料的电荷检测进行了一系列研究。Silva-Pinto 和 Neves 课题组采用 EFM 进行了 PMMA 薄膜的电荷检测，如图 7.7 所示。他们利用 EFM 将电荷注入 PMMA 薄膜，来模拟器件写入数据、读出数据的过程，从而观察薄膜保持电荷的能力，以此类比器件中信息存储的能力[119]。绝缘体表面上的注入电荷始终具有与 AFM 针尖上的电压相同的极性。因此，只需分别在针尖上施加正电压或负电压，就可以在绝缘体表面注入正电荷或负电荷。通过利用接触模式及轻敲模式注入电荷，他们发现注入电荷量与针尖和样品间的作用力、电压大小、注入时长成正比。此外，周围环境的相对湿度、薄膜的疏水性对电荷的扩散及存储时间也有重要影响。

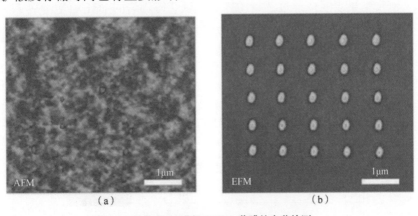

图 7.7 采用 EFM 进行 PMMA 薄膜的电荷检测
（a）PMMA 薄膜的形貌 （b）注入电荷后的相移

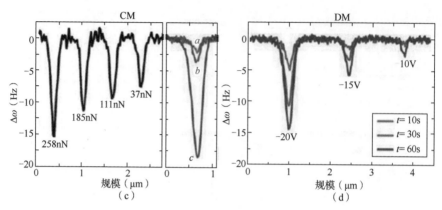

图 7.7　采用 EFM 进行 PMMA 薄膜的电荷检测（续）
（c）接触模式下，不同作用力、不同针尖电压注入的曲线
（d）轻敲模式下，不同注入时长、不同针尖电压注入的曲线

　　与 AFM 相同，EFM 也可以在液体环境中工作。在实际操作中，由于探针与样品之间既有范德瓦耳斯力，又有库仑力，因此即使选用较大的工作距离，有时仍不能完全忽略原子力的存在。目前常见的解决方法是将探针与样品之间的直流电压改为交流信号。最后，在处理信号时，只处理相关频率的交流信号，就可以将范德瓦耳斯力的影响排除在外。

7.2.2　存储电荷分布表征

　　本小节通过一项具体测试来介绍利用 EFM 进行存储电荷分布表征的过程。该测试首先在重掺杂 N 型 Si 衬底上蒸镀不同厚度的 1,6-二(螺[吖啶-9,9-芴]-2-基)芘[1,6-di(spiro[fluorine-9,90-xanthene]-2-yl)pyrene，DSFXPY]薄膜层，再通过 AFM 的轻敲模式进行扫描。EFM 测试系统，以及 DSFXPY 薄膜的分子结构和形貌如图 7.8 所示。测试结果表明，通过蒸镀的方法可以获得均匀的 DSFXPY 薄膜。

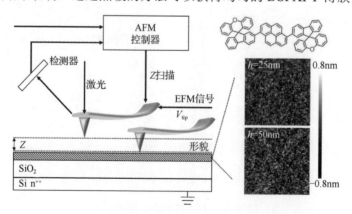

图 7.8　EFM 测试系统，以及 DSFXPY 薄膜的分子结构和形貌

　　整体测试由两部分组成。第一部分为注入过程：在接触模式下，首先通过参数调节给针尖施加负向电压和正向电压，然后使针尖与 DSFXPY 薄膜的特定区域接触，将电子与空穴注入薄膜中。第二部分为测试电场力梯度的过程：在成功注入电荷之后，将 EFM 切换为抬起模式，使针尖与样品保持一定的距离，监测薄膜表面的电场力梯度变化（测试过程中需始终保持样品接地，以保证良好的导通性）。在接触模式下改变针尖上施加的电压，可以实现以不同的电压注入电荷。图 7.9 展示了在针尖上施加的电压（$V_{\text{i-tip}}$）为 4V、0V、−4V 薄膜表面的相移图及对应的剖面中心曲线。

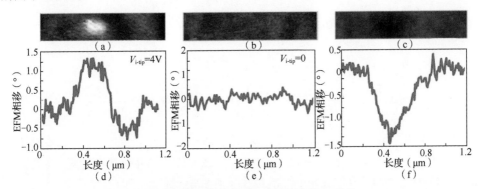

图 7.9　薄膜表面的相移图及对应的剖面中心曲线

　　从图 7.9 可以看出，样品表面存在明显的相移。与针尖电压为 0（无电荷注入薄膜）时的数据相比，当针尖被施加 4V 电压时，薄膜表面有明显的亮斑点（出现正向相移），如图 7.9（a）所示。当针尖被施加−4V 电压时，薄膜表面有暗斑点（出现负向相移）。对应地，图 7.9（d）～图 7.9（f）分别展示了图 7.9（a）～图 7.9（c）中电荷斑点的中心剖面曲线。这表明通过接触模式，被施加电压的 AFM 探针的针尖可将电子与空穴成功地注入 DSFXPY 薄膜中。

　　在整个测试过程中，AFM 探针的针尖可以视为半径为 R 的圆盘。在抬起模式下，圆盘与样品构成了一个平行板电容器[120]。当抬起高度在 10～100nm 范围内时，针尖或悬臂与样品之间的范德瓦耳斯力可以忽略不计，主导力是针尖与样品之间存在的长程静电力[121]。

　　针尖抬起的高度为 z 时，针尖与样品之间的电容值为

$$C = \frac{2\pi\varepsilon_0\varepsilon_{\text{p}}R^2}{z\varepsilon_{\text{p}} + h} \tag{7.1}$$

　　其中，h 表示样品的膜厚，ε_{p} 为样品的介电常数，ε_0 为真空介电常数。

　　在实验中，EFM 工作在抬起模式下，悬臂以共振频率 ω_0 振动，由电场力梯

度变化引起的悬臂相移$\partial F/\partial z$ 可被探测到。对于小电场力梯度而言，相移用 $\Delta\varphi$ 描述[122]：

$$\tan(\Delta\varphi) \cong -\frac{Q}{k}\frac{\partial F}{\partial z} \tag{7.2}$$

其中，Q 为探针的品质因子常数，k 为悬臂的弹性系数。

平行板电容器的能量公式为：$U=C\Delta V^2/2$。静电力可表示为平行板电容器的能量随抬起高度的变化率，即 $F=-\partial U/\partial z$。结合平行板电容器中俘获的电荷量 Q_s，用 $V_{s\text{-tip}}$ 代表针尖的扫描电压，测试系统中的静电力可表示为

$$F(z) = \frac{1}{2}\frac{\partial C}{\partial z}V_{s\text{-tip}}^2 + \frac{Q_s}{4\pi\varepsilon_0 z^2}(CV_{s\text{-tip}} - Q_s) \tag{7.3}$$

推导可得

$$\tan(\Delta\varphi) = -\frac{Q}{2k}\frac{\partial^2}{\partial z}V_{s\text{-tip}}^2 + \frac{Q_s Q}{2\pi k\varepsilon_0 z^2}\left(\frac{C}{z} - \frac{1}{2}\frac{\partial C}{\partial z}\right)V_{s\text{-tip}} - \frac{QQ_s^2}{2\pi k\varepsilon_0 z^3} \tag{7.4}$$

由此可见，$\tan(\Delta\varphi)$ 与 $V_{s\text{-tip}}$ 可以构成二次方程组，$\tan(\Delta\varphi)$ 随着 $V_{s\text{-tip}}$ 的变化而变化，在 $V_{s\text{-tip}}=Q_s[(3/4)+h/(2z\varepsilon_p)]/(2\pi\varepsilon_0 z^2)$ 时取得最大值。因此俘获电荷量 Q 仅仅与 $\tan(\Delta\varphi)$ 和 $V_{s\text{-tip}}$ 有关[123]。当处于接触模式下且针尖被施加不同的 $V_{s\text{-tip}}$ 时，注入电荷斑点的剖面中心曲线如图 7.10 所示。可以看出，若曲线的顶点值位于 $V_{s\text{-tip}}>0$ 处，DSFXPY 薄膜中俘获的电荷为空穴，反之则为电子。

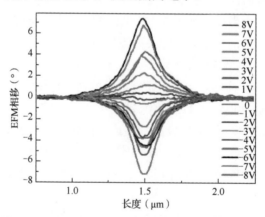

图 7.10 接触模式下，以不同的 $V_{s\text{-tip}}$ 进行扫描所得到的注入电荷斑点的剖面中心曲线

为了进一步探究 DSFXPY 薄膜中俘获电荷的扩散现象，本测试研究了注入点电场力梯度随时间变化的电荷斑点图。图 7.11（a）展示了注入电荷 560s、840s、960s、1260s 和 1500s 后的电荷斑点图，图 7.11（b）中对应给出了剖面中心曲线。由图可见，曲线峰值在不断减小，这表明在注入点俘获的电荷存在明显的损耗。

图 7.11（c）和图 7.11（d）分别展示了不同 $V_{i\text{-tip}}$ 下电荷斑点相移曲线的峰值（PH）与半高宽值（FWHM）随时间变化的情况。半高宽值（FWHM）表示电荷的分布区域宽度，峰值（PH）表示俘获电荷的总量。由图可知，在初始的 1200s 内，PH 大幅度衰减，此后基本维持恒定。这表明 DSFXPY 薄膜中的俘获电荷刚开始会迅速衰减，后期会基本保持稳定的状态。与此同时，FWHM 会随时间的推移出现小幅度降低。此外，当 $V_{i\text{-tip}}$ 分别为 4V、6V、8V 时，与 $V_{i\text{-tip}}$=10V 相比，PH 与 FWHM 的变化趋势基本一致，这表明初始注入电压的大小不会影响电荷整体扩散的趋势。而值得注意的是，在许多研究材料电荷扩散特性的文献中，都有定性分析表明电荷出现了横向扩散现象，而在 DSFXPY 薄膜中并没有出现明显的 FWHM 增大现象，这对于俘获电荷的具体存储位置，甚至高密度的存储器件结构有重要的探究意义。

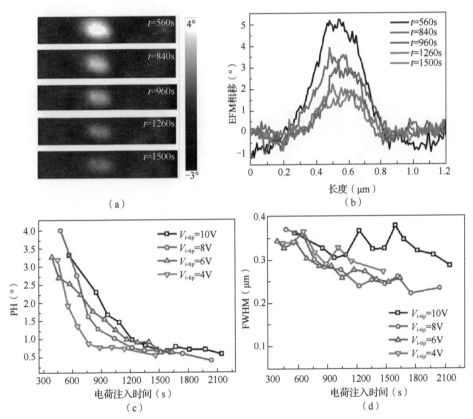

图 7.11　电荷扩散现象

（a）注入电荷后，不同时刻的相移图　（b）不同时刻对应的剖面中心曲线　（c）不同电压对应的 PH 曲线
（d）不同电压对应的 FWHM 曲线

在接触模式下，通过给针尖施加不同极性的电压来向有机薄膜注入电荷，可

以实现小电压注入。图 7.12 展示了通过给针尖施加不同极性的电压来向 DSFXPY 薄膜注入电荷时，PH 与 FWHM 随时间变化的情况。与给针尖施加正向电压的情况一致，施加负向电压时，被俘获的电荷也展现出随时间衰减的现象。与空穴不同的是，被俘获的电子展现出了明显的扩散现象。测试发现，由于衰减速度快，被俘获的电子只有在注入后的 30min 内可被检测到，随后便会衰减至不可检测的范围。相较而言，DSFXPY 薄膜中电子的衰减速度快于空穴。被俘获的空穴会在注入后的前 20min 迅速衰减，而被俘获的电子会在前 6min 迅速衰减。换言之，在 DSFXPY 薄膜中，空穴拥有比电子更好的保持能力。对于高密度数据存储器、场效应晶体管而言，这一结论对实现长时间数据存储有重要的研究价值。然而，进一步分析根本原因可知，电子的快速衰减可能是因为 DSFXPY 薄膜中存在供电子基团。在不计横向扩散且忽略扫描过程中探针导致的电荷转移的前提下，被俘获空穴的主要衰减机制可能是由自排斥效应及衬底中镜像电荷的吸引导致的纵向扩散。与此同时，被俘获电子的主要衰减机制则是 DSFXPY 薄膜中的横向扩散及纵向扩散。

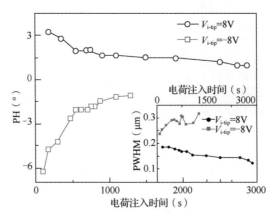

图 7.12　PH 与 FWHM 随时间变化的情况

EFM 的相关应用多集中在绝缘材料与无机材料中，针对有机半导体器件的研究相对较少，目前已发表的工作有并五苯 OTFT 中的电荷俘获特性研究[124]。

对于有机半导体，人们已经提出了许多电荷俘获机制。聚合物中的大电荷离域长度允许电荷形成双极化子的可能性，如果结构缺陷稳定，会导致俘获。对偏压应力的测量表明，聚噻吩和聚芴中存在双极化子俘获机制。为了获得并五苯中电荷俘获的额外信息，我们引入了时间分辨的 EFM 来探测电荷俘获作为初始空穴浓度、位置和时间的函数的演化，用于研究并五苯 OTFT 中陷阱形成动力学的过程，如图 7.13 所示（图中，t_g 表示施加电压脉冲的时间）。

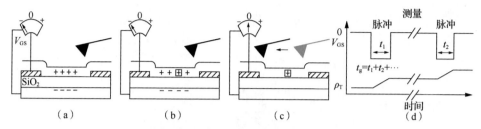

图 7.13 并五苯 OTFT 中陷阱形成动力学的过程

首先通过向栅极施加负向电压 V_{GS}，将空穴注入并五苯薄膜中[124]。注入空穴的平面电荷密度为 $\sigma_h = C_g(V_{GS} - V_{th})$，其中 C_g 是栅极的单位面积电容，V_{th} 是 OTFT 的阈值电压。栅极在此电压下保持时间步长 τ_i，其范围从最初的 50ms 到随后的 1000ms，在此期间，一些移动电荷被转换为俘获电荷。然后，给栅极施加 0V 的电压，诱导移动电荷离开并五苯/SiO$_2$ 界面。

在 OFET 的沟道中没有明显的移动电荷的情况下，悬臂的频率 f 对尖端电压 V_{tg} 的依赖关系可以近似地表示为

$$f(V_{tg}) = f_0 - \frac{f_0}{2k_0} \frac{\partial^2 C_{tg}}{\partial z^2} [V_{tg} - \Delta\phi_{tg} - \Delta\phi_{tg}(t_g)]^2 \tag{7.5}$$

其中，C_{tg} 为尖端电容，ϕ_{tg} 为无俘获电荷时尖端与栅的 CPD。

有机半导体层/介电层界面处的俘获电荷会使局部静电势发生一定程度的偏移：

$$\Delta\phi_{tg}(t_g) \approx \frac{\sigma_T(t_g) h_{SiO_2}}{\varepsilon} \tag{7.6}$$

其中，σ_T 为平面密度，h_{SiO_2} 为 SiO$_2$ 的厚度；$\varepsilon = 4.46\varepsilon_0$，$\varepsilon_0$ 为 SiO$_2$ 的介电常数。

在晶体管工作之前，我们证实了最初没有俘获电荷存在。在尖端电压 $V_{tg} = -2V$ 时测量悬臂的频率，并以此作为位置的函数来记录图像，如图 7.14 所示。

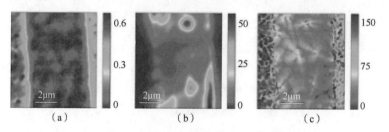

图 7.14 悬臂频移图像与 OTFT 形貌
（a）相移前 EFM （b）相移后 EFM （c）高度

为了产生俘获电荷，栅极电压 $V_{GS} = -50V$，当存在俘获电荷时，观察到的频率变化主要是由 $\Delta\phi_{tg}$ 的局部变化产生。再次采集频移图像，如图 7.15（a）所示，其本质上是一张长期滞留电荷分布图（图中，$\Delta\Phi_T$ 表示电势）。大约 1/3 的样本点显

示出了诱捕的证据。将这幅俘获电荷图像与图 7.15（b）所示的 OTFT 形貌进行对比（图中，σ_f 表示初始电荷密度），可以看出，尽管俘获电荷似乎并不局限于晶粒边界或小晶粒，但它仍然高度局域化。

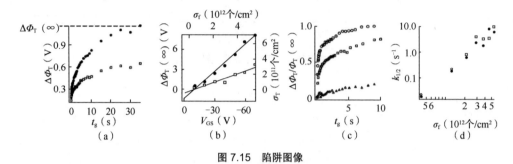

图 7.15   陷阱图像

多晶并五苯中的陷阱至少需要数秒才能达到稳定状态。并五苯样品中的俘获过程不应被视为中间间隙能级的栅极驱动填充。相反，这里所看到的陷阱形成速率与空穴浓度的依赖关系表明，陷阱形成速率的限制步骤涉及一个激活过程，如双极化子形成或缺陷相关的化学反应。图 7.15（b）和图 7.15（c）中的数据不能很好地拟合一级或二级动力学，这表明圈闭的形成涉及一系列反应，不能很好地近似于单个反应的速率限制。陷阱浓度与栅极电压的线性关系表明，自由空穴是限制剂，而不是杂质。并五苯中有两种不同的电荷俘获机制在起作用，这取决于颗粒大小。

鉴于样品在空气中停留的时间有限，并五苯与周围水分子的化学反应是陷阱的一个潜在来源。图 7.15（d）的阱象表明，如果发生这些反应，在整个薄膜甚至在晶界上都不是均匀发生的。相反，在特定和相对罕见的结构缺陷部位，反应必须发生得快，杂质可能是氢化并五苯。实验表明，若存在空穴与氢化并五苯的反应，则这个反应是缓慢的。

除此之外，Annibale 等人利用 EFM 表征技术证明了并五苯 OTFT 中的域边界是限制沟道内电荷传输的重要因素，而沟道内并五苯薄膜的形貌与电势能存在直接联系，因此并五苯形貌对沟道内电学性能的提升十分重要[125]。Muller 等人利用 EFM 研究了并五苯 OTFT 在不同栅极电压下的俘获电荷分布情况，他们发现俘获电荷在整个并五苯薄膜中分布不均匀，且不仅仅被限制在晶界附近。

7.3   开尔文探针力显微镜

KPFM 技术是一种基于 AFM 的技术，可用来绘制样品的表面电势或功函数。KPFM 是由 Wickramasinghe 等人在 1991 年发明，又称扫描电位显微镜（Scanning

Potential Microscope，SPOM)、扫描开尔文探针显微镜（Scanning Kelvin Probe Microscope，SKPM)。KPFM 技术是在开尔文探针法的基础上发展起来的，可以同时获得纳米级高分辨率的界面形貌和毫伏级的电信号，如电势差、掺杂材料在纳米尺度上的空间分布、功函数、电荷俘获和去俘获行为。

KPFM 通过检测电容静电力来对探针与样品表面之间的局部 CPD 进行量化。用于金属表面时，KPFM 信号与材料的功函数直接相关；而用于半导体时，CPD 与半导体的掺杂分布或感光薄膜的表面光电压相关。与 EFM 表征技术相似，KPFM 检测技术也采用双扫描方式，两次扫描相互交错：第一次扫描时，显微镜工作在轻敲模式下，测量材料表面的形貌信息；此后，探针抬起一定高度，显微镜在抬起模式下进行第二次扫描，获得样品表面的静电力信息。这样的工作方式使 KPFM 与 EFM 一样可以同时获得表面形貌信息与表面电学信息。与 EFM 不同的是，KPFM 分为调幅 KPFM（AM-KPFM）与调频 KPFM（FM-KPFM）两种模式。AM-KPFM 模式稳定且易于实现，但探针尖锥和悬臂的几何形状导致杂散电容较大，因此分辨率有限。AM-KPFM 可用于快速检查大型表面，并且需要的交流驱动电压一般较低。FM-KPFM 模式对静电力梯度敏感，因此具有极高的表面电势分辨率，但该模式在检测粗糙的表面时，更难实现优化和稳定运行。最近，研究人员又研制出了在空气中使用的外差 FM-KPFM 和在真空中使用的 2ω 耗散 KPFM（2ωD-KPFM），它们都属于最新的定量测量方法，出现伪影的可能非常小。

为了研究电子与空穴在共混膜中的不同扩散特性，南京邮电大学解令海课题组采用 PS:SFDBAO 共混膜作为电荷俘获层制备了 OFET 存储器（见图 7.16)[126]。由于这样的器件结构缺少有机半导体层，常规的器件测量模式在此并不适用，因此可以先对 Au 电极分别注入电子与空穴，随后通过 KPFM 检测技术检测 Au 电极与电荷俘获层之间的界面电势分布情况。为了避免悬臂与 Au 电极之间长程静电力的影响，KPFM 的抬起高度应设定为 80nm。

在对电极进行注入之前，他们利用 KPFM 扫描了电极和电荷俘获层的表面。图 7.16（a）中的红色虚线框区域为器件表面的电势分布情况，共混膜与 Au 电极的电势差为 0.15V。分别在探针上施加 8V 电压与-8V 电压，将空穴与电子分别注入 Au 电极，检测界面的电荷扩散过程。图 7.16（e）为 8V 注入后的界面电势分布，图 7.16（f）为-8V 注入后的界面电势分布。注入过程没有给器件的形貌带来影响，而从 KPFM 的电势分布情况可知，电势分布发生了明显变化。在进行 8V 注入后，共混膜的表面电势比 Au 电极低 3.7V。-8V 注入后，共混膜的表面电势比 Au 电极高 4.8V。这表明，对电极进行电荷注入的方法是有效的。图 7.16（e）和图 7.16（f）为界面电势随时间的变化情况，每两条曲线之间的时间间隔为 43s。

从图中可以看到，图 7.16（f）中界面曲线的变化明显大于图 7.16（e），这表明随着时间的变化，电荷会逐渐扩散至共混膜中，其中电子的扩散速率大于空穴的扩散速率。共混膜中俘获电子与空穴的局域能力有较大的差异，在 SFDBAO 与 PS 共混的过程中，薄膜中形成了异质的界面，界面上不同的 LUMO 能级与 HOMO 能级带来了许多能量势垒，这些势垒是影响被俘获电荷的存储与擦除的主要原因。因此，随着 PS:SFDBAO 共混膜中界面的增多，俘获电荷的扩散逐渐被限制，电荷的局域能力会逐渐增强，如图 7.17 所示。

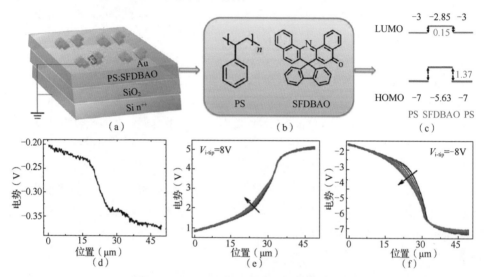

图 7.16　用 PS:SFDBAO 共混膜作为电荷俘获层
（a）器件结构　（b）PS 与 SFDBAO 的分子结构　（c）能带结构　（d）界面初始电势分布　（e）8V 注入后的
界面电势分布　（f）-8V 注入后的界面电势分布

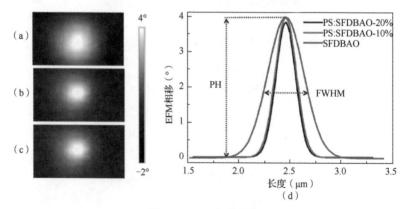

图 7.17　EFM 相移曲线
（a）SFDBAO 薄膜　（b）PS:SFDBAO-10%　（c）PS:SFDBAO-20%　（d）剖面中心曲线的高斯拟合图

C_{60}:PS 共混膜拥有良好的电荷俘获能力，被广泛应用于 OFET 存储器的纳米浮栅层（电荷俘获层）。仪明东等人利用 KPFM 对 C_{60}:PS 共混膜中电荷的注入、存储、擦除及扩散过程进行了研究[127]。通过在探针上施加电压，可以将电子和空穴注入 C_{60}:PS 共混膜中，随着共混膜中 C_{60} 含量的增加，薄膜中被俘获电荷的局域能力和保持能力都随之提升。下面结合能带理论，对可能存在的机制进行了分析。

首先，在探针上分别施加 $\pm10V$ 的电压，实现对 PS:C_{60} 共混膜的电荷注入过程。随后，电子与空穴都被成功地注入薄膜中，呈现出不均匀的电荷斑点，利用 KPFM 可对电荷斑点的实时电势分布状况进行检测。图 7.18（a）展示了在注入 10V 电压后的不同时间点（t 分别为 195s、1699s、3607s），PS:C_{60}-10%薄膜表面电荷斑点电势的实时变化；相应地，图 7.18（b）展示了在注入$-10V$ 电压后的不同时间点（t 分别为 146s、1425s、3300s），薄膜表面电荷斑点电势的实时变化。由图 7.18（a）和图 7.18（b）可见，随着时间的推移，电荷斑点逐渐扩散，电子和空穴呈现出明显的衰减趋势。我们取电荷斑点的剖面中心线并进行高斯拟合，得到高斯曲线如图 7.18（c）所示，该曲线的峰值、谷值分别代表共混膜中空穴、电子的电势。由图可见，随着时间的推移，在电势峰值和谷值减小的同时，曲线的半高宽值也随之增大，这表明被俘获电荷的衰减过程中同时存在着横向扩散与纵向扩散。

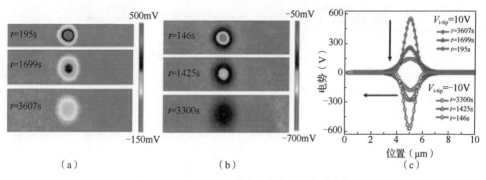

图 7.18 PS:C_{60}-10%电荷斑点电势的实时分布

对于存储器件而言，电荷的擦除过程也是一个必不可少的环节。本书对 PS:C_{60}-10%共混膜也进行了电荷擦除的研究。在实验中，首先在探针上施加一个定值电压并使探针与薄膜持续接触 10s，随后，在探针上施加反向电压，在保证针尖与样品接触的位置不变的前提下重新进针，让探针与薄膜持续接触 10s。此过程中，利用 KPFM 记录电荷斑点表面电势的变化。图 7.19 展示了电荷擦除的相关实验结果。首先将 8V 的电压施加到探针上，将空穴注入薄膜中[见图 7.19（a）]，随后在探针上分别施加$-1V$、$-3V$、$-5V$ 的反向电压，对 8V 的电荷斑点进行擦除，擦除后的电荷斑点电势分布如图 7.19（b）~图 7.19（d）所示。同样，先以-8V 电压注入，再取 1V、2V、3V 的反向电压分别对电荷斑点进行擦除，相应的电势分布如图 7.19（e）~图 7.19（h）所示。由图不难发现，被俘获电荷可以被其反向电荷所擦除。擦除 8V 的注入点需要-3V 的反向电压，而擦除-8V 的注入点仅需要 1V 的反向电压，这说明对于 PS:C$_{60}$-10%共混膜而言，被俘获的电子更易被擦除。

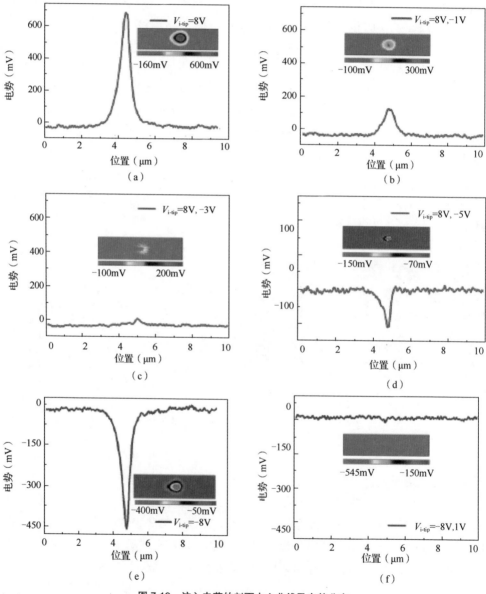

图 7.19　注入电荷的剖面中心曲线及电势分布

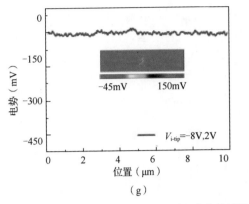
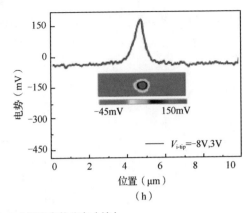

图 7.19　注入电荷的剖面中心曲线及电势分布（续）

为了进一步分析可能存在的工作机制，PS:C_{60} 共混膜的能带结构如图 7.20 所示。能带结构对电子或空穴的注入与存储十分重要。在仪明东等人的样品中，PS:C_{60} 在共混过程中形成了异质界面，由于材料的 LUMO 能级和 HOMO 能级不同，电子与空穴的迁移过程会受到影响。当空穴与电子从探针向共混膜跃迁时，必须克服探针费米能级与共混膜的能级差。设 $\Phi_{h\text{-tp}}$ 表示空穴从针尖跃迁到共混膜的 PS 中需克服的能级差，$\Phi_{h\text{-tc}}$ 表示空穴从针尖跃迁到共混膜的 C_{60} 中需克服的能级差，$\Phi_{e\text{-tp}}$ 表示电子从针尖跃迁到共混膜的 PS 中需克服的能级差，$\Phi_{e\text{-tc}}$ 表示电子从针尖跃迁到共混膜的 C_{60} 中需克服的能级差。由图 7.20 可知，电子跃迁需要克服的能级差（2.4eV 与 0.9eV）大于空穴跃迁需要克服的能级差（1.6eV 与 0.8eV），即注入空穴比注入电子更容易，这与实验结果吻合。结合被俘获电荷的保持能力，接下来对可能存在的电荷擦除方式展开分析。

（1）第一种可能性：电荷隧穿至 Si 衬底中。鉴于 SiO_2 的膜厚有 300nm，可以排除这种可能，因为电荷基本无法从共混膜隧穿厚度为 300nm 的氧化层至 Si 衬底中。

（2）第二种可能：探针针尖与样品表面的接触带来的电荷流失。由于针尖在扫描过程中工作在抬起模式下，针尖与样品之间的接触是间断性的，这种电荷擦除方式也可以被忽略不计。

（3）第三种可能性：共混膜中被俘获电荷的扩散。共混膜中同时存在的横向扩散与纵向扩散，影响着被俘获电荷的保持能力。由于探针与 C_{60} 之间的能带势垒低于探针与 PS 之间的能带势垒，因此将电荷注入 C_{60} 中更容易，这会导致被俘获电荷从 C_{60} 区域扩散至 PS 区域，即被俘获电荷在 PS:C_{60} 共混膜中的分布不均匀。这可能也是 C_{60} 含量更低的共混膜中，被俘获电荷扩散较快的主要原因。然而，伴随着 C_{60} 所占比例的增加，在 PS 中混有的 C_{60} 含量增加，由于被俘获在 C_{60} 与 PS:C_{60}

界面的电荷之间距离的缩短，斥力会限制电荷从 C_{60} 或 PS:C_{60} 界面向 PS 扩散。因此，随着 C_{60} 浓度的增加，薄膜局域电荷的能力也有所增强。

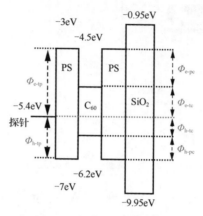

图 7.20　PS:C_{60} 共混膜的能带结构

第8章　新型有机薄膜晶体管存储器

信息技术领域的快速发展对 OTFT 存储器提出了新的需求。伴随着材料科学的发展，基于新材料、新原理、新结构的新型 OTFT 不断涌现，如 FeOFET、电解质栅控有机晶体管（Electrolyte-gated Transistor，EGT）、有机赝晶体管（Organic Pseudo Transistor）、柔性 OFET 等。此外，利用单个 OTFT 存储器模拟突触行为，在硬件层面构建神经形态电路是突破冯·诺依曼瓶颈的重要途径。本章主要介绍新型 OTFT 的器件特性、材料选择及工作机制，重点介绍基于新型 OTFT 存储器的人工突触器件，展示 OTFT 存储器在神经形态电子学领域的应用。

8.1　铁电有机场效应晶体管存储器

FeOFET 将传统 OFET 的栅绝缘层改用铁电层，利用铁电极化翻转实现数据存储，在单一器件中集成了逻辑和存储功能。FeOFET 存储器具有功耗低、寿命长、切换速度快等优点，被认为是下一代非易失性存储器件的候选技术之一。本节主要介绍 FeOFET 在人工突触方面的应用。

8.1.1　有机铁电材料

1920 年，法国人瓦拉塞克（Valasek）首次发现罗息盐晶体具有铁电特性，并绘制出了铁电材料的回滞曲线图。具有铁电特性的晶体被称为铁电体，"铁电性"的概念由此诞生[128]。如图 8.1 所示，在较强的交变电场作用下，铁电体的极化强度 P 随外电场强度 E 呈非线性变化，而且在一定的温度范围内，P 表现为 E 的双值函数，出现回滞现象，这个 P-E 回线被称为电滞回线（Ferroelectric Hysteresis Loop）。

电滞回线是铁电材料的主要特征之一，同时也是验证某种材料是否具有铁电特性的重要依据。电滞回线产生的具体过程为：随着电场强度的增大，极化强度沿电场分量的电畴逐渐增大。从原点 O 开始，一开始外电场强度较小时，图像斜率较小且不变，说明此时极化强度在随着电场强度的增加线性增长，增长速度适中；接下来电场强度继续增大，到达 A 点，可以发现铁电体的极化强度随之呈非线性增加，从图 8.1 上看斜率接近无穷，增长速率极大；随后斜率减小，到达 B 点，增长速率变小，但仍然是非线性增长；随着电场强度增大到某一特殊值，极化强度趋于饱和而不再增大，此时的极化强度称为饱和极化强度 P_s；如果继续增大电场强度，极化强度又重新线性增加（BC 段）。逐渐降低电场强度直至撤去外电场，材料的极化强度也会降低，但最终电场强度为 0 时对应的极化强度并不为 0，仍然存在一定数值，此时的极化强度称为剩余极化强度 P_r；如果让电场反向增大，剩余极化强度会迅速降低并改变方向，极化强度为 0 时的电场强度就是另一个重要参数——矫顽电场强度 E_c。随着电场强度沿反方向继续增加，极化强度达到反向的饱和值 P_s。一般来说剩余极化强度 P_r 越大，铁电性能越好。铁电体的另外一个主要特征是居里温度 T_c（又称居里点），是铁电材料所具有的特殊温度值，低于此温度时晶体具有铁电性，高于此温度时铁电性消失，晶体变成顺电体，此过程称为铁电相变[129]。

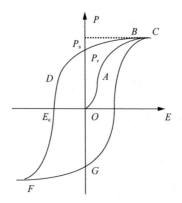

图 8.1　铁电体的电滞回线

按照晶体化学划分，无机铁电材料主要分为以下 3 种：双氧化物铁电材料、非氧化物铁电材料和氢键铁电体。双氧化物铁电材料具有氧八面体结构，根据其结构的不同可以细分为钙钛矿型、钨青铜型、铌酸锂型、烧绿石型和含铋层状等。根据顺电相有无压电性，双氧化物铁电材料可以分为：在顺电相无中心对称的晶体，即顺电相时虽无铁电性，但由于无对称中心，表现出压电特性，如 RS 盐；在顺电相有中心对称的晶体，由于顺电相时对称中心的存在，表现出无压电特性，如钛酸钡类晶体。依据相转变时的微观机制，无机铁电材料可分为位移型铁电材料和有序-无序型铁电材料。位移型铁电材料的顺电-铁电相变与离子的位移紧密相关，与此不同，晶体的顺电-铁电相变是与晶体中氢离子的有序化相关联的，包含氢键的晶体为有序-无序型铁电材料[130]。晶体管存储器中的无机铁电材料通常工作在高温环境中，且需要材料与衬底之间进行严格的晶格匹配，工艺复杂、成本高。

与无机铁电材料相比，有机铁电材料既具备机械柔韧性好、成本低、易加工及易获取等优点，还可以满足现代电子发展对灵活存储的要求。有机铁电材料可以分为聚合物铁电材料、小分子有机铁电材料和有机-无机杂化铁电材料三大类，其中，聚合物铁电材料具有优良的电导性能、光电性能、压电性能及铁电性，能被广泛应用于各种电子器件。在一系列有机铁电材料中，以 PVDF 及其共聚物 P(VDF-TrFE)为代表的聚合物铁电材料得到了广泛研究。PVDF 是一种热塑性含氟聚合物，具有机械柔韧性好、质量小、导热系数小、耐化学腐蚀性好和耐热性好等特点。重复单元$(CH_2-CF_2)_n$赋予了 PVDF 较大的偶极矩，在 1kHz 时介电常数约为 8。PVDF 晶体区域分子链的结构和排列方式导致了 5 种不同的晶型，包括 α 相、β 相、γ 相、δ 相和 ε 相，常见的是前 4 种，如图 8.2 所示。其中，α 相无极性，β 相的极性最强，γ 相和 δ 相的极性介于二者之间，日常得到的多为无极性的 α 相。压电性能和热释电性主要取决于 β 相的含量及其特性，即铁电相[131]。理想的铁电 β 相晶体很难得到，通过热压法得到的一般是无极性的 α 结晶相，但在特定条件下 PVDF 的结晶相会发生转换，如 α 结晶相被拉伸至原长的几倍可得到高度取向的 β 相。在理想条件下，β 相的 PVDF 分子呈全反式构象，电偶极矩最大。此时，所有氟原子和氢原子分别位于分子链的不同侧。

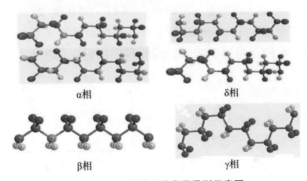

图 8.2　PVDF 的 4 种常见晶型示意图

PVDF 及 P(VDF-TrFE)中的极化来自 PVDF 分子中具有很强负电性的氟原子，而其中的铁电翻转来自聚合物分子主链的转动。直接通过溶液法得到的 PVDF 薄膜几乎没有铁电性，是因为晶体结构和立体化学构象使得 PVDF 内部偶极矩相互抵消。对薄膜进行高温下拉伸或退火操作，迫使聚合物形成另一种构型，可以得到铁电晶体相。而制备具有铁电性能的 P(VDF-TrFE)薄膜的过程相对简单。大多数情况下，通过溶液加工工艺可直接得到 P(VDF-TrFE)薄膜，其中的铁电特性与溶剂和工艺种类直接相关。例如，有文献称铁电薄膜中的极性与溶液极性有关[132]。通过直接溶液加工得到的薄膜的铁电极化较弱，需要进一步提高内建铁电极化。最常规的方法是热退火，在玻璃化温度以上退火能够在 P(VDF-TrFE)薄膜中得到更多具有很强内建铁电极化的片相组分。同时，由于退火所需温度可低至 120℃，P(VDF-TrFE)可被广泛地应用在各类电子器件中。在过去的 30 年中，PVDF 和 P(VDF-TrFE)已经被广泛地用于非易失性存储器。需要注意的是，尽管加入 TrFE 之后 P(VDF-TrFE)比较容易得到片相，但是由于聚合物分子链很长，PVDF 及 P(VDF-TrFE)几乎无法得到完美晶体，其中总会存在大量的非晶区域。

已有大量研究证实，有机铁电材料中的翻转来自主链的转动。但更加深入的研究表明，主链的转动只是整个有机铁电材料翻转过程中的一部分，有机铁电材料的整个翻转过程要更加复杂。Furukawa 等人[133]将铁电聚合物中的翻转过程分为以下 3 步：

第一步，分子的转动先行发生，主要是单个分子链的转动；

第二步，转动过程扩展到一定的小区域；

第三步，通过不同区域间的相互作用，整个有机铁电薄膜中的极化完全翻转。

第一步完成得很快，单个分子的转动所需的时间可短至 50ps，因此分子的转动并不是制约铁电薄膜翻转速度的因素。第二步与在氧化物铁电材料中观测到的"成核"现象相似。因此，第二步、第三步是有机铁电薄膜翻转速度的制约因素。同时，对于有机铁电材料，特别是 PVDF 及其衍生聚合物 P(VDF-TrFE)，还有两个翻转特性值得注意：首先，铁电薄膜的翻转速度与外加电场的强度相关；其次，聚合物的自组装有可能会持续影响翻转后材料中的极化分布。

8.1.2 工作原理

基于铁电材料的存储器件主要分为两大类：第一类是铁电电容器型存储器，典型的结构有"金属-铁电-金属"（Metal-Ferroelectric-Metal，MFM）和"金属-绝缘体-铁电-半导体"（Metal-Insulator-Ferroelectric-Semiconductor，MIFS）；第二类是铁电场效应晶体管型存储器，其结构与传统的场效应晶体管相似，主要区别是使用铁电材料替换了 MIS 电容结构中的绝缘层。

1. 铁电电容器型存储器

铁电电容器型存储器是一种用基于铁电薄膜的平行板电容器制备而成的存储器，它通过改变内建极化场的方向改变器件在相同外化电压下的电阻值，从而达到存储数据的目的。铁电电容型存储器具备很多优点，如结构简单、成本低等。但是大多数铁电电容器读取信息的过程是"破坏性"的，即读取过程会对铁电薄膜中的极化状态产生影响。如果在读取过程中铁电薄膜中的极化发生了变化，就需要在读取之后再提供一个外加的恢复操作过程，这会导致操作量的增加。另外，由于铁电电容器的结构简单且铁电特性多来自铁电薄膜本身，因此也被大量应用在铁电材料电学特性的研究中。对于铁电电容器，尤其是有机铁电电容器，器件中的操作电压是至关重要的指标之一。这是因为 PVDF 的翻转电场强度（矫顽电场强度）高达 50mV/m，与氧化物铁电材料铁酸钡相比，有机铁电材料翻转所需的电场强度要高出至少 3 个数量级。为了降低操作电压，必须减小膜厚。

2．铁电场效应晶体管型存储器

尽管铁电电容器型存储器能够很好地存储不同的极化状态，铁电电容器仍然面临着诸多挑战。例如对于两端器件，一个很重要的问题是，在器件的小型化过程中，随着电极尺寸的不断缩小，不同状态的电流差异也在不断减小，以至于很难区分不同的极化状态。为了解决上述问题，FeOFET 结构作为一种新的 FeRAM 被引入。在 FeOFET 存储器中，铁电材料被用作栅绝缘层材料。通过控制铁电栅绝缘层中的极化状态，可以有效地控制沟道中的载流子密度，进而改变沟道的电流。这样的结构提高了铁电材料对电流的控制能力，同时减小了读取过程所需的电压和读取过程对有机铁电栅绝缘层中极化状态的影响。并且，沟道的电流取决于沟道长宽比，能够在一定程度上避免小型化过程中的电流下降。

与 OFET 的结构相似，基于 FeOFET 的非易失性存储器由栅极、栅绝缘层、有机半导体层和源极、漏极构成，如图 8.3 所示。不同之处在于，基于 FeOFET 的非易失性存储器中的栅绝缘层材料采用的是具有功能性的铁电材料。

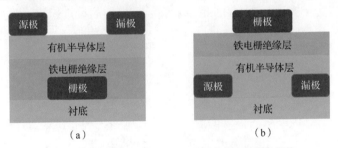

图 8.3　常见的基于 FeOFET 的非易失性存储器的结构
（a）底栅顶接触　　（b）顶栅底接触

FeOFET 的存储机制如图 8.4 所示（以底栅顶接触结构，P 型有机半导体为沟道，PVDF 作为铁电栅绝缘层为例）：当在栅极施加足够大的负电压时，铁电栅绝缘层中的偶极子会发生定向极化，此时铁电薄膜中带强负极性的氟原子会诱导有机半导体沟道产生空穴，该过程为 FeOFET 的写入过程，施加的栅极电压为写入电压（V_{prog}）；施加反向电压（正电压）时，铁电栅绝缘层中的偶极子会发生翻转，使沟道中的空穴耗尽，该过程为擦除过程，施加的正电压为擦除电压（V_E）。因此，对 FeOFET 施加一个擦除脉冲或写入脉冲后，铁电薄膜中的偶极子会发生取向极化，并保持在某一种极化状态；在特定的读取电压（V_R，一般取 0）和源漏电压的共同作用下，沟道分别处于低导态（关态）或者高导态（开态），对应布尔逻辑体系中的"0"或"1"，从而实现信息的存储。

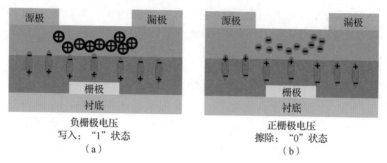

源极　　　　漏极

栅极

衬底

负栅极电压
写入："1"状态
（a）

源极　　　　漏极

栅极

衬底

正栅极电压
擦除："0"状态
（b）

图 8.4　FeOFET 的存储机制示意图（底栅顶接触结构）

8.1.3　铁电有机突触晶体管

与传统的基于化学缺陷或相变的突触晶体管不同，铁电突触机制以基于极化动力学的纯电调控为主，具有更好的均匀性和可调控性。FeOFET 存储器的铁电区域由多个畴组成，产生的极化强度由平均极化强度决定，即铁电栅绝缘层极化是渐变的过程。因此，FeOFET 存储器可以用来模拟突触行为。与两端突触器件相比，FeOFET 具有同时实现信息处理和存储的优势，并可以省去复杂的同步算法，简化学习过程。与完全实现赫布（Hebbian）突触可塑性的大规模模拟集成电路相比，单铁电突触晶体管具有结构简单、功耗低、密度大、对生物大脑的模仿能力更强等优点。

华东师范大学田博博课题组采用顶栅底接触的器件结构，并用 P(VDF-TrFE) 作为栅绝缘层，用 MoS_2 作为有机半导体层，成功制备出高鲁棒性、低功耗的铁电有机突触晶体管。该突触晶体管的电导可在 1000 多个中间态之间精准调控，最高电流开关比约为 10^4，MoS_2 沟道中精准、连续的电阻变化是基于铁电畴动力学产生的[134]。他们利用该器件成功地模拟了典型的突触可塑性，如 LTP、LTD 及脉冲时间相关的可塑性。此外，该器件还具有极低的能耗（每次操作能耗小于 1fJ）和良好的耐受性，在 10Hz 的工作频率下可以稳定工作约 10 年。这些特性使得铁电有机突触晶体管可以用来构建大规模的神经结构，模拟人类大脑。该课题组还提出了一种基于 P(VDF-TrFE)铁电材料的有机突触晶体管网络。通过利用 FeOFET 外部电场和内部去极化电场之间的竞争来调控铁电极化发生缓慢改变，单个器件可以实现短期记忆到长期记忆的转变，以及显著的时序依赖和频率依赖。该网络可以模拟人脑联想记忆的行为，实现了利用部分信息进行联想学习和进一步回忆完整的信息的过程[135]。这种铁电有机突触晶体管网络可用于构建多层神经网络，为联想记忆信息处理开辟了新的途径。

同时，铁电有机突触晶体管也展现出良好的机械柔性。超薄、舒适的人工突触器件可以用作人体植入芯片或可穿戴芯片，这为构建下一代可穿戴智能电子系统提供了一条道路。韩国科学研究院金泰旭（Tae-Wook Kim）课题组制作了一种超薄的柔性铁电突触晶体管[136]，它采用 P(VDF-TrFE)作为栅绝缘层，并五苯作为有机半导体层，源极、漏极及栅极均采用 Au 材料，器件总厚度为 500nm，实现了铁电有机突触晶体管的超薄化，且每个器件相互独立存在，不需要衬底层和封装层，可以通过简单的剥离法将其转移到各种适应性衬底上，例如热收缩塑料薄膜、糖果、纺织品、牙刷、果冻和脑模具等各种不均匀衬底。独立的铁电有机突触晶体管表现出了可靠的突触行为，可以通过不同的电刺激和突触前后峰值之间的相对时间（或时间顺序）进行调制。此外，在 6000 次信号刺激后，该器件仍可以稳定地完成 LTP 到 LTD 的转换，在弯折条件下（曲率半径 r=50μm，应力 ε=0.48%）仍具有持续的突触可塑性，为实现柔性铁电突触晶体管器件开辟了道路。

8.2　电解质栅控有机晶体管存储器

离子运动更加接近神经元和突触的生物物理特性。EGT 是一种离子-电子混合导电器件，具有高效的电容耦合效应和灵活的器件结构。EGT 为神经形态器件/架构的实现带来了显著的优势，包括超低的操作电压、多端口输入（All-to-One）、全局调控（One-to-All）等。本节主要从材料特性和工作原理的角度进行介绍。

8.2.1　电解质材料

SiO_2 是场效应晶体管中最常见的栅绝缘层材料，然而 SiO_2 较小的电容会使场效应诱导产生的载流子密度较小。因此，提高栅绝缘层材料的电容是增大载流子密度的一种重要方法，减小栅绝缘层厚度或使用相对介电常数较大的绝缘材料可提高栅绝缘层的电容。但栅绝缘层太薄，绝缘性能会降低，甚至导致击穿。对于高介电常数材料，由于弗罗利希（Frohlich）极化子会俘获电子，因此需要钝化和退火工艺，这增加了工艺的复杂度。

近年来，有研究人员将传统氧化物栅绝缘层替换为电解质材料。电解质是一种电子绝缘、离子导通的物质。截至本书成稿之日，应用于 EGT 的主要栅绝缘层材料包括聚合物电解质、离子液体、离子凝胶和无机固态电解质等。

聚合物电解质是将无机盐溶于聚合物中制备成的一种电解质，最典型的一类是 $PEO:AClO_4$（A=Li、K），对于 $PEO:LiClO_4$ 电解质，Li^+ 和 ClO_4^- 溶于 PEO 聚合物中，在电场作用下 Li$^+$ 和 ClO$_4^-$ 可在 PEO 骨架链上迁移，如图 8.5（a）所示。聚合物电解质与多种有机半导体层材料具有优异的相容性，可使双电层电容达到几十 μF/cm^2，产生的载流子密度高达 10^{15} 个/cm^2。Frisbie 研究团队以 PEO:LiClO$_4$ 作为栅绝缘层材料、P3HT 作为有机半导体层制备出了一种场效应晶体管[137]。由于聚合物电解质和有机半导体层界面处非常平整且具有非常好的化学相容性，该器件的场效应迁移率大大提升，单纯依靠静电耦合效应诱导的空穴载流子密度可高达 10^{15} 个/cm^2。

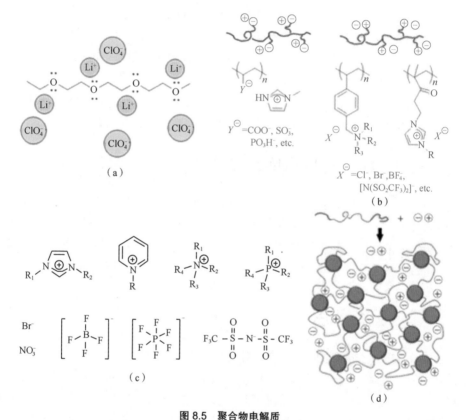

图 8.5　聚合物电解质
（a）PEO:LiClO$_4$ 中的 Li$^+$ 离子和 PEO 链　　（b）具有代表性的聚合物电解质化学结构式　　（c）离子液体中几种典型的成分化学结构式　　（d）离子液体与 ABA 三嵌段共聚物形成的离子胶结构示意图，其中红色为可溶性链段 A，蓝色为不溶性链段 B，+和-代表离子液体

　　与聚合物电解质不同，聚电解质中只有阳离子或阴离子可以移动，另一种离子基团会以共价结合在聚合物骨架链上，如图 8.5（b）所示。PSSH 和 P(VPA-AA) 是聚电解质的典型代表，具有大电容、易弯曲和低成本等优点，所以被用作 OTFT 的栅绝缘层来提升器件的性能。柏格伦（Berggren）等人制备的 PSSH 栅绝缘层材料 P3HT 基 OFET 可实现快速响应（0.5ms）和低操作电压（<1V）操作。他们在

后续研究中发现，垂直结构的晶体管可实现更快的开关速度（0.2ms），在短沟道晶体管中甚至观察到了明显的夹断行为[138]。此外，该团队研制出以 P(VPA-AA) 为栅绝缘层材料的亚微米级沟道长度的 OFET，极薄的双电层产生的高横向电场能够成功地抑制短沟道效应。然而，当沟道长度小于 10μm 时，该器件的开关速度最终受到 P(VPA-AA)中离子迁移的限制[139]。由于离子在聚合物骨架链上的迁移速度有限，导致以聚合物电解质或聚电解质为栅绝缘层材料的 OTFT 对栅极电压的响应速度较慢，所以应避免这类 OTFT 应用于高频工作领域。

离子凝胶是将离子液体[见图 8.5（c）]与 BCP 共混后凝胶化而成。图 8.5（d）所示为 ABA 三嵌段共聚物自组装在离子液体中形成的离子胶结构示意图。离子凝胶结合了固态膜良好的稳定性、柔韧性和离子液体优秀的电导率，具有可印刷、离子电导率高和比电容大的特性。据报道，以离子凝胶为栅绝缘层材料的 OTFT 在 100kHz 工作频率下，双电层电容超过 $3μF/cm^2$，具有极快的极化响应速度（<1ms）[140]。弗利比斯研究团队将 PS:PMMA:PS 溶于[EMI][TFSA]形成的离子凝胶作为 P3HT 基 OFET 的栅绝缘层材料[141]，该器件的电流开关比达到 10^5，场效应迁移率为 $1.8cm^2/(V·s)$。该器件的源极、漏极、有机半导体层和栅极都是通过喷墨打印技术制作的，说明离子凝胶可与喷墨打印、丝网印刷等快速图形化技术兼容，在印刷电子学和柔性电子学领域有着非常广阔的应用前景。

目前，应用于 EGT 的半导体材料主要有无机半导体材料、有机半导体材料、碳纳米管和石墨烯、钙钛矿材料等。在诸多无机半导体材料中，金属氧化物半导体和二硫化物半导体都被报道用作 EGT 的有机半导体层。在各种金属氧化物半导体中，ZnO 最具代表性。常用于制备 EGT 的有机半导体材料包括 PEDOT:PSS、PANI、P3HT、DNTT、DDFTTF、CuPc 和并五苯等。离子可以渗透进沟道材料的导电聚合物有 PEDOT:PSS、PANI 和 PPy 等。离子无法渗透进沟道材料的导电聚合物有 P3HT、DNTT、DDFTTF、CuPc 和并五苯等，这些导电聚合物常用来制备 EDLT。与 EDLT 相比，OECT 具有操作电压低、响应快、生物兼容性好等优点，在生物化学传感器方面引起广泛关注。

8.2.2　工作原理

用于有机半导体层的有机半导体材料与 EGT 的性能有很大关联。如图 8.6 所示，根据电解质中的离子是否可进入有机半导体层，EGT 可以分为 EDLT 和 OECT。其中，EDLT 管依赖静电势调控机制，而 OECT 依赖电化学掺杂机制。

对于 EDLT 而言，电解质中的离子无法穿透有机半导体层。如图 8.6（b）中的左图所示，在栅极上施加一个电压可以使电解质中的离子发生迁移，并在栅极/

电解质及电解质/有机半导体这两个界面处分别形成两个离子积累层。此时，栅极一侧和有机半导体一侧会被诱导产生极性相反、电荷总量相同的高浓度载流子。这些积累的离子与被诱导产生的电荷互为镜像，这个互为镜像的、超薄的双电荷层就被称为双电层。在这种情况下，栅绝缘层的厚度被等效降低到亚纳米尺度，因而单位面积电容可高达 $10\mu F/cm^2$。该值远远高于传统场效应晶体管中绝缘层的典型面电容数值（约 nF/cm^2 量级）。在稳态或准静态情况下，所有的栅极电压都作用于两个双电层上，几乎不会有电势降作用在电解质内部。因此，EDLT 可以被认为是传统场效应晶体管的极端工作情况。

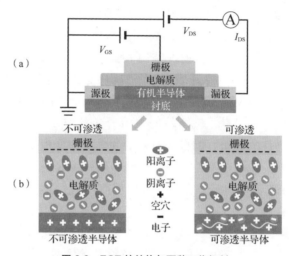

图 8.6　EGT 的结构与两种工作机制
（a）EGT 的结构　（b）EGT 的两种工作机制：静电耦合型（左）和电化学型（右）

双电层理论是现代电化学的基础理论之一，从 19 世纪末到 20 世纪中叶，研究人员相继提出了若干种物理模型。最初的双电层模型是亥姆霍兹（Helmholtz）模型，由 Von Helmholtz 在 1897 年提出。如图 8.7（a）所示，在该模型中，正、负离子整齐地排列于界面两侧，如同平行板电容器中的电荷分布。两层之间的距离约等于离子半径，电势在双电层内呈直线下降的趋势。Helmholtz 模型只考虑了反离子受到的静电力，而忽视了其自身的热运动。1910 年和 1913 年，Gouy 和 Chapman 考虑到电解质中由热运动驱动的离子（阳离子和阴离子）的分布应当是连续的，将 Helmholtz 模型加以修正，提出了扩散双电层模型，即古一—查普曼（Gouy-Chapman）模型。如图 8.7（b）所示，离子既受到静电力的吸引，又进行着自身的热运动，当这两者达到平衡时，离子呈扩散状态分布在溶液中。Gouy-Chapman 模型虽然考虑了静电力与热运动的平衡，但没有考虑固体表面范德瓦耳斯力的吸附作用，这种作用足以克服热运动，使离子比较牢固地吸附于固体表面，与固体表面一起运动。在 Gouy-Chapman 模型的假设中，固体颗粒作为没有体积的质点处理，但事实上固体颗粒不仅具有体积，而且会形成水化离子。斯特恩（Stern）于 1924 年提出进一步的修正模型。如图 8.7（c）所示，Stern 模型明确了电解质中离子分布的两个区域：Stern 层（致密层）和扩散层，Stern 层内的电荷分布与 Helmholtz 模型相似，Stern 层外的电荷分布与 Gouy-Chapman 模型相似。1947 年，Grahame 进一步发展了 Stern 的理论，将 Stern 层再分为内 Helmholtz 层（IHP）和外 Helmholtz 层（OHP）。其中，IHP 由未水化的离子组成，紧紧吸附在质点表面，随质点一起运动；OHP 由一部分水化离子组成，相当于 Stern 模型中的滑动面。从质点表面到 IHP，电势呈直线下降的趋势；从 IHP 一直到扩散层，电势呈指数关系下降。Grahame 模型将吸附离子分为水化与未水化两种情况，实用性较强，应用较广，至今仍是双电层理论中比较完善的模型之一。

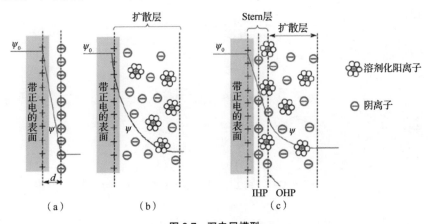

图 8.7　双电层模型
（a）Helmholtz 模型　（b）Gouy-Chapman 模型　（c）Stern 模型

对于 OECT 而言，电解质中的离子可穿透有机半导体层。如图 8.6（b）中右图所示，在栅极电压作用下，双电层可以在栅极/电解质界面和电解质/有机半导体界面形成。当栅极电压超过一定幅值时，离子可以从电解质中穿透界面进入有机半导体并发生氧化还原反应，这个过程被称为电化学掺杂。此时，双电层效应仅仅发生在栅极/电解质界面处。利用这个现象制备的 EGT 就是 OECT。OECT 不仅可以产生电化学掺杂过程，还可以在反向电压下产生电化学去掺杂过程。这些穿透的离子可以影响到开态时的沟道电导。总的来说，电化学掺杂会导致半导体发生结构性的改变，从而改变半导体的导电性能。因此，栅极电压的微小变化会导致漏极电流的明显调制，这也是 OECT 常作为高效开关和敏感放大器工作的原因。

下面以有机半导体 PEDOT:PSS 作为有机半导体层为例，介绍 OECT 的工作过程[142]。如图 8.8（a）所示，PEDOT:PSS 是典型的耗尽型半导体。初始状态（栅极电压为 0）时，PEDOT:PSS 处于掺杂态（电化学氧化态），空穴可以从 PEDOT 链间跃迁传输，因此表现出较强的导电性。当在源极、漏极间施加电压时，OECT 产生空穴电流，处于开态。当在栅极施加正电压时，电解质中的阳离子 M^+ 掺杂到 PEDOT:PSS 中，与 PSS^- 中和，使空穴浓度降低，反应生成不导电的还原态 $PEDOT^0$，这使有机半导体的电阻增大、沟道电流下降，OECT 被置于关态。当移除栅极上施加的电压时，在离子浓度梯度的作用下，阳离子从有机半导体中自发扩散并回到电解质中，还原态 $PEDOT^0$ 又恢复为原来的氧化态 $PEDOT^+$。阳离子的掺杂和去掺杂，以及由此带来的 PEDOT:PSS 导电性能的变化都是可逆的，可用下面的氧化还原反应方程式表示[143]：

$$PEDOT^+ : PSS^- + M^+ + e^- = PEDOT^0 + M^+ : PSS^- \tag{8.1}$$

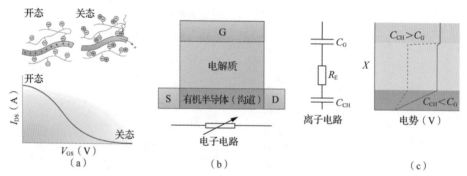

图 8.8　耗尽型 OECT 的工作原理（以 PEDOT:PSS 为例）[144]

　　OECT 的特征是掺杂变化发生在整个有机半导体层，是一种体掺杂。2007 年，Malliaras 课题组进一步完善了 OECT 的工作机理，提出了贝尔纳茨（Bernards）模型[145]。根据该模型，如图 8.8（b）所示，OCET 可分为两个电路：离子电路，描述离子在栅极-电解质-沟道结构的流动；电子电路，依据欧姆定律描述电荷在源极-沟道-漏极结构中的流动。电子电路被视为一个电阻，其中电荷在局部电位的影响下以与 OFET 相同的方式漂移。离子电路由栅极电容（C_G）、电解质电阻（R_E）和沟道电容（C_{CH}）串联组成，描述离子在电解质中的流动和离子在沟道中的存储。该模型意味着纯电容过程，根据该过程，注入沟道中的离子不与有机半导体交换电荷，而是通过静电补偿相反电荷。因此，在这个模型中，电解质和沟道之间没有电化学反应。在稳定状态下，电容器被充电并且栅极电流变为 0。图 8.8（c）中，实线对应有效栅控的情况，其中大部分施加的栅极电压负载在电解质/沟道界面处，以驱动离子进入沟道内；虚线对应不良栅控的情况，其中大部分施加的栅极电压降发生在栅极/电解质界面处。OECT 沟道电流的计算公式为

$$I_{DS} = \frac{q\mu p_0 tW}{LV_P}(V_P - V_{GS}^{eff} + \frac{V_{DS}}{2})V_{DS} \qquad (8.2)$$

当 $|V_{DS}| \ll |V_P - V_{GS}^{eff}|$ 时，有

$$V_P = \frac{qp_0 t}{C_i} \qquad (8.3)$$

其中，V_P 是 OECT 上的夹断电压；$V_{GS}^{eff} = V_{GS} + V_{offset}$，是 OECT 上的等效栅极电压；$q$ 为电子电荷；μ 和 p_0 分别是沟道中的空穴迁移率和初始空穴密度；t 是沟道的厚度；W 和 L 分别是沟道的宽度和长度；V_{offset} 是栅极/电解质和电解质/沟道这两个界面处的偏移电压；C_i 是等效栅极电容。

由此可见，沟道电流的变化与等效栅极电压及电容的变化有关，二者中的任何一个发生改变，沟道电流都会发生变化。另外，有机半导体的掺杂或去掺杂也有可能会影响到沟道电流的改变。

8.2.3　电解质突触晶体管

静电耦合效应已经被广泛应用于模拟突触可塑性方面。南京大学万青教授课题组采用壳聚糖作为电解质材料，采用铟锌氧化物作为沟道材料，成功制备了三端电解质突触晶体管。如图 8.9 所示，电解质突触晶体管的顶栅作为突触前膜施加刺激信号，沟道电流作为权重，源极、漏极作为突触后膜[146]。当在顶栅施加正电压信号刺激时，EPSC 的动态变化是由于电解质/有机半导体沟道界面的质子积累引起的，从而改变了沟道中的电子浓度；去掉刺激信号后，电流缓慢回到基态。这种界面静电耦合过程是可逆的。

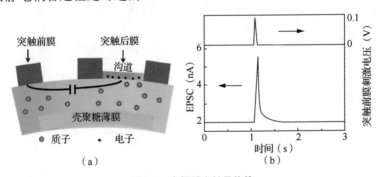

图 8.9　电解质突触晶体管
（a）结构　（b）突触前脉冲触发的 EPSC

在电解质突触晶体管中，电解质发挥了全局调节介质的作用，与神经环境相似。这一特性有助于整合多输入/多输出互联结构，赋予电解质突触晶体管在模拟时空相关功能方面的显著优势。以二硫化钼为有机半导体层材料，以质子导电聚

(乙烯醇)电解质作为横向耦合栅绝缘层材料的多栅极电解质突触晶体管如图 8.10 所示,它模拟了时空处理的视觉神经元[147],并成功地模仿了基本的神经形态行为,如 EPSC 和配对脉冲易化。人们首次在这类器件上进行了人工视觉神经网络模拟时空坐标和方向识别的实验验证。该实验结果为在新兴的类脑神经形态纳米电子学中添加智能时空处理功能提供了参考。除此之外,电容耦合多端氧化物神经晶体管也可用于时空信息处理,模拟 PPF 和高通时间滤波等调节性突触可塑性行为。研究人员在多端氧化物神经晶体管中模拟了不同时空输入序列的可分辨性,这表明它可以作为基础的时空信息处理单元,能够大大降低神经形态系统的规模和复杂度,提高 ANN 的效率。最后,作为一个时空信息处理的例子,用这种多端神经晶体管构建的 ANN,还可以模拟人类大脑的声音定位功能。

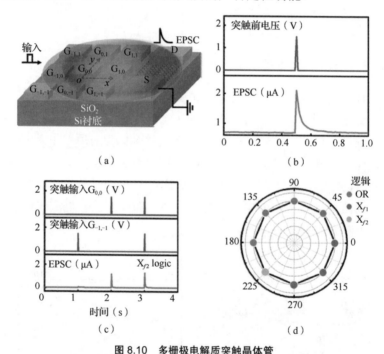

图 8.10　多栅极电解质突触晶体管
（a）带有共面栅阵列栅极的晶体管示意图　　（b）突触脉冲触发 EPSC
（c）两个突触前驱动触发 EPSC 的逻辑响应峰值　　（d）不同方向的尖峰逻辑的极坐标图

　　韩国朴晋弘（Jin-Hong Park）课题组采用柔性衬底制备了一种基于硅铟锌氧化物（SIZO）/离子凝胶杂化结构的柔性电解质突触晶体管[148]。该器件采用 PVP 降低柔性衬底表面的粗糙度并且增加衬底的黏附作用,并可通过离子凝胶中的离子运动有效地调节沟道电导,工作机制如图 8.11 所示（图中各符号含义可参阅文献[148]）。

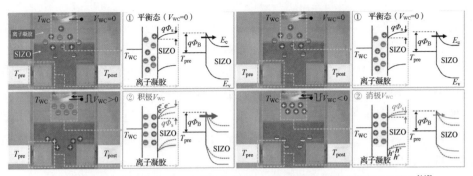

图 8.11　基于硅铟锌氧化物/离子凝胶杂化结构的柔性电解质突触晶体管的工作机制[148]

当在栅极端（此结构也称权重控制端）施加正电压时，在外加电场的作用下，离子凝胶中的阳离子聚集在电解质/半导体界面处，诱导沟道中电子增加，半导体能带向下弯曲，有利于电子的注入，电导增加，器件处于兴奋状态。当在栅极端施加负电压时，离子的迁移过程与施加正电压时相反，电子的注入被阻碍，电导降低，器件处于抑制状态。该器件在弯折半径为 5mm 时弯折 1.5×10^3 次后性能保持不变，在兴奋信号（幅值为 5V，脉宽为 100ms，频率为 5Hz）和抑制信号（电压为 –2V，脉宽为 100ms，频率为 5Hz）作用下，器件权重更新具有良好的线性度和对称性。研究人员基于该器件提出了一种新的概念，即一种由可伸缩电阻式传感器和柔性人工突触组成的、用于手语翻译的感觉-神经形态系统。该系统可以为听障人士提供直接和实时的手语翻译。研究人员利用可伸缩传感器获得的手势模式对该系统进行了训练和识别仿真，验证了该系统的可行性，并利用优化后的 LTP/LTD 特征实现了 99.4% 的最高识别率。此外，即使在物理弯曲条件下，该系统的识别率也可以达到 90% 以上。这一结果将成为未来可穿戴感觉神经形态系统柔性人工突触研究的重要基础。

人类的行为是极其复杂的，其依赖适应性、可塑性和事件驱动的感觉神经元系统。这种神经系统可以有效地分析多种感觉线索，从而建立对环境的准确描述。如图 8.12 所示，万昌锦等人利用一个电解质突触晶体管和传感器构成的异构神经元电路，开发了一个双模态人工感觉神经元来实现感觉融合过程[149]。该器件结合了光学和压力刺激，通过电解质突触晶体管产生一个 EPSC。这种组合电流以时间依赖和非线性的方式携带双模态信息，与神经元的行为非常相似。融合后的信号用于支配骨骼肌管，并为机械手提供多维空间信息，成功地在细胞水平上模拟了双模态感觉线索的运动控制。更有趣的是，双模态感觉数据可以实现多透明度的字母图案的识别，表现出优于单模态感觉数据的性能。多透明模式可以代表和抽象一些真实场景的核心因素，其中物体的透明度可以通过视觉反馈来推断，而形状或质量可以通过触觉反馈来推断。传统的感官处理方法依赖对数据的集中顺序操作，但随着数据量的增大，处理效率会显著降低。相较而言，神经层面的实现，与传感、精炼和处理结合，最终将实现容错和电力效率的生物学优势。虽然一些电子皮肤系统中已经实现了多感觉功能，但它们的感觉处理大多是使用传统的数字单元来完成的。因此，从神经元水平模拟感觉融合可以帮助建立一个高度集成的感知系统，以访问大量的感觉数据，进而改进当前的电子人技术和人工智能。

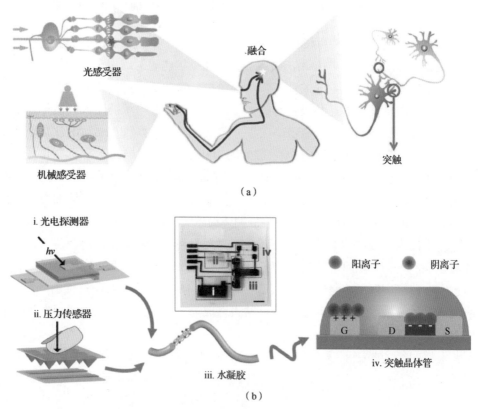

图 8.12　一种视觉-触觉融合的双模态人工感觉神经元

　　基于电化学掺杂概念的 STP 功能最初是由 Gkoupidenis 等人在 OECT 中实现的。该器件用氯化钾水溶液作为电解质，以 PEDOT:PSS 为沟道材料。在这个耗尽型晶体管中，通过在栅极上施加正的突触前电压脉冲（V_{pre}）（振幅为 V_p，脉宽为 t_p，周期为 T_p，脉冲之间的时间间隔为 $\Delta t = T_p - t_p$），突触功能被复制。阳离子（K^+）从电解质注入 PEDOT:PSS 中，导致 PEDOT:PSS 失去了可移动的空穴，从而诱导了 IPSC，表现出典型的短期抑制行为。通过在栅极上施加一对脉冲，该器件可以模拟双脉冲抑制（PPD）的行为，抑制效果随时间间隔 Δt 的增加而减小。高频突触前刺激会使抑制的 PEDOT:PSS 基 OECT 成为一个低通滤波器，可阻止额外的突触前脉冲爆发。

通过控制谷氨酸和 γ-氨基丁酸这两种神经递质的释放，生物突触的连接强度（突触权重）会增强或减弱，使突触塑性随之改变，从而实现对神经信号的传输、编码和过滤等。在基于三端晶体管结构的人工突触器件中，沟道电导值作为突触权重。由于当前的场效应晶体管多采用单极型半导体作为沟道材料，沟道内可移动载流子（空穴和电子）的浓度不平衡，难以利用栅极电压极性对称、线性地调控沟道电导。因此，兴奋性及抑制性突触塑性的动态重构难以实现。虽然引入额外的控栅端口（如双栅、光栅等）可增强沟道电导的调控能力，但器件的功耗也会随之升高。凌海峰等人以 OECT 作为研究对象，以导电聚合物 PEDOT:PSS 作为沟道材料，以磷酸缓冲盐溶液（PBS）为电解质材料，构筑了低功耗、高分辨率、动态可重构的人工突触[150]，典型结构如图 8.13（a）所示。当在 Pt 栅极上施加正电压时，PBS 电解质中的钠离子（Na^+）在电场的作用下进入 PEDOT:PSS 沟道中，PEDOT:PSS 由初始的高导电态（氧化态）变为绝缘中性态（还原态）。如图 8.13（b）所示，在进行栅极回滞扫描的过程中，窗口的出现表明离子在电解质中的运动缓慢，表明沟道电导依赖输入刺激的历史操作。为了确保栅极能够进行有效的耦合，栅极电流要远小于漏极电流。在 $V_{GS}=0.5V\pm0.01V$ 时，跨导呈凸形，峰值为 0.41mS。这种非单调的跨导是 OECT 的独特特性，它与以往基于电荷俘获机制和双电层机制的突触晶体管有明显的不同。在连续的脉冲刺激下，PEDOT:PSS 沟道产生了强氧化态和还原态，如图 8.13（c）所示。这两种电导状态都能很好地维持，有助于模拟稳定的静息状态。

如图 8.14 所示，在脉冲尖峰下，电解质离子在导电聚合物中的电化学掺杂/去掺杂过程与生物突触中神经递质的释放和接受过程有着天然的相似性，有望实现动态重构的突触塑性。而共聚物的离子体掺杂特性使得 OECT 具有超高的比电容（约为 $500\mu F/cm^2$），赋予了 OECT 高效的电子-离子耦合及超低电压驱动的优势。该人工突触器件的突触尖峰有效操作电压低至 10mV，能耗仅为 2pJ/spike。体掺杂的特性还保证了超快的沟道电导态调节能力（约为 0.4ms）。该人工突触器件无须初始化过程，也无须引入额外的控制端口，就可通过快速改变沟道掺杂程度，有效地实现兴奋性及抑制性塑性的动态重构、平衡重构，并模拟生物突触的 PPF 和抑制、高通/低通动态滤波等功能。得益于电解质门控器件的空间电荷耦合能力，研究人员还通过增加调控输入端，模拟了树突整合的多输入/单输出结构，进一步实现了尖峰脉冲逻辑运算功能的仿生。

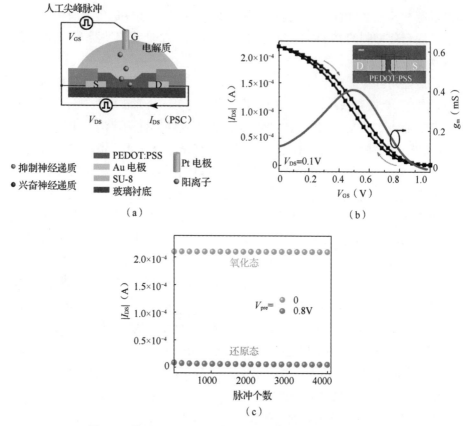

图 8.13 基于 PEDOT:PSS 的 OECT 的典型结构及电学曲线
（a）典型结构 （b）回滞曲线 （c）维持特性

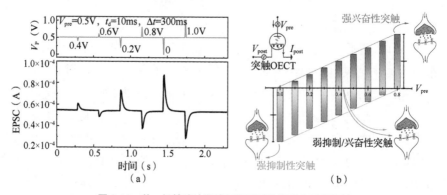

图 8.14 单一极性脉冲驱动下的可重构短程突触可塑性

8.3 有机赝晶体管

当前神经形态硬件电路的主要挑战是在提高电路设计的灵活性的同时降低

电路的复杂性。根据输入端口的不同，存储器件可分为三端存储器件和两端忆阻器。自从 2008 年惠普实验室研制出第一个忆阻器后，越来越多不同类型的忆阻器被提出，并且被用于模拟人工突触行为。目前已有报道的两端忆阻器的结构大多是"三明治"结构，其工作机制依赖离子迁移和导电细丝机制，器件的可靠性有待进一步提升。常用的三端存储器件基于 OFET 结构，包括 3 个输入端（源极、漏极和栅极）。两端存储器件只有两个电极，与三端存储器件相比，在结构上得到了简化。

近些年来，研究人员提出了一种新的两端存储器结构——赝晶体管（Pseudo Transistor）。赝晶体管的器件结构与传统 OFET 相似，具有栅极、源极、漏极 3 个电极。不同的是，赝晶体管是将传统 OFET 的栅极接地或悬空，从而使器件的电阻随着源极、漏极电压的改变而发生相应的变化。与两端忆阻器相比，赝晶体管具有良好的稳定性；与传统 OFET 相比，赝晶体管具有更高的集成度，如图 8.15 所示。常见的赝晶体管包括有机忆阻晶体管（Memtransistor）、浮栅忆阻器（MemFlash）、有机薄膜忆阻器（Organic Thin Film Memristor，OTFM）和隧穿随机存取存储器（Tunneling Random Access Memory，TRAM）。

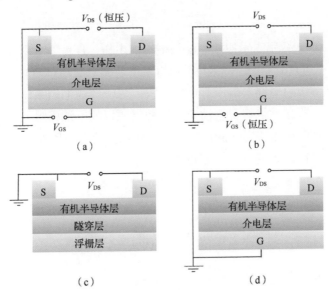

图 8.15　传统 OFET 与常见赝晶体管的器件结构示意图
（a）OFET　（b）有机忆阻晶体管　（c）TRAM　（d）MemFlash

8.3.1　有机忆阻晶体管

有机忆阻晶体管是由源极、漏极和栅极组成的组合器件。与传统 OTFT 不同，该器件不仅可以通过漏极调节电导，还可以通过栅极调节电导，因此可以用来模拟复杂的突触功能，具有以下 2 个特点。

（1）在结构上，具有多端输入特点，可构建复杂的神经网络。

（2）在功能上，具有连续阻值变换行为和非易失性存储行为，且回滞曲线具有可调控特性。

1976 年，蔡绍棠提出了忆阻系统的概念。区别于一般的动态非线性系统，忆阻系统的主要特征是零点相交的性质，即当输入为 0 时系统的输出也为 0。

$$y = g(w,u,t)u \qquad (8.4)$$

$$\frac{\mathrm{d}w}{\mathrm{d}t} = f(w,u,t) \qquad (8.5)$$

其中，y、u 和 t 分别表示输出、输入和时间，w 是一个 n 维的系统状态变量，函数 f 和 g 分别被定义为连续的 n 维向量函数和连续标量函数。

有机忆阻晶体管则是在忆阻系统基础上的进一步拓展，理论模式如下[151]：

$$i_g = g(w,v_g,v_d) \qquad (8.6)$$

$$i_d = h(w,v_g,v_d) \qquad (8.7)$$

$$\frac{\mathrm{d}w}{\mathrm{d}t} = f(w,v_g,v_d) \qquad (8.8)$$

其中，v_g 和 v_d 分别表示栅极和漏极的输入电压，i_g 和 i_d 分别表示栅极和漏极的输出电流。式（8.6）～式（8.8）所示的系统是一个二端口动态系统，其中考虑了多端口忆阻系统的情况，但没有进行分析。与一般的忆阻系统相比，该系统最显著的区别在于缺乏零点相交的性质。这种更通用的方法消除了忆阻系统中的无源性要求，但允许对能够同时进行信号放大和存储的有源器件建模。

电流控制的有机忆阻晶体管定义如下：

$$v_g = g(w,i_g,i_d) \qquad (8.9)$$

$$v_d = h(w,i_g,i_d) \qquad (8.10)$$

$$\frac{\mathrm{d}w}{\mathrm{d}t} = f(w,i_g,i_d) \qquad (8.11)$$

其中，电流作为输入端，电压作为输出端。

电压电流混合控制的有机忆阻晶体管定义如下：

$$v_g = g(w,v_g,i_d) \qquad (8.12)$$

$$i_g = h(w,v_g,i_d) \qquad (8.13)$$

$$\frac{\mathrm{d}w}{\mathrm{d}t} = f(w,i_g,i_d) \qquad (8.14)$$

有机忆阻晶体管的小信号交流特性可以用线性方法来确定，式（8.8）中的一阶电压控制记忆晶体管，其中 v_d 为直流电压，对状态 w_0 和电压 v_{g0} 进行线性化处理，同时进行拉普拉斯变换：

$$s\Delta w(s) = \frac{\partial f(w_0, v_{g0})}{\partial w}\Delta w(s) + \frac{\partial f(w_0, v_g)}{\partial v_g}\Delta v_g(s) \qquad (8.15)$$

$$s\Delta I(s) = \frac{\partial f(w_0, v_{g0})}{\partial w}\Delta w(s) + \frac{\partial f(w_0, v_g)}{\partial v_g}\Delta v_g(s) \qquad (8.16)$$

$$s\Delta I_d(s) = \frac{\partial f(w_0, v_{g0})}{\partial w}\Delta w(s) + \frac{\partial f(w_0, v_g)}{\partial v_g}\Delta v_g(s) \qquad (8.17)$$

通过求解式（8.15）中的 $\Delta w(s)$，并将结果代入式（8.17）中：

$$g_m = \frac{\Delta t_d(s)}{\Delta v_g(s)} = \frac{\dfrac{\partial h(w_0, w_{g0})\partial f(w_0, w_{g0})}{\partial w \partial v_{g0}}}{s - \dfrac{\partial f(w_0, v_{g0})}{\partial w}} + \frac{\partial h(w_0, v_{g0})}{\partial v_{g0}} \qquad (8.18)$$

根据式（8.18）可知，有机忆阻晶体管具有以下 3 个特性[151]。

（1）对于周期激励频率 f（$s=2\pi f$），有机忆阻晶体管的跨导通常是一个频率相关的复数，表示输入信号和输出信号之间的增益和相移。

（2）对于高激发频率（$f \to \infty$），式（8.18）的第一项降为 0，跨导降为传统 OFET 的跨导，这与忆阻系统在高频下的电阻特性相似。

（3）有机忆阻晶体管的稳定需要 $\partial f(w_0, v_{g0})/\Delta w \leqslant 0$，否则脉冲响应的拉普拉斯逆变换就会产生指数式增长。

有机忆阻晶体管将忆阻器与晶体管结合，实现了非线性电荷转移，并且具有广泛的单态和电流开关比可调范围。有机忆阻晶体管的显著优点是源极和漏极之间的电阻切换行为可以由栅极信号（电信号、光信号、压力信号、湿度信号或气体信号）控制，并且可以同时响应来自漏极和栅极的电脉冲。这一特点使得有机忆阻晶体管在模拟突触方面有很大的应用潜力。深圳大学韩素婷课题组制备的有机忆阻晶体管如图 8.16（a）所示，该器件采用不同于十八烷基三氯硅烷或十八烷基膦基等传统材料的 APTES 作为电荷俘获层，并采用并五苯作为有机半导体层[152]。APTES 的功能端基为—NH_2，由于 N 原子有孤对电子，可以形成氢键作用。在自组装过程中，功能分子通过键合基团三乙氧基硅基吸附在衬底表面上。水解的三乙氧基硅基与—NH_2 形成氢键作用会产生团聚现象，从而导致缺陷的形成。如图 8.16（b）所示，对有机忆阻晶体管的漏极施加正向电压，源极接地，栅极不施加电压，则源极-漏极的 I-V 回滞曲线如图 8.16（b）所示。根据 OTFT 的工作原理可知，源极和漏极之间会产生一个电场，空穴在沟道材料中传输并被电荷俘获层俘获（聚集体的大面积接触有利于载流子的俘获）。被俘获的空穴形成内部电场，导致源极-漏极的电流减小，即电导态从低阻态转变为高阻态。一般情况下，两端的忆阻器很难控制回滞窗口，有机忆阻晶体管使用第三端栅极进行电阻态的调控，如图 8.16（c）所示。当栅极电压在正向范围内从 0 逐渐增大时，由于空穴的注入能力增强，回滞窗口不断增大；当栅极电压在负向范围内从 0 逐渐增大时，由于电子难以运输和注入，回滞窗口几乎不会发生改变。

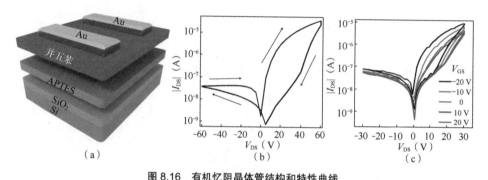

图 8.16　有机忆阻晶体管结构和特性曲线
（a）有机忆阻晶体管的典型结构　　（b）源极-漏极的 I-V 回滞曲线　　（c）栅极对源极-漏极 I-V 回滞曲线的调控

在有机忆阻晶体管中，写入过程可以通过 3 种方式来完成。第一种方式为在漏极上施加写入电压，工作机制如图 8.17 所示。当在漏极施加正写入电压时，源极、漏极之间会产生一个电场，空穴在电场的作用下迁移。在迁移的过程中，空穴被介电层中的缺陷俘获，降低了有机半导体层中空穴的密度，进行了电荷的存储。当在漏极施加负电压和光照时，光生空穴在电场的作用下进入传输层，空穴密度增加到初始水平，完成器件的擦除操作。

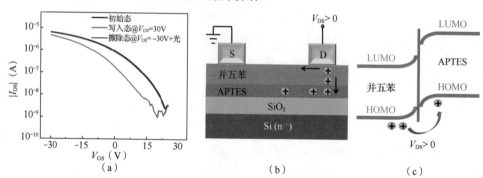

图 8.17　有机忆阻晶体管的漏极写入方式
（a）从漏极进行写入操作的转移特性曲线　　（b）器件工作机制示意图　　（c）空穴跃迁能级示意图

第二种方式为在栅极上施加写入电压，如图 8.18 所示。在栅极上施加负写入电压时，强垂直电场会导致 APTES 中的空穴被俘获。被俘获的空穴会形成内部电场，导致电流下降。当在栅极施加正电压和光照时，光生空穴在垂直向上的电场下进入传输层，增加空穴密度；光生电子在电场作用下进入介电层，与介电层中被俘获的空穴进行复合，因电荷俘获作用形成的内建电场消失，器件回到初始态。

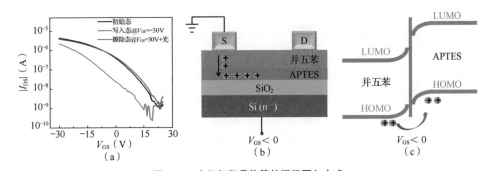

图 8.18　有机忆阻晶体管的栅极写入方式
（a）从栅极进行写入操作的转移特性曲线　（b）器件工作机制示意图　（c）空穴跃迁能级示意图

第三种方式为同时在漏极和栅极上施加写入电压，如图 8.19 所示。在漏极施加正写入电压，同时在栅极施加负写入电压，垂直电场与单独在漏极或栅极施加写入电压时相比会进一步增强。与仅使用栅极电压或漏极电压的电荷注入过程相比，在栅极和漏极同时进行写入操作，由于两种不同电荷注入方式的协同效应，可以明显地增大存储窗口。

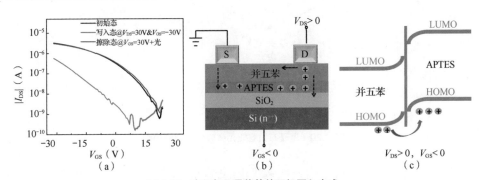

图 8.19　有机忆阻晶体管的双极写入方式
（a）从漏极和栅极同时进行写入操作的转移特性曲线　（b）器件工作机制示意图　（c）空穴跃迁能级示意图

目前常用的人工突触器件（如忆阻器、OTFT 等）需要额外的调制端来模拟异突触可塑性，权重可调性低，限制了其模拟突触可塑性的能力。以往对人工突触器件的研究主要集中在同突触可塑性上，这种可塑性发生在直接参与诱导过程中细胞激活的突触上。然而，还有一种突触可塑性，被称为异突触可塑性，它是同突触可塑性的补充形式，可发生在诱导过程中。不活跃的异突触可塑性有助于稳定突触后神经元的活动，避免过度兴奋和抑制，与稳态可塑性相似。已有研究人员采用基于忆阻器和场效应晶体管的突触器件实现了异突触可塑性的模拟，通常的方法是引入一个调制端，如一个额外的电脉冲或光信号输入端，与生物神经系统中的外部神经调节体相似。然而，这种方法可能会增加 ANN 和神经形态计算系统设备集成的技术复杂性和难度。有机忆阻晶体管是一种具有多个终端的混合器件，具有忆阻器和突触晶体管的特点。有机忆阻晶体管的结构和三端晶体管相似，控制端和传导端是物理分离的，可以看成一种栅极调控的忆阻器。如图 8.20 所示，其漏极、源极和栅极分别对应生物突触的突触前膜、突触后膜和突触调节体（突触调节体的作用是影响突触前膜和突触后膜的连接强度），这也是实现异突触可塑性的关键。与其他人工突触器件相比，有机忆阻晶体管的显著优势在于源极和漏极之间的阻变行为可以通过栅极电压信号来精细控制，并且能够同时对来自漏极和栅极的电脉冲进行响应。这一特性使有机忆阻晶体管在模拟生物异突触可塑性方面有极大的应用潜力。

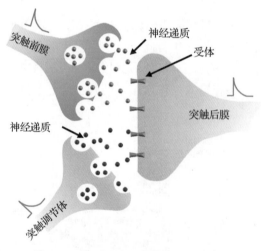

图 8.20　基于有机忆阻晶体管的异突触模型

　　利用有机忆阻晶体管多输入和多输出的特点，可便捷地制备一种多端有机忆阻晶体管结构，如图 8.21 所示。多端有机忆阻晶体管可以模拟神经元中多个突触的相互作用。突触的竞争与合作机制是生物系统和 ANN 的重要组成部分。通过在两个与突触前终端相似的外电极（图中的电极 5 和电极 6）上施加操作电压，可以调节任何两个与突触后终端相似的内电极之间的电导。神经元中突触的竞争与合作行为可以通过人工突触器件的俘获空穴来模拟。

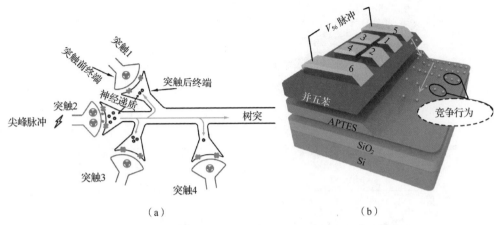

（a）　　　　　　　　　　　　　　　（b）

图 8.21　神经元中突触的竞争行为和多端有机忆阻晶体管的结构
（a）生物学中突触竞争行为示意图　　（b）多端有机忆阻晶体管的结构

　　首先讨论突触的竞争行为，如图 8.22 所示，由于电场的减小，电荷俘获能力从漏极到源极逐渐减弱，因此在电极 5 和电极 6 的不同区域，俘获载流子的能力是不同的。在电极 5 上施加 50V 电压且电极 6 接地时，电极 5 和电极 6 之间会注入、传递和俘获空穴。电极 1-3 区和电极 2-4 区俘获空穴的能力不同，导致了竞争行为，结果如图所示。电极 1-3 区的电流变化比电极 2-4 区的电流变化更明显。

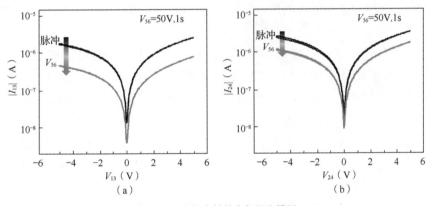

图 8.22　生物突触的竞争行为模拟
（a）电极 1-3 区的电流曲线　　（b）电极 2-4 区的电流曲线

　　然后讨论突触的合作行为，如图 8.23 所示。在电极 5、电极 6 和栅极上同时施加脉冲电压，对空穴进行俘获，可模拟生物突触的合作行为。对电极 1-3 区的电流进行研究可知，当操作电压同时施加到电极 5、电极 6 和栅极时，电极 1-3 区的电流变化明显增大，因为此时被俘获的空穴密度增大。

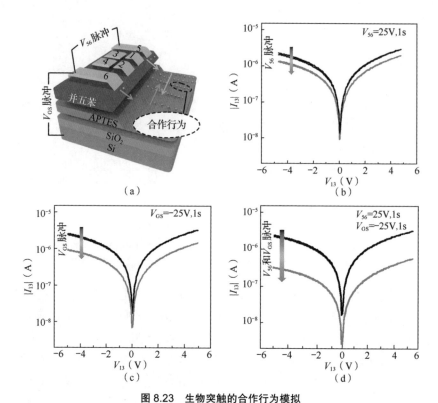

图 8.23　生物突触的合作行为模拟

（a）模拟突触合作行为的多端有机忆阻晶体管结构示意图　（b）只在电极 5、电极 6 间施加电压时，电极 1-3 区的电流变化　（c）只施加栅极电压时，电极 1-3 区的电流变化　（d）同时在栅极和电极 5、电极 6 间施加电压时，电极 1-3 区的电流变化

除了电信号可以作为栅极调控信号之外，光信号也可以作为栅极调控信号（光栅）对有机忆阻晶体管进行忆阻性质的调控。当用光信号作为调控信号时，忆阻行为对光频率、光强和波长等因素具有依赖性。苏州大学王穗东课题组实现了用紫外光作为光栅的有机忆阻晶体管，并对其进行了解析和建模[153]。如图 8.24（a）所示，在有紫外光照射时，紫外光会激发光生空穴，使电荷更容易在并五苯与 PVN 之间进出，器件表现出良好的忆阻行为。由于紫外光的强度影响着空穴在 PVN 中的进出速率，所以有机忆阻晶体管的忆阻行为可以用光强调节。换言之，有机忆阻晶体管可以看作一种以紫外光作为栅极的忆阻器。不同紫外光强下，有机忆阻晶体管源极、漏极的电流回滞曲线相当于晶体管的输出特性曲线，如图 8.24（b）所示。当紫外光强为 0 时，器件的源极、漏极电流在电压回扫下没有出现明显的窗口，即此时器件没有出现忆阻行为。这是因为在没有紫外光照时，源极、漏极的扫描电压不足以在器件中产生足以让空穴在 PVN 中进出的阈值电场强度。当紫外光强不为 0 时，在正电压的回扫中，空穴在紫外光和正向电场的

共同作用下不断进入 PVN，从而使并五苯沟道中的载流子密度减小，此时电压返回时对应的电流要小于电压出发时对应的电流。在负电压的回扫中，已经存储在 PVN 中的空穴在紫外光和反向电场的作用下逐渐从 PVN 中逃逸出来，同时并五苯中的一部分电子也会在紫外光和反向电场的驱动下进入 PVN。PVN 中足够多的电子会诱导并五苯中的空穴并产生导电沟道，沟道中的空穴浓度与 PVN 中的电子数量有关，因此在负电压回扫时，电压返回时的电流值要大于电压出发时的电流值。上面分析的这种左右交叉的电流回滞曲线是忆阻器的代表性特征，这说明有机忆阻晶体管在紫外光下是一个典型的忆阻器。此外，当紫外光强逐渐增大时，器件的电流滞回窗口也随之变大。这与 OFET 中栅极电压对饱和电流的调控行为相似，不同的是，有机忆阻晶体管是通过紫外光强对电流的回滞曲线进行调控。

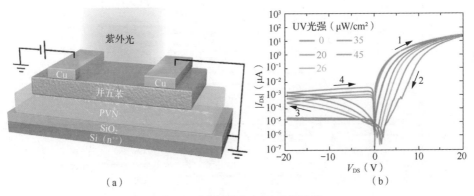

图 8.24 光栅调控和有机忆阻晶体管
（a）器件结构　（b）不同紫外光强下，源极、漏极的电流回滞曲线

利用有机忆阻晶体管可以成功地模拟新生期、幼龄期和成熟期的突触，这些突触具有不同程度的突触可塑性，以及成对脉冲促进和成对脉冲抑制的突触功能，如图 8.25 所示。新生期的突触由于神经递质分泌水平较低、突触受体的蛋白较少，所以其权重更新范围很小。在没有紫外光照射时，有机忆阻晶体管在纯电场下无法驱动空穴在有机半导体层和 PVN 之间移动，此时器件与非线性电阻相似，这与新生期突触的行为相似。对于成熟期的突触来说，其递质分泌水平和突触受体蛋白均达到最高水平，权重更新范围较大。在强紫外光照射下，有机忆阻晶体管的空穴在光子和电场的共同作用下很容易在有机半导体层和 PVN 之间移动，并可以利用光强来调节突触权重更新的水平。有机忆阻晶体管的可塑性和可调性等综合特性使其成为一种有前途的构建有机神经形态电路的单元。

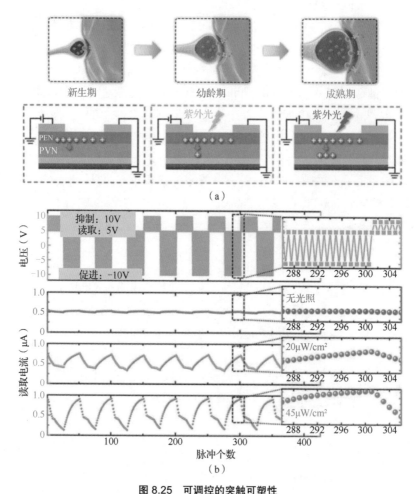

图 8.25 可调控的突触可塑性

（a）在不同强度紫外光照射下工作的有机忆阻晶体管示意图 （b）通过有机忆阻晶体管模拟新生期、幼龄期和成熟期的突触

8.3.2 浮栅忆阻器

在神经形态计算系统中，浮栅型突触晶体管已被用作人工突触器件，并经常被用来模拟记忆细胞可编程突触权重或数据存储，或用于制作可训练的模拟突触。浮栅型突触晶体管虽然能够实现单次快速、高精度的调节，具有很高的耐久性和对温度不敏感的模拟运算能力，但是由于成本较高，不能很好地应用于神经形态计算系统。因此，在大规模 CMOS 兼容的高密度神经形态计算系统中，有研究人员提出了一种单浮栅晶体管两端忆阻工作模式，即浮栅忆阻器，以取代浮栅型突触晶体管[154]。与浮栅型突触晶体管相比，浮栅忆阻器更多地在不同的传导模式下工作。浮栅忆阻器具有低功耗、快速读取、低制造成本和高密度的特点，被认为

是非易失性电阻开关存储器和神经形态模拟电路应用的未来。浮栅忆阻器在可重
构逻辑、交叉阵列和神经形态电路中的应用非常广泛。

浮栅忆阻器是一种具有特殊布线方式的浮栅型突触晶体管，其栅极和源极相
连接且共同接地，将三端器件通过接线方式简化为两端器件，进而实现向漏极施
加电压时，电阻会随着电荷量的改变而改变，即实现了忆阻特性。原则上，这种
布线方式与传统 MOSFET 的二极管连接相似[155]。

在浮栅忆阻器中，当在漏极施加电压时浮栅会进行充放电，可以观察到滞后的
I-V 曲线。图 8.26（a）为基于单个浮栅忆阻器的存储器的 I-V 曲线。当向漏极施加正
电压时，电子通过栅氧化物从浮栅层（电荷俘获层）隧穿到沟道中，如图 8.26（b）
所示；当施加负电压时，沟道中的电荷又重新被浮栅层俘获，如图 8.26（c）所示。
浮栅忆阻器的电阻状态取决于先前流经该器件的电荷。

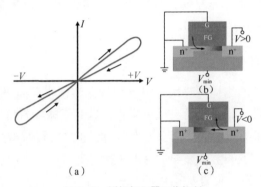

图 8.26　浮栅忆阻器工作机制

为了更加深入地了解浮栅忆阻器的存储模式，基本电子隧穿机制可以采用电
容模型来解释。在该模型中，浮栅层电位 V_{FG} 可表示为

$$V_{FG} = \frac{Q_{FG}}{C_T} + k_C V_C + k_D V_D + k_S V_S + k_B V_B \tag{8.19}$$

其中，Q_{FG} 是浮栅层中存储的电荷量；V_C、V_D、V_S 和 V_B 分别是栅极、漏极、源
极和衬底的电位；k_C、k_D、k_S 和 k_B 分别是各电极浮栅的耦合常数，为各电极的电容
量（C_C、C_D、C_S、C_B）和总电容量（$C_T = C_C + C_D + C_S + C_B$）之比，即 $k_i = C_i/C_T$（i=C、
D、S、B）。

对浮栅忆阻器而言，式（8.19）可以简化，V_S 和 V_C 可以设为共点，假设 $V_S = V_C = 0$。
由于浮栅层与衬底体积的耦合强度比与 V_C、V_D 和 V_S 的耦合强度要小得多，所以
接下来的分析中会忽略这种耦合。在式（8.19）中引入这些条件，可以写成：

$$V_{FG} = \frac{Q_{FG}}{C_T} + k_D V_D \tag{8.20}$$

式（8.20）表明，浮栅层的电位与漏极端施加的电位及 Q_{FG} 直接相关。为了计算 V_{FG}，需要确定 Q_{FG}，它同时取决于 $V_D(t)$ 和 $V_{FG}(t)$。假设 FN 隧穿过程是通过隧穿栅氧化物所给出的势垒的优先过程，则 Q_{FG} 可以描述为

$$Q_{FG}(t) = \int_{t_0}^{t_1} I_{FN}(V_{FG}(t), V_D(t)) \mathrm{d}t \qquad (8.21)$$

其中，I_{FN} 为 FN 隧穿电流，表达式为

$$I_{FN} = \pm A_{tox} A_{FN}(E_{tox})^2 \exp(-B_{FN}/E_{tox}) \qquad (8.22)$$

其中，A_{tox} 为隧穿氧化区的面积，A_{FN} 和 B_{FN} 为 FN 隧穿常数。E_{tox} 是写入和擦除过程中的电场强度，$E_{tox}=(V_D-V_{FG})/d_{tox}$，并取决于隧穿栅氧化物的厚度 d_{tox}。

用浮栅忆阻器模拟突触行为的基本思想是用存储在浮栅层的电荷定义突触权重。用浮栅忆阻器模拟人工突触表现出了两个重要的突触学习特征：首先，由于 FN 隧穿的存在，电流随电压呈现指数级变化；其次，由于浮栅存储的电荷量有限，电流变化到达一定值后达到饱和。

8.3.3　有机薄膜忆阻器

有机薄膜忆阻器的结构与浮栅忆阻器相似：将栅极和源极短接后接地，只在漏极上施加驱动电压。苏州大学王穗东课题组以并五苯为有机半导体层、PVN 为电荷俘获层，制备了有机薄膜忆阻器[156]。如图 8.27 所示，首先，他们在 OTFT 的电荷俘获层中插入了一层金属导电材料（称为金属层），将原来的电荷俘获层一分为二，使其厚度变为原来的 1/2。由于金属层的串联，电荷俘获层的总电容不变。然后，他们将上下两层电荷俘获层展开到同一平面上，此时金属层相当于导线，将两个同等大小的电容进行了并联，总电容依旧保持和初始状态一致。由于栅极和源极共地，所以两个电极间不存在电荷的交换，可以合并。经过结构的拓扑变换可以看出，具有不对称电极结构的有机薄膜忆阻器与浮栅忆阻器的结构相似。

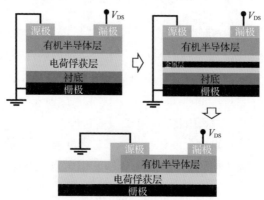

图 8.27　有机薄膜忆阻器的演变过程

N 型重掺杂 Si 衬底是一个浮动的电极，可以与源极、漏极形成电容结构。有两点值得注意：有机薄膜忆阻器是一个两端器件而不是三端器件，因为底部硅电极是完全浮动的，没有外接电压；源极、漏极不对称（漏极的尺寸大于源极），导致电容不同。当 $V_{DS}>0$ 时，在电场的作用下，注入的空穴从漏极流向源极，会和有机半导体层中的空穴一起在 Si 衬底上诱导出等量的电子，空穴会被排斥到源极下方，如图 8.28 所示。此时，有机薄膜忆阻器的电容情况为

$$Q_1 = Q_2 + Q_3 \tag{8.23}$$

其中，Q_1、Q_2 和 Q_3 分别表示源极、沟道、漏极与 Si 衬底形成的电容器中所含的电荷量。

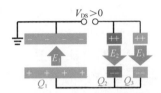

图 8.28　$V_{DS}>0$ 时，有机薄膜忆阻器的等效电容

漏极、沟道和源极的表面电荷密度依次降低，因此所形成的垂直电场强度也依次降低（$E_1<E_2<E_3$）。由于电荷俘获需要有足够强的电场诱导载流子向电荷俘获层注入，所以电荷俘获/去俘获主要发生在漏极侧。以 P 型半导体沟道器件为例，如图 8.29 所示，当在漏极上施加正电压（写入电压）时，漏极附近的强电场会驱动空穴顺利地进入电荷俘获层，被俘获的空穴使得沟道处于耗尽状态，器件处于关闭状态。相反地，当在漏极上施加负电压（擦除电压）时，漏极的强电场反向，驱动被俘获的空穴进入有机半导体层，器件处于打开状态。这也是 OTFT 实现忆阻特性的关键。有机薄膜忆阻器具有两个电学特性：首先，可以通过源漏电压连续调控器件的电导态；其次，在读取过程中，器件的电导态较为稳定，即器件具有良好的非易失性。在连续的正电压扫描下，扫描次数越多电流越小，这是因为被俘获的电荷不断增加且具有一定的非易失性；随后施加负电压进行扫描，随着扫描次数的增多，被俘获的电荷逐渐被释放，电流不断增大。

以 P 型有机半导体材料为例，假定器件处于理想状态，$V_{th}=0$，当 $V_{DS}>0$ 时，$V_{DS}>V_{GS}-V_{th}$ 恒成立，此时器件处于饱和状态，其电流为[151]

$$I_{DS} = \frac{W}{2L} C_i \mu V_{DS}^2 \tag{8.24}$$

当 $V_{DS}<0$ 时，$V_{DS}<V_{GS}-V_{th}$ 恒成立，此时器件处于截止状态，其电流为

$$I_{DS} = 0 \tag{8.25}$$

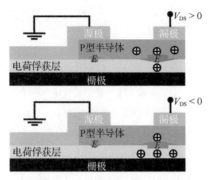

图 8.29 有机薄膜忆阻器的工作机制

在写入电压和擦除电压的作用下，器件的读取电流呈现逐渐增大和减小的现象，这和本书第 1 章介绍的突触兴奋和突触抑制对应。上述电学特性使得有机薄膜忆阻器可以用于模拟突触可塑性。周晔课题组采用 $CsPbBr_3$:Al_2O_3 作为电荷俘获层制备了有机薄膜忆阻器，通过 $CsPbBr_3$:Al_2O_3 良好的电荷俘获特性，使得器件权重更新具有高度的可重复性和稳定性。此外，因为引入了对紫外光敏感的 $CsPbBr_3$ 材料，该器件可以有效地感知外界紫外光，显著地提高了 PPF 的比例，为仿生人眼视觉感光系统提供了一种策略[157]。

8.3.4　隧穿随机存取存储器

TRAM 的结构与传统的浮栅型存储器件相似（见图 8.30），它包括隧穿层、浮栅层、源极和漏极，但没有栅极（或栅极悬空）。与电阻式 RAM 相比，这种器件具有较高的稳定性和可重构性。与传统的 OFET 存储器不同的是，TRAM 的电导状态是通过施加在源极和漏极之间的操作电压来调节，这是最明显的区别。由于其特殊的结构，TRAM 具有以下 3 个优点。

（1）可以达到极高的电流开关比，是电阻式 RAM 的 100～1000 倍。

（2）编程擦除速度快，温度稳定，适用于多电平存储器件。

（3）具有很大的灵活性和可扩展性，在柔性存储器中有很广阔的发展前景。

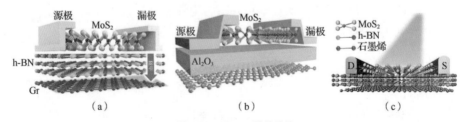

图 8.30　TRAM 器件结构

如图 8.30（a）所示，吴国安（Quoc An Vu）等人提出了一种基于 MoS_2/h-BN/Gr

结构的 TRAM[158]。该器件中，MoS$_2$ 被用作有机半导体层，石墨烯（Gr）作为浮栅层，而 h-BN 被用作隧穿层。该器件的工作原理如图 8.31（a）所示：当漏极施加-6V 电压时，由于电位差的存在，电子可以通过隧穿层从漏极传输到浮栅层，并沿着浮栅层扩散。由于源极和浮栅层之间的电位差很小，俘获的电子不能回到源极。俘获的电子会产生内建负电场，消耗 MoS$_2$ 沟道中的电子，使器件保持高电阻，从而产生明显的回滞现象。相反，如图 8.31（b）所示，当 6V 加到漏极时，空穴被注入浮栅层中，中和被俘获的电子，并填充浮栅层，使电荷俘获层中存在正电荷，从而使有机半导体层保持较强的导电性，并且有机半导体层中的电流会增加。如图 8.30（b）所示，在吴国安等人提出的一种基于石墨烯/Al$_2$O$_3$/MoS$_2$ 结构的 TRAM 中[159]，选择 Al$_2$O$_3$ 被用作隧穿层。当隧穿层厚度接近 7nm 时，器件表现出最好的存储性能。该器件表现出高度可靠的电性能，包括极低的关断电流和高电流开关比，并且能够实现六级存储器应用。同时，该器件还显示出优异的存储器耐用性，并且阈值电压和导通电流在 8000 次测试循环后几乎没有下降。

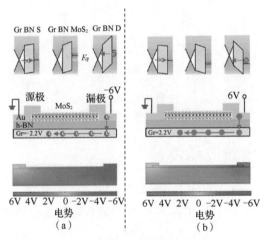

图 8.31　TRM 的电势分布和能带示意图
（a）写入状态　　（b）擦除状态

光操作作为一种写入或擦除操作在存储器件中得到了广泛的应用。陈明道（Minh Dao Tran）等人研究了光生电荷对 TRAM 存储性能的影响，器件结构如图 8.30（c）所示[160]。在 MoS$_2$/h-BN/Gr 结构中，采用了 MoS$_2$ 的有机半导体层不仅起到传输电荷的作用，而且还起到吸收光的作用。如图 8.32 所示，当对器件施加光操作时，光生空穴可以通过隧穿层过渡到浮栅层，从而有效地调节电学特性。该器件可产生低关态电流，开态电流和关态电流在光脉冲下达到 18 个不同的电流水平。此外，该器件还具有较长的保留时间和较好的耐久特性。

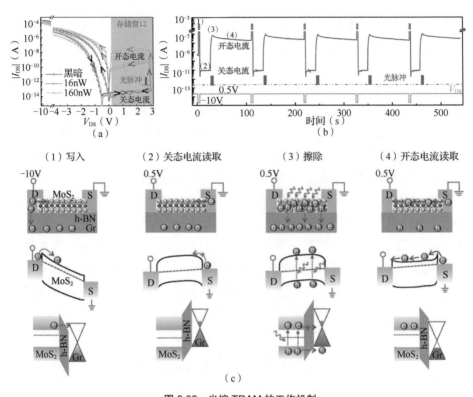

图 8.32　光控 TRAM 的工作机制
（a）在有无光脉冲的情况下，器件的 *I-V* 滞后特性　（b）读写擦循环　（c）工作机制

8.4　柔性有机场效应晶体管

OFET 是有机电子基本电学器件，常用作开关、驱动器、放大器、传感器、数据存储等。高性能的柔性 OFET 具有优异的场效应特性和卓越的机械灵活性，对于实现多种高级应用至关重要，如柔性显示器、可穿戴人体活动/健康监测设备和人机界面。在有机电路的实际应用中，柔性 OFET 对稳定性有较高的要求，包括偏应力稳定性、机械耐久性和热电阻。柔性 OFET 存储器要想与当前基于 Si 技术的无机半导体存储器竞争未来的信息存储市场，其操作电压、存储能力、存储速度、稳定性和可靠性等性能参数都必须达到商业化标准。柔性 OFET 器件需要在弯曲、折叠、拉伸等各种机械形变下正常运行，因此需要在材料选择、器件设计、制备工艺等方面做出异于传统晶体管器件的考量。

8.4.1　柔性有机场效应晶体管的结构设计

柔性 OFET 的衬底材料需要具有良好的承受反复拉伸、卷曲和折叠的力学性能，相当于柔性 OFET 的骨架，对空间稳定性、热稳定性、防护性能、耐溶剂性、表面光滑程度和光学性能的要求也较高。目前常用的柔性衬底材料有 PET、聚萘二甲酸乙二醇酯（Polyethylene Naphthalate，PEN）、聚醚砜（Polythersulfone，PES）、PI 等聚合物半导体材料，这些材料质量小、热敏电阻高，且具有很好的机械柔韧性、光学透明性和耐腐蚀性。PET 和 PEN 在吸水率、透光率、热膨胀系数、空间稳定性、表面粗糙度、耐溶性和弹性模量等方面具有优势。PES 有很高的透明度和很高的操作温度，但是耐溶性和吸湿性较差，并且成本高。另外，PI 有很高的热稳定性、极佳的机械柔性和化学性质，但它是橙色的且成本高。最近，无色透明的 PI 合成技术有很大进展。PET 由于其成本低、透明度高和传输性好等优点成为当前受到广泛研究的柔性材料。

无论是柔性聚合物、硬性半导体薄膜还是脆性玻璃，它们都只能承受一定程度范围内的机械应力。当机械应变较大时，材料内部就容易劣化，导致裂纹形成，造成场效应迁移率降低、器件失效等。除了利用材料的本征柔性，考虑到弯曲引起的表面应力与膜厚呈正相关，也可以通过减小材料的厚度来增强器件的机械柔性。如图 8.33 所示，柔性 OFET 在弯曲时所承受的应力在很大程度上取决于衬底的厚度。应力大小与弯曲半径成反比，并与薄膜的弹性模量和结构有关。

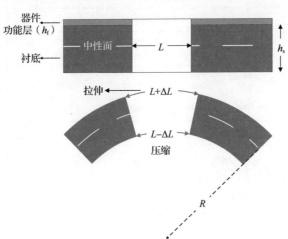

图 8.33　柔性器件衬底弯曲前后横截面的受力示意图

根据单轴应变公式可计算出对应的应变 ε：

$$r = \left(\frac{h_f + h_s}{2\varepsilon}\right)\left[\frac{1 + 2\eta + \chi\eta^2}{(1+\eta)(1+\chi\eta)}\right] \tag{8.26}$$

其中，r 为弯曲半径，h_f 和 h_s 分别为功能层的膜厚和衬底的厚度，$\eta = h_f/h_s$，$\chi = E_f/E_s$（E_f 和 E_s 分别为功能层薄膜和衬底材料的弹性模量）。当 h_f 远远小于 h_s（$\eta \Box 1$）且

$E_f < \sim 10 E_s$（$\chi < \sim 10$）时，式（8.26）可化简为

$$\varepsilon = \frac{h_s}{2r} \tag{8.27}$$

如图 8.34 所示，需要从器件结构设计考虑，确保器件在大变形（小半径弯曲、对折、扭曲、拉伸）下受到的拉伸力或压缩力最小，最大限度地维持材料性能和器件功能。器件的可弯曲性可以采用多中性面结构设计实现。中性面是指没有受到应力的平面，通常指多层薄膜中间部分。如果柔性衬底由多层薄膜组成，可以把核心器件层放置在多层堆叠薄膜的中性面上。采用多中性面结构设计可以提高柔性 OFET 在反复弯曲情况下的机械稳定性、光电稳定性。要实现柔性 OFET 的可拉伸性，则需要将器件的单元结构设计成蜿蜒弯曲或分立的结构，以减小拉伸时施加于器件结构上的应力[161]。实现蜿蜒弯曲结构一般采用两种方法。第一种方法是首先通过机械拉伸、热膨胀或溶剂溶胀等方式获得预拉伸状态的柔性衬底，然后在柔性衬底上转移或加工器件单元，随后通过衬底的自然预应变释放，使与衬底保持黏附的器件单元薄膜发生弯曲，形成面外蜿蜒结构。第二种方法是在非拉伸平面衬底上直接制备，与弹簧的面内蜿蜒结构相似，如蛇形结构、岛桥结构等，柔性电子技术大多采用这种方法来实现电子电路的拉伸性能。

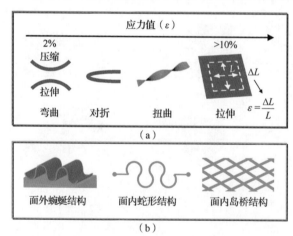

图 8.34　柔性形变应力值范围及典型的柔性器件结构设计
（a）柔性形变应力值范围　（b）典型的柔性器件结构设计

除了在器件几何结构上进行独特的设计以尽可能提升器件的机械性能，高性能柔性 OFET 的实现还必须兼顾器件加工工艺的可靠性、简便性和实施成本。考虑到传统微纳器件加工过程中高温、射频溅射、化学腐蚀等工艺对柔性聚合物衬底的破坏性，目前大多数柔性器件都是基于转印方法完成，除了典型的沉积刻蚀法，喷墨打印、3D 打印等技术也被用来制备柔性 OFET。

8.4.2 柔性低电压有机场效应晶体管

柔性低电压器件可以通过增大栅绝缘层的电容来实现。由式（2.10）可知，有两种方式可获得大电容，即增大栅绝缘层的介电常数或减小栅绝缘层的厚度。黄道勋（Do-Hoon Hwang）等人提出了混合 PMMA 和 PVP 作为栅绝缘层的方法，并采用并五苯作为有机半导体层、ITO 作为栅极[162]。研究发现，基于 PVP 的器件场效应迁移率达到 $0.15cm^2/(V \cdot s)$，阈值电压为 1.9V，性能优于基于 PMMA 的器件。场效应迁移率较大主要归因于较大的晶粒，因为并五苯的 π 电子轨道有更多的连续重叠；PMMA 较大的负向阈值电压主要是由于电荷在晶粒边界和栅绝缘层/有机半导体界面的缺陷处被俘获。朴灿妍（Park Chan Eon）等人提出了采用交联共混物降低聚合物栅绝缘层厚度的方法[163]。他们采用了两种聚合物（PVP 和 PS）及几种交联剂，如图 8.35 所示。交联聚合物确保了上层的物质可以被旋涂或打印在栅绝缘层上而不会溶解栅绝缘层。这些交联聚合物展现出较大的 ε_r/d 和很小的泄漏电流，厚度为 10～20nm 的栅绝缘层可获得 200～300nF/cm^2 的电容，并且栅绝缘层是无孔结构。经过不断地优化，他们得到了 CPVP-C$_6$ 的最佳栅绝缘层，并分别采用几种有机半导体材料，以及不同的衬底材料（如 Si、ITO 玻璃、铝箔等）制备了柔性低电压器件，这些器件在空气环境和弯曲条件下均表现出很好的兼容性和稳定性。

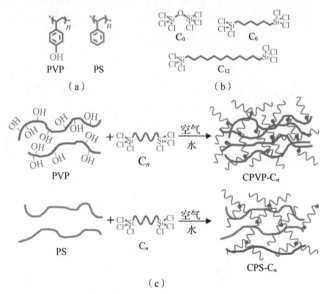

图 8.35　聚合物绝缘层材料和交联剂的化学结构及交联过程
（a）聚合物　（b）交联剂　（c）交联聚合物共混（CPB）电介质

如图 8.36 所示，凌海峰课题组提出了 PMMA:CPVP:PMMA 三层聚合物介电材料，可以有效地提高并五苯基柔性 OFET 的电学、机械和热稳定性。疏水 PMMA

是一种收缩率小、变化范围小的非晶态聚合物，可作为互补电介质的外壳；而具有网络结构的 CPVP 可作为互补介质的核心。采用这种材料后，器件的电绝缘性能、机械相容性和耐热性得到了协同提高。

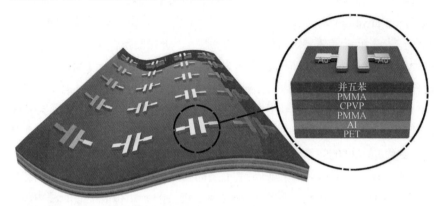

图 8.36　基于底栅和顶触结构的柔性 OFET 的结构（采用 PMMA:CPVP:PMMA 三层聚合物介电材料）

图 8.37 所示为 3 种介质下并五苯基 OFET 的电学曲线。所有柔性器件均表现出典型的 P 型性能。表 8.1 总结了它们的场效应迁移率、阈值电压和电流开关比。由于栅极介质的厚度很小，采用三层介质的器件实现了 140.8nF/cm^2（1kHz）的高 C_i，从而可以在低于 4V 的电压下工作。另外，采用三层介质的器件的场效应迁移率最高为 0.72cm^2/(V·s)，电流开关比最高为 2.3×10^4。

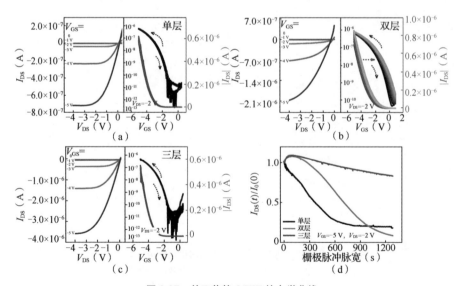

图 8.37　并五苯基 OFET 的电学曲线

（a）PMMA 单层介质　（b）PMMA:CPVP 双层介质　（c）PMMA:CPVP:PMMA 三层介质　（d）在空气中 3 种柔性 OFET 的漏极电流随时间变化的曲线

表 8.1　3 种介质下并五苯基 OFET 的性能参数

介质层数	C_i（nF/cm²）	γ_s（mJ/m²）	R_q（nm）	μ[cm²/(V·s)]	V_{th}（V）	电流开关比
单层	104.8	40.9	0.37	0.12	-3.32	2.2×10^4
双层	137.7	45.0	0.33	0.08	-2.67	8.8×10^3
三层	140.8	43.2	0.28	0.72	-3.04	2.3×10^4

　　首先，通过连续 10 次扫描转移特性曲线研究 3 类柔性 OFET 的稳定性。如图 8.37（c）所示，采用三层介质的器件几乎没有回滞窗口，表明电荷陷阱在顶部 PMMA 和并五苯之间的界面被显著抑制。采用双层介质的器件则表现出明显的回滞现象，如图 8.37（b）所示，转移特性曲线逐渐向正方向移动，这是由于 CPVP 层的疏水性较弱，从空气中吸收水分子后产生电子陷阱位点（羟基）。此外，从图 8.37（a）和图 8.37（b）的输出特性曲线可以看出，无论是单层器件还是双层器件，在低漏极电压下都存在明显的电流泄漏，而三层器件中没有电流泄漏。此外，三层器件的关态电流也低于双层器件。上述结果表明，插入顶部的 PMMA 薄膜可以通过调整针孔的表面形貌和端点来提高器件的电绝缘性能。图 8.37（d）展示了空气中 3 种柔性 OFET 的漏极电流随时间的衰减。在 1200s 的栅极电压作用下，三层器件的开态电流与初始值相比仅下降了 15%，而单层器件和双层器件的开态电流分别下降了 80% 和 90%。有趣的是，在最初的 100s 栅极电压作用下，双层器件和三层器件的电流均略有增加，这主要是由于应力诱导羟基缓慢地极化。一旦施加偏置，偶极子沿着栅极电场方向排列，并在通道中持续诱导额外的电荷。结果表明，即使在空气环境中，15% 的电流衰减表明互补介质可以有效地利用极化效应提升柔性 OFET 的稳定性。

　　令器件在平行或垂直于沟道的方向以弯曲半径 r=9mm 反复弯曲，根据式（8.26）计算出对应的形变应力为 1.1%。如图 8.38 所示，在 1000 次弯曲后，弯曲方向平行和垂直于沟道时的场效应迁移率分别下降了 66.7% 和 64.0%，但这两个方向的场效应迁移率均保持在 0.25cm²/(V·s)左右。当弯曲次数增加到 400 时，阈值电压的绝对值开始下降。场效应迁移率和阈值电压退化的原因是拉伸应变会引起介质的有效厚度减小，导致电容增大。虽然器件的关态电流呈现退化趋势，但在两个弯曲方向上仍保持较高的电流开关比，约为 10^4。一般来说，开态电流与介电材料的电绝缘性密切相关，开态电流与有机半导体的导电性有关。在连续的弯曲循环中，三层介质可以有效地降低介质击穿的可能性。引入顶部的 PMMA 改性层可以改善栅绝缘层与并五苯之间的表面能匹配和附着质量。这与 CPVP 的网络结构相结合，协同提高了柔性 OFET 的弯曲程度。

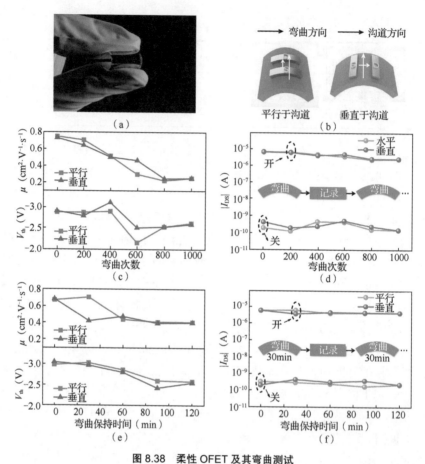

图 8.38　柔性 OFET 及其弯曲测试

（a）柔性 OFET 阵列　　（b）拉伸弯曲方向示意图　　（c）线性区迁移率和阈值电压随弯曲次数的变化
（d）关态电流和开态电流随弯曲次数的变化　　（e）线性区迁移率和阈值电压随弯曲保持时间的变化
（f）关态电流和开态电流随弯曲保持时间的变化

8.4.3　纳米浮栅型柔性有机场效应晶体管存储器

目前，纳米浮栅型柔性 OFET 存储器主要分为两大类。第一类是以金属 NP 作为纳米浮栅介质。严锋课题组采用 Au-NP 作为浮栅层（电荷俘获层）[164]，以 PVA 作为隧穿层，并以 PET 作为柔性衬底，制备出一种纳米浮栅型柔性 OFET 存储器。该器件在 ±6V 的写入电压下，存储窗口为 2V；经过 10^5 次读写擦循环和弯折 100 次（曲率半径为 9mm）后，器件性能依旧稳定。第二类是以 C_{60} 为代表的小分子半导体材料作为纳米浮栅介质，其提供了可调节的电荷俘获能力，并可与大面积印刷技术兼容，从而实现多功能纳米浮栅型柔性 OFET 存储器。青岛大学宿杰课题组采用 C_{60} 作为浮栅层[165]，以 PEN 作为柔性衬底，以高介电常数的 P(VDF-TrFE-CFE) 作为阻挡层，并以 TTC 作为隧穿层，并五苯作为有机半导体层,制备出一种纳米浮栅型柔性 OFET 存储器。该器件采用了顶栅底接触结构,为了降低接触电阻,采用了 MoO_3 对铜电极进行了修饰,器件在 ±50V 的写入电压下,场效应迁移率为 $0.2cm^2/(V \cdot s)$,存储窗口为 6.5V,且维持时间超过一年;在弯曲 500 次(曲率半径为 5mm)后,器件仍可以保持稳定的存储特性。第一类浮栅材料还可以与第二类浮栅材料共用,构成双浮栅结构。这种策略综合了两类浮栅的优点,为器件提供了优异的存储性能。如图 8.39 所示,维莱萨米·罗伊(Vellaisamy A L Roy)课题组利用 RGO 纳米片和 Au-NP 形成混合双浮栅结构[38],并在 PET 衬底上制备了纳米浮栅型柔性 OFET 存储器。Au-NP 和 RGO 分别作为上、下浮栅层,氧化石墨烯薄膜在 Au-NP 和并五苯的界面上起到缓冲层的作用,降低了表面粗糙度,从而增强了双浮栅存储器的电学特性。在 ±5V 的写入电压下,器件的存储窗口约为 1.95V。值得注意的是,这种双浮栅结构采用低温自组装的策略,这与柔性衬底是兼容的,最后在弯曲测试中几乎没有发现器件性能的退化。

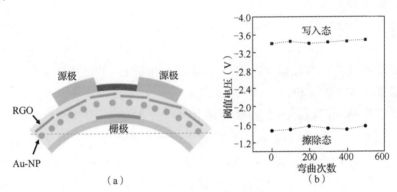

图 8.39　柔性双浮栅 OFET 存储器
(a)器件结构　(b)弯曲半径为 15mm 时,器件的稳定性测试

　　碳纳米管因其优异的材料性能而具有较高的弯曲性和化学稳定性,非常适合作为柔性电子材料。如图 8.40 所示,孙东明课题组制备了一种柔性传感存储器,它在单片集成电路中展示了传感和存储的双重功能[166]。该器件的沟道由碳纳米管薄膜形成,采用光刻技术制备的可控氧化的 Al-NP 阵列作为浮栅层。在 ±3V 的操作电压下,器件的电流开关比高达 10^6;在 10^4s 的维持测试中电流开关比保持在 10^5 以上,经过计算可知,维持时间可以达到 10^8s。在 10^4 次读写擦循环测试中,电流开关比几乎没有变化。此外,器件在 0.4% 弯曲应变下电流开关比可以保持在 10^3,以 0.1% 的弯曲应变进行 2000 次弯折,器件仍正常工作。利用该器件制备的 32×32 传感存储阵列的关态电流约为 1pA;当在紫外光环境中曝光 1s 时,器件电流增大到约 100pA;对器件进行图案化光照几秒后,阵列可感知且存储图案信

息 24h 后仅有轻微的损失。

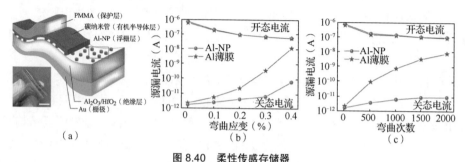

图 8.40 柔性传感存储器
（a）器件结构 （b）源漏电流与弯曲应变的关系
（c）在弯曲应变为 0.1% 的情况下，源漏电流与弯曲次数的相关性

聚合物驻极体具有良好的机械柔韧性、电绝缘性、低温溶液加工性和稳定性，是柔性 OFET 存储器存储介质材料的不二选择。目前，柔性 OFET 存储器中常用的聚合物驻极体分为 3 类：非极性聚合物驻极体，如 PS、PVN、P4MS 和 PαMS；极性亲水性聚合物驻极体，如 PVA、PVPyr 和 PVP；双层聚合物驻极体，如 PS/P(VDF-TrFE) 和 PVN/P(VDF-TrFE)。陆旭兵课题组将并五苯作为有机半导体层，以非极性聚合物驻极体（PαMS）作为电荷俘获层[167]，并以非晶态 Al_2O_3 作为栅绝缘层，将上述材料依次沉积在白云母柔性衬底上，制备出了柔性 OFET 存储器。由于栅绝缘层材料选取的是高介电常数的 Al_2O_3，因此器件的操作电压低至 4V，且在 6V、100μs 的脉冲电压作用下，可以产生 1.73V 的存储窗口。在弯曲半径为 10mm 的弯曲测试中，该器件可以承受至少 5000 次的弯折，展示出了良好机械柔性。PITE(BMIBMMD) 驻极体具有很强的给电子能力，可使器件表现出仅有空穴被俘获的行为。如图 8.41 所示，朴哲民（Cheolmin Park）在厚度为 120μm 的透明 PES 衬底上制备出了一种全聚合物柔性 OFET 存储器[168]，其中 P(NDI2OD-T2) 为有机半导体层，PS 为隧穿层，PVA 为电荷俘获层，PMMA 为阻挡层。在 ±50V 的操作电压下，该器件的存储窗口约为 15V，开关比为 10^4。柔性器件的可靠性明显取决于阻挡层和隧穿层的厚度。由于该器件采用了全聚合物材料，所以即使在弯曲半径为 5.8mm 时弯曲 1000 次，器件的阈值电压也几乎没有变化。为了进一步降低器件的操作电压。文献[169]采用 pV3D3 驻极体作为电荷俘获层，pBDDA 作为栅绝缘层制备了柔性 OFET 存储器。在 ±14V 的操作电压下，该器件的存储窗口可达到 5.3V。此外，该器件还具有良好的机械柔性，当拉伸应变高达 1.6% 时，存储性能仍保持不变。

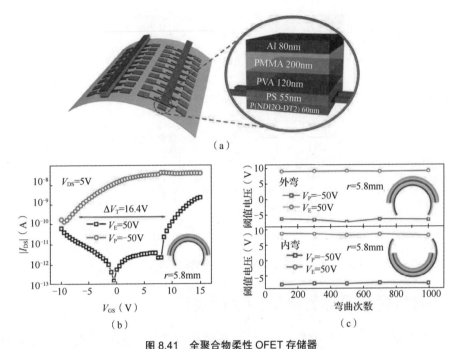

图 8.41 全聚合物柔性 OFET 存储器

（a）器件结构 （b）弯曲半径为 5.8mm 时的存储窗口曲线 （c）在外弯和内弯条件下，器件的稳定性

现有的大多数 OFET 存储器基于传统的平面架构，其中载流子在源极、漏极之间横向传输。在对器件进行弯曲时，器件的沟道受到机械应力时，会在有机半导体层内部形成裂缝或位错。以并五苯为例，如图 8.42（a）所示，在压缩应变（内弯）下，由于并五苯之间的间距较小，空穴跳跃的势垒会降低。而在拉伸应变（外弯）下，由于间距较大，其场效应迁移率降低。另一个角度的解释是，隧穿电介质的有效厚度在拉伸应变下减小，在压缩应变下增加。从存储性能的角度看，在拉伸应变下降低的电荷隧穿势垒会导致 P 型 OFET 的阈值电压负移，而在压缩应变下提高的电荷隧穿势垒会导致阈值电压正移。因此，拉伸应变下 OFET 的阈值电压在擦除操作之后很容易恢复到初始态[170]。垂直结构的 OFET 存储器可以较好地克服平面传输的沟道易受弯曲应力影响的问题。如图 8.42（b）～图 8.42（c）所示，有机半导体层的膜厚就是沟道长度（几十纳米），因此垂直结构的 OFET 存储器可以实现超短沟道长度（纳米级），并允许电流快速地从底部的源极垂直流过有机半导体层，并抵达顶部的漏极（20μs）[171]。由于载流子是沿着垂直方向传输的，与平面结构相比，垂直结构的 OFET 存储器可以有效地消除有机半导体层中应变引起的裂缝。

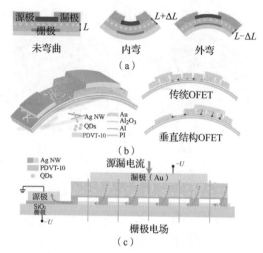

图 8.42　OFET 存储器的沟道在弯曲应力下的形变示意图，以及垂直结构 OFET 的工作原理

8.5　有机薄膜晶体管存储器研究展望

本书主要从有机材料的分子结构、器件结构及制备工艺等方面，讨论了 OTFT 存储器性能的优化和人工突触器件的应用，为设计高存储容量、高读写擦效率、高可靠性和低功耗的有机存储器件提供了参考。近些年，有机材料和有机器件制备技术的不断发展推动了有机电子学的蓬勃发展。作为有机电子学的重要组成部分，OTFT 存储器在未来的柔性电子科技领域中占据重要地位。同时，现代信息技术的快速发展对现有存储设备提出了更高的要求，而"后摩尔定律"时代使缩小器件尺寸的策略逐渐失效，开发出具有性能更优的存储器件是行之有效的方法。

1. 有机半导体材料

与硅基 MOSFET 相比，OFET 器件仍然存在诸多问题，如场效应迁移率较低、器件开启速度较慢，因此需要更大的功率来驱动，且不适合应用于高频领域。有机半导体材料的稳定性较差，容易受到环境中氧气和水的影响。例如，P 型有机半导体具有较低的电离能，对氧气非常敏感。而氧分子具有较强的电负性，很容易得到有机小分子 π 体系中的电子，形成 P 型掺杂效应，从而引入大量的电子陷阱能级，使得电子不能注入有机半导体和 TDL 的界面，导致存储性能失效。设计出本征场效应迁移率高且空气稳定性好的有机半导体材料对于提高器件性能是至关重要的，虽然目前有机半导体材料的空穴迁移率已经可以达到 $10\mathrm{cm}^2/(\mathrm{V}\cdot\mathrm{s})$，电子迁移率可以达到 $6\mathrm{cm}^2/(\mathrm{V}\cdot\mathrm{s})$，然而目前空气稳定的高场效应迁移率沟道材料的种类还比较单一，多数为 P 型小分子半导体材料。电子迁移率高、空气稳定性高、可溶液加工的 N 型有机半导体材料比较短缺，这阻碍了有机互补电路的发展。

2．有机介电材料

对于聚合物驻极体材料，聚合物的主链和侧链分子结构，决定了材料的极化特性、薄膜形貌及表面能分布等特性。聚合物驻极体薄膜的质量会影响有机半导体层的结晶和有机半导体/驻极体界面态的分布，进而影响器件的性能。然而由于薄膜精细控制工艺的限制，器件加工层面的缺陷或误差会导致分子构效关系与器件性能之间的不确定性，尤其是当有机半导体层的材料也为聚合物材料，层间互溶效应会严重影响对器件性能的实际评价。因此，提高溶液加工工艺、改善聚合物成膜质量，以提高器件单元之间的性能一致性和重复性，厘清电荷存储机制，依然任重道远。在小分子材料中，更强的电子供体基团可以提供更大的电子密度，增强存储空穴载流子的能力。通过设计一种同时具有 P 型空穴俘获位点和 N 型电子俘获位点的小分子存储介质，可以精确地控制电荷俘获载体的类型，实现双极型 OFET 存储器。因此，小分子的合理电子结构设计可以平衡电荷传输和电荷存储，这对有效地俘获和稳定电荷至关重要。在铁电材料中，当膜厚减小到 200nm 以下时，薄膜的自发极化会明显减弱，矫顽力场增强，这会增加器件的能量消耗。因此，探索一种方法来改善铁电聚合物的上述缺陷，以满足电子器件最小化的要求是非常必要的。目前，有机铁电材料的种类较少，研发高性能的有机铁电材料至关重要。

3．存储级内存

存储级内存（Storage Class Memory，SCM）是介于 DRAM 和 NAND Flash 之间的新型内存存储技术。SCM 具有如下几个突出特点：非易失、极短的存取时间（如 DRAM）、较大的存储密度（如 NAND Flash）、每比特价格低廉（如磁盘）。在 OTFT 存储器中，一方面需要有机半导体层和电荷俘获层之间有较大的势垒来保持电荷存储状态；另一方面，由于势垒的存在，电荷注入通常由 FN 隧穿效应控制，因此需要较大的写入电压（>10V）和较长的写入时间（>1ms），这就是"时间-电压"困境。为解决这个问题，研究人员利用多层 2D 半导体异质结设计了半浮栅结构，写入时间可达 20ns。然而，在 OTFT 存储器中实现低操作电压的超快非易失性存储，仍然是一个巨大的挑战。因此，必须通过引入新材料、新结构、新原理，突破"时间-电压"困境，提升有机存储芯片的研究水平。

4．神经形态电子

大数据的实时性处理需要功能集成的信息器件，来解决因存储与处理分离的工作方式造成的延迟和能耗问题。在交叉学科领域中，人工突触器件、神经元器件和神经形态计算显示出广阔的前景。在当前构建的基于 OTFT 的神经形态电子器件中，分子设计已经远远落后于器件结构设计和功能集成。截至本书成稿之时，人们对神经形态电子的研究主要集中在人工突触器件上，对模拟生物神经元信息处理功能的研究还局限于少数文献，迫切需要更深入的研究。由于生物神经元排列在 3D 空间，突触连接

量约为 10^{15} 个，因此神经形态器件的互连是一个巨大的挑战。在高效的神经形态计算方面，对沟道电导的精细调节仍然是一个挑战。功能材料和器件结构的设计，如沟道材料、介电材料、平面结构、垂直结构、多栅结构等，都需要被充分考虑。

5. 低功耗

低功耗是实现大规模集成阵列的一大挑战。光子人工突触显示出计算速度快、计算功耗低和串扰小的优势。基于 OTFT 的光子突触的创新应用是一个比较前沿的研究领域，如人工视网膜、光刺激神经肌肉电子系统等。考虑到光子突触主要受光刺激，因此材料的光响应性、电荷分离效率和传输能力应受到更多关注。光敏半导体材料可直接用作沟道材料，同时承担光生电荷分离和传输的功能，而一些材料可用于光电探测器模块，主要将光信号传输为电信号。未来，需要探索新的器件结构和机制，以实现更低功耗、更高算力，这决定了 OTFT 存储器能否应用于高速、实时的图像采集和预处理场景，如健康监测、智能显示等。

6. 芯片集成

理想的存储器件应具有以下特性：单器件尺寸小（$<1\mu m^2$）、写入/读取时间短（$<1\mu s$）、能耗低（每次开关事件$<1pJ$）、状态保持时间长（$10^3 \sim 10^8 s$）、开关噪声低（$<0.5\%$）和出色的循环次数（$>10^9$ 次）。因此，如何提高加工工艺、改善成膜质量，以提高器件单元之间的性能一致性和重复性，是大规模集成阵列需要解决的关键问题之一。另外，需要基于现有的产品加工线，开发出新的价格低廉、制备工艺简单的成膜和图案化技术，如喷墨打印技术、卷对卷压印等低成本的、可大面积、可连续生产的高精度溶液加工技术，实现大面积的集成。此外，产品级的器件还需要在大面积柔性需求与性能之间找到平衡点。

目前，我国半导体产业链已掌握 Flash 存储系统的关键技术，国内的头部厂商在 DRAM 及 NAND Flash 芯片设计领域已经有所建树，在中低端市场能够实现国产化替代。长江存储的 32 层 3D NAND Flash 已于 2019 年开始量产，其 128 层 3D NAND Flash 产品于 2020 年 5 月正式开始量产，该公司甚至已经开始研究 256 层和 512 层的产品。此外，长江存储于 2022 年 1 月宣布其自主研发的 DDR5/LPDDR5 内存芯片已经成功进入量产阶段。截至本书成稿之时，长江存储已经自主研发出 Xtacking 技术，并将其应用于 DRAM 领域，开发出更高性能、更低功耗、更可靠的 DRAM 产品，以满足不断增长的计算机和移动设备等市场对高性能内存的需求。在相继攻克了 3D NAND Flash 和 DRAM 技术，解决了存储器有无的问题之后，我国下一步要解决就是良率的提升、产能爬坡及下一代技术的研发问题。

OTFT 是一个相对成熟的领域，硅基 CMOS 工业有许多成功经验值得借鉴，特别是与有机半导体层/介电层界面相关的工作。基于扎实的理论基础和丰富、完善的材料体系，OTFT 存储器领域在未来必将快速发展。

附录 南京邮电大学光电材料研究所相关领域论文列表（2011—2023年）

1. Shao H, Li Y Q, Yang W, et al. A Reconfigurable Optoelectronic Synaptic Transistor with Stable Zr-CsPbI$_3$ Nanocrystals for Visuomorphic Computing[J]. Advanced Materials, 2023, 35(12): 2208497.

2. Jiang T, Wang Y R, Zheng Y S, et al. Tetrachromatic Vision-inspired Neuromorphic Sensors with Ultraweak Ultraviolet Detection[J]. Nature Communications, 2023, 14(1): 2281.

3. Yu Y, Wang L, Lin D Q, et al. A Bn-doped U-shaped Heteroacene as a Molecular Floating Gate for Ambipolar Charge Trapping Memory[J]. Angewandte Chemie International Edition, 2023, 62(22): e202303335.

4. Li W, Sun K, Yang L, et al. In Situ Self-assembly of Nanoscale Particles into Macroscale Ordered Monolayers with Enhanced Memory Performance[J]. Small, 2023, 19(11): 2207468.

5. Wang H, Qian H, Li W, et al. Large-area Arrays of Polymer-tethered Gold Nanorods with Controllable Orientation and Their Application in Nano-floating-gate Memory Devices[J]. Small, 2023, 19: 2208288.

6. Wang L, Zhang T, Shen J, et al. Flexibly Photo-regulated Brain-inspired Functions in Flexible Neuromorphic Transistors[J]. ACS Applied Materials & Interfaces, 2023, 15(10): 13380-13392.

7. Fu J W, Wang J, He X, et al. Pseudo-transistors for Emerging Neuromorphic Electronics[J]. Science and Technology of Advanced Materials, 2023, 24(1): 2180286.

8. Chen Y, Hua J, Li Y Q, et al. Selective Release of Excitatory-inhibitory Neurotransmitters Emulated by Unipolar Synaptic Transistors Via Gate Voltage Amplitude Modulation[J]. Advanced Materials Technologies, 2023, 8(5): 2201367.

9. Yang Y H, Li Z G, Wu CH, et al. Nanostructured Interfacial Dipole Layers for High-performance and Highly Stable Nonvolatile Organic Field-effect Transistor Memory[J]. Journal of Materials Chemistry C, 2022, 10(9): 3292-3299.

10. Wang L, Zheng C Y, Fu J W, et al. Influence of Molecular Weight of Polymer Electret on the Synaptic Organic Field-effect Transistor Performance[J]. Advanced Electronic Materials, 2022, 8(9): 2200155.

11. Shi N, Zhang J, Ding Z, et al. Ultrathin Metal-organic Framework Nanosheets as Nano-floating-gate for High Performance Transistor Memory Device[J]. Advanced Functional Materials, 2022, 32(12): 2110784.

12. Lin D Q, Zhang W H, Yin H, et al. Cross-scale Synthesis of Organic High-*k* Semiconductors based on Spiro-gridized Nanopolymers[J]. Research, 2022, 2022: 9820585.

13. Zhang P, Guo Y, Cao K Y, et al. An Organic Field Effect Transistor Memory Adopting Octadecyltrichlorosilane Self-assembled Monolayer[J]. Journal of Physics D: Applied Physics, 2021, 54(9): 095106.

14. Zhang P, Guo Y, Cao K Y, et al. The Effect of Shallow Trap Density on the Electrical Characteristics of an Organic Nonvolatile Memory Device based on Eight-hydroxyquinoline[J]. IEEE Transactions on Electron Devices, 2021, 68(3): 1235-1241.

15. Zhang J, Xie M, Xin Y, et al. Organophosphine-sandwiched Copper Iodide Cluster Enables Charge Trapping[J]. Angewandte Chemie International Edition, 2021, 60(47): 24894-24900.

16. Yu J, Yang A N, Wang N X, et al. Highly Sensitive Detection of Caspase-3 Activity based on Peptide-modified Organic Electrochemical Transistor Biosensors[J]. Nanoscale, 2021, 13(5): 2868-2874.

17. Wang N X, Xie L P, Ling H F, et al. Ethylenedioxythiophene Incorporated Diketopyrrolopyrrole Conjugated Polymers for High-performance Organic Electrochemical Transistors[J]. Journal of Materials Chemistry C, 2021, 9(12): 4260-4266.

18. Wang C L, Li Y, Wang Y C, et al. Thin-film Transistors for Emerging Neuromorphic Electronics: Fundamentals, Materials, and Pattern Recognition[J]. Journal of Materials Chemistry C, 2021, 9(35): 11464-11483.

19. Shi N E, Zhang J, Ding Z, et al. Ultrathin Metal-organic Framework Nanosheets as Nano-floating-gate for High Performance Transistor Memory Device[J]. Advanced Functional Materials, 2021, 32(12): 2110784.

20. Bian H Y, Goh Y Y, Liu Y X, et al. Stimuli-responsive Memristive Materials for Artificial Synapses and Neuromorphic Computing[J]. Advanced Materials, 2021,

33(46): 2006469.

21. Zhang P, Yi M D, Huang L Y, et al. Improvement of Memory Characteristics for an Organic Charge Trapping Memory by Introduction of Ps Tunneling Layer[J]. Organic Electronics, 2020, 87: 105967.

22. Yang F S, Li M J , Lee M P, et al. Oxidation-boosted Charge Trapping in Ultra-sensitive Van Der Waals Materials for Artificial Synaptic Features[J]. Nature Communications, 2020, 11(1): 2972.

23. Wang J, Zhang H, Xie L H, et al. Charge Trapping in the Films Blended with Polystyrene and Different Cyano-substituted Spirofluorenes Organic Small Molecules[J]. Applied Physics A, 2020, 126(6): 451.

24. Ling H F, Koutsouras D A, Kazemzadeh S, et al. Electrolyte-gated Transistors for Synaptic Electronics, Neuromorphic Computing, and Adaptable Biointerfacing[J]. Applied Physics Reviews, 2020, 7(1): 011307.

25. Zhao J, Li H, Li H, et al. Synthesis, Characterization and Charge Storage Properties of Π-biindolo[2,3-b]quinoxaline for Solution-processing Organic Transistor Memory[J]. Dyes and Pigments, 2019, 167: 255-261.

26. Yu Y, Ma Q H, Ling H F, et al. Small-molecule-based Organic Field-effect Transistor for Nonvolatile Memory and Artificial Synapse[J]. Advanced Functional Materials, 2019, 29(50): 1904602.

27. Xu H, Jin J, Zhang J, et al. Investigation of Self-assembly and Charge-transport Property of One-dimensional PDI_8-CN_2 Nanowires by Solvent-vapor Annealing[J]. Materials, 2019, 12(3): 438.

28. Ling H F, Wu D Q, Wang T, et al. Stability Improvement in Flexible Low-voltage Organic Field-effect Transistors with Complementary Polymeric Dielectrics[J]. Organic Electronics, 2019, 65: 259-265.

29. Ling H, Wang N, Yang A, et al. Dynamically Reconfigurable Short-term Synapse with Millivolt Stimulus Resolution based on Organic Electrochemical Transistors[J]. Advanced Materials Technologies, 2019, 4(9): 1900471.

30. Li Y, Wang N X, Yang A N, et al. Biomimicking Stretchable Organic Electrochemical Transistor[J]. Advanced Electronic Materials, 2019, 5(10): 1900566.

31. Li W, Zhang P, Li H Q, et al. A Tricolour Photodetecting Memory Device based on Lead Sulfide Colloidal Quantum Dots Floating Gate[J]. Organic Electronics, 2019, 75: 105111.

32. Han J, Liu X B, Li Y, et al. New Synthetic Approaches for Hexacene and Its Application in Thin-film Transistors[J]. Organic Chemistry Frontiers, 2019, 6(16): 2839-2843.

33. Zheng C, Tong T, Hu Y, et al. Charge-storage Aromatic Amino Compounds for Nonvolatile Organic Transistor Memory Devices[J]. Small, 2018, 14(25): e1800756.

34. Zhang P, Chen X D, Li W, et al. Organic Non-volatile Memory based on Pentacene/Tris(8-hydroxy Quinoline) Aluminum Heterojunction Transistor[J]. Organic Electronics, 2018, 57: 335-340.

35. Yu Y, Bian L Y, Chen J G, et al. 4,5-diazafluorene-based Donor-acceptor Small Molecules as Charge Trapping Elements for Tunable Nonvolatile Organic Transistor Memory[J]. Advanced Science, 2018, 5(12): 1800747.

36. Wang K, Ling H F, Bao Y, et al. A Centimeter-scale Inorganic Nanoparticle Superlattice Monolayer with Non-close-packing and Its High Performance in Memory Devices[J]. Advanced Materials, 2018, 30(27): 1800595.

37. Wang J, Xu J J, Wang X, et al. Excellent Charge-storage Properties of Polystyrene/SFXs Electret Films by Repeated Contact with an AFM Probe[J]. Physica Status Solidi B, 2018, 255(6): 1700611.

38. Ling H F, Liu S H, Zheng Z J, et al. Organic Flexible Electronics[J]. Small Methods, 2018, 2(10): 1800070.

39. Li X, Yang J, Song Z, et al. Naphthalene Diimide Ammonium Directed Single-crystalline Perovskites with "Atypical" Ambipolar Charge Transport Signatures in Two-dimensional Limit[J]. ACS Applied Energy Materials, 2018, 1(9): 4467-4472.

40. Li W, Guo F N, Ling H F, et al. Solution-processed Wide-bandgap Organic Semiconductor Nanostructures Arrays for Nonvolatile Organic Field-effect Transistor Memory[J]. Small, 2018, 14(2): 1701437.

41. Hu Y, Wang H, Liu S, et al. Hepta-thienoacenes with Internal Carbazole: Synthesis, Regioselectivities and Organic Field-effect Transistor Applications[J]. Asian Journal of Organic Chemistry, 2018, 7(11): 2271-2278.

42. Gong X, Zheng C, Feng X, et al. 1,8-substituted Pyrene Derivatives for High-performance Organic Field-effect Transistors[J]. Chemistry—An Asian Journal, 2018, 13(24): 3920-3927.

43. Zhao B, Yan C, Wang Z, et al. Ladder-type Nonacyclic Indacenodithieno[3,2-b]indole for Highly Efficient Organic Field-effect Transistors and Organic Photovoltaics[J]. Journal of Materials Chemistry C, 2017, 5(35): 8988-8998.

44. Wang L Y, Wang Z Y, Zhao W, et al. Controllable Multiple Depression in a Graphene Oxide Artificial Synapse[J]. Advanced Electronic Materials, 2017, 3(1): 1600244.

45. Wang J, Wang X, Xu J J, et al. The Trapping, Detrapping, and Transport of the Ambipolar Charges in the Electret of Polystyrene/C_{60} Blend Films[J]. Organic Electronics, 2017, 44: 247-252.

46. Shi N, Liu D, Jin X, et al. Floating-gate Nanofibrous Electret Arrays for High Performance Nonvolatile Organic Transistor Memory Devices[J]. Organic Electronics, 2017, 49: 218-225.

47. Ling H F, Zhang CX, Chen Y, et al. Engineering the Mobility Increment in Pentacene-based Field-effect Transistors by Fast Cooling of Polymeric Modification Layer[J]. Journal of Physics D: Applied Physics, 2017, 50(21): 215107.

48. Ling H F, Li W, Li H Q, et al. Effect of Thickness of Polymer Electret on Charge Trapping Properties of Pentacene-based Nonvolatile Field-effect Transistor Memory[J]. Organic Electronics, 2017, 43: 222-228.

49. Li Y, Feng Q Y, Ling H F, et al. Bulky Side Chain Effect of Poly(N-vinylcarbazole)-based Stacked Polymer Electrets on Device Performance Parameters of Transistor Memories[J]. Journal of Polymer Science Part A: Polymer Chemistry, 2017, 55(21): 3554-3564.

50. Li W, Guo F Q, Ling H F, et al. High-performance Nonvolatile Organic Field-effect Transistor Memory based on Organic Semiconductor Heterostructures of Pentacene/P13/Pentacene as both Charge Transport and Trapping Layers[J]. Advanced Science, 2017, 4(8): 1700007.

51. 陈艳, 张晨曦, 王来源, 等. 基于平面晶体管型器件的突触可塑性模拟[J]. 科学通报, 2017, 62(28): 16.

52. Wang J, Wang X, Xu W J, et al. Detection of Trapped Charges in the Blend Films of Polystyrene/SFDBAO Electrets by Electrostatic and Kelvin Probe Force Microscopy[J]. Physical Chemistry Chemical Physics, 2016, 18(14): 9412-9418.

53. Liu Z D, Bao Y, Ling H F, et al. Cyclopentadithiophene based Branched Polymer Electrets Synthesized by Friedel-crafts Polymerization[J]. Journal of Polymer

Science Part A: Polymer Chemistry, 2016, 54(19): 3140-3150.

54. Ling H F, Lin J Y, Yi M D, et al. Synergistic Effects of Self-doped Nanostructures as Charge Trapping Elements in Organic Field Effect Transistor Memory[J]. ACS Applied Materials & Interfaces, 2016, 8(29): 18969-18977.

55. Li W, Yi M, Ling H, et al. Analysis of Temperature-dependent Electrical Transport Properties of Nonvolatile Organic Field-effect Transistor Memories based on PMMA Film as Charge Trapping Layer[J]. Journal of Physics D: Applied Physics, 2016, 49(12): 125104.

56. Yi M D, Zhang N, Xie L H, et al. Ambipolar Organic Heterojunction Transistors based on $F_{16}CuPc/CuPc$ with a MoO_3 Buffer Layer[J]. Journal of Semiconductors, 2015, 36(10): 104001.

57. Yi M D, Xie M, Shao Y Q, et al. Light Programmable/Erasable Organic Field-effect Transistor Ambipolar Memory Devices based on the Pentacene/PVK Active Layer[J]. Journal of Materials Chemistry C, 2015, 3(20): 5220-5225.

58. Yi M D, Guo J L, Li W, et al. High-mobility Flexible Pentacene-based Organic Field-effect Transistors with PMMA/PVP Double Gate Insulator Layers and the Investigation on Their Mechanical Flexibility and Thermal Stability[J]. RSC Advances, 2015, 5(115): 95273-95279.

59. Wang J, Wang X, Xu W J, et al. Charge Trapping Behavior Visualization of Dumbbell-shaped DSFXPY Via Electrical Force Microscopy[J]. Journal of Materials Chemistry C, 2015, 3(48): 12436-12442.

60. Sun C, Lin Z Q, Xu W J, et al. Dipole Moment Effect of Cyano-substituted Spirofluorenes on Charge Storage for Organic Transistor Memory[J]. The Journal of Physical Chemistry C, 2015, 119(32): 18014-18021.

61. Qian Y, Li W W, Li W, et al. Reversible Optical and Electrical Switching of Air-stable OFETs for Nonvolatile Multi-level Memories and Logic Gates[J]. Advanced Electronic Materials, 2015, 1(12): 1500230.

62. Yi M D, Guo Y X, Guo J L, et al. The Mechanical Bending Effect and Mechanism of High Performance and Low-voltage Flexible Organic Thin-film Transistors with a Cross-linked PVP Dielectric Layer[J]. Journal of Materials Chemistry C, 2014, 2(16): 2998-3004.

63. Lin J Y, Li W, Yu Z Z, et al. Π-conjugation-interrupted Hyperbranched Polymer Electrets for Organic Nonvolatile Transistor Memory Devices[J]. Journal of Materials Chemistry C, 2014, 2(19): 3738-3743.

64. 柴玉华, 郭玉秀, 卞伟, 等. 柔性有机非易失性场效应晶体管存储器的研究进展[J]. 物理学报, 2014, 63(2): 027302.

65. Du Z Z, Li W, Ai W, et al. Chemoselective Reduction of Graphene Oxide and Its Application in Nonvolatile Organic Transistor Memory Devices[J]. RSC Advances, 2013, 3(48): 25788-25791.

66. 董京, 柴玉华, 赵跃智, 等. 柔性有机场效应晶体管研究进展[J]. 物理学报, 2013, 62(4): 047301.

67. 卞伟, 李雯, 张宁, 等. 有机发光晶体管的研究进展[J]. 科学通报, 2013, 58(19): 1817-1832.

68. 石巍巍, 李雯, 仪明东, 等. 基于栅绝缘层表面修饰的有机场效应晶体管迁移率的研究进展[J]. 物理学报, 2012, 61(22): 228502.

69. 陈淑芬, 戴春雷, 牟鑫, 等. 有机场效应晶体管研究与应用展望[J]. 南京邮电大学学报（自然科学版）, 2011, 31(3): 94.

70. Yi M, Xia X, Yang T, et al. Vertical N-type Organic Transistors with Tri(8-hydroxyquinoline) aluminum as Collector and Fullerene as Emitter[J]. Applied Physics Letters, 2011, 98(7): 073309.

参考文献

[1] Edgar L J. Inventor Method and Apparatus for Controlling Electric Currents: US1745175[P]. (1930)[2023-5-20].

[2] Dylan A. Metal Oxide Semiconductor (MOS) Transistor Demonstrated[R]. The Silicon Engine, Computer History Museum, 1960.

[3] Kahng D, Sze S M. A Floating Gate and Its Application to Memory Devices[J]. The Bell System Technical Journal, 1967, 46(6): 288-1295.

[4] Chiang C K, Fincher C R, Park Y W, et al. Electrical Conductivity in Doped Polyacetylene[J]. Physical Review Letters, 1977, 39(17): 1098-1101.

[5] Tsumura A, Koezuka H, Ando T. Macromolecular Electronic Device: Field-effect Transistor with a Polythiophene Thin Film[J]. Applied Physics Letters, 1986, 49(18): 1210-1212.

[6] Velu G, Legrand C, Tharaud O, et al. Low Driving Voltages and Memory Effect in Organic Thin-film Transistors with a Ferroelectric Gate Insulator[J]. Applied Physics Letters, 2001, 79(5): 659-661.

[7] Katz H E, Hong X M, Dodabalapur A, et al. Organic Field-effect Transistors with Polarizable Gate Insulators[J]. Journal of Applied Physics, 2002, 91(3): 1572-1576.

[8] Mushrush M, Facchetti A, Lefenfeld M, et al. Easily Processable Phenylene—Thiophene-based Organic Field-effect Transistors and Solution-fabricated Nonvolatile Transistor Memory Elements[J]. Journal of the American Chemical Society, 2003, 125(31): 9414-9423.

[9] Narayan K S, Kumar N. Light Responsive Polymer Field-effect Transistor[J]. Applied Physics Letters, 2001, 79(12): 1891-1893.

[10] Dutta S, Narayan K S. Gate-voltage Control of Optically-induced Charges and Memory Effects in Polymer Field-effect Transistors[J]. Advanced Materials, 2004, 16(23-24): 2151-2155.

[11] 胡文平, 刘云圻, 朱道本. 有机薄膜场效应晶体管[J]. 物理, 1997(11): 11-15.

[12] Mead C. Neuromorphic Electronic Systems[J]. Proceedings of the IEEE, 1990, 78(10): 1629-1636.

[13] Kheradpisheh S R, Ganjtabesh M, Thorpe S J, et al. STDP-based Spiking Deep Convolutional Neural Networks for Object Recognition[J]. Neural Networks, 2018, 99: 56-67.

[14] Akopyan F, Sawada J, Cassidy A, et al. Truenorth: Design and Tool Flow of a 65 Mw 1 Million Neuron Programmable Neurosynaptic Chip[J]. IEEE Transactions on Computer-Aided Design of Integrated Circuits and Systems, 2015, 34(10): 1537-1557.

[15] Davies M, Srinivasa N, Lin T, et al. Loihi: A Neuromorphic Manycore Processor with On-chip Learning[J]. IEEE Micro, 2018, 38(1): 82-99.

[16] Diorio C, Hasler P, Minch A, et al. A Single-transistor Silicon Synapse[J]. IEEE Transactions on Electron Devices, 1996, 43(11): 1972-1980.

[17] Alibart F, Pleutin S, Guérin D, et al. An Organic Nanoparticle Transistor Behaving as a Biological Spiking Synapse[J]. Advanced Functional Materials, 2010, 20(2): 330-337.

[18] Yu Y, Ma Q, Ling H, et al. Small-molecule-based Organic Field-effect Transistor for Nonvolatile Memory and Artificial Synapse[J]. Advanced Functional Materials, 2019, 29(50): 1904602.

[19] Yi M, Xie M, Shao Y, et al. Light Programmable/Erasable Organic Field-effect Transistor Ambipolar Memory Devices based on the Pentacene/PVK Active Layer[J]. Journal of Materials Chemistry C, 2015, 3(20): 5220-5225.

[20] Yuan Y, Giri G, Ayzner A L, et al. Ultra-high Mobility Transparent Organic Thin Film Transistors Grown by an Off-centre Spin-coating Method[J]. Nature Communications, 2014, 5(1): 3005.

[21] Butko V Y, Chi X, Lang D V, et al. Field-effect Transistor on Pentacene Single Crystal[J]. Applied Physics Letters, 2003, 83(23): 4773-4775.

[22] Zen A, Pflaum J, Hirschmann S, et al. Effect of Molecular Weight and Annealing of Poly(3-Hexylthiophene)S on the Performance of Organic Field-effect Transistors[J]. Advanced Functional Materials, 2004, 14(8): 757-764.

[23] Zhou Y, Han S T, Xu Z X, et al. Controlled Ambipolar Charge Transport through a Self-assembled Gold Nanoparticle Monolayer[J]. Advanced Materials, 2012, 24(9): 1247-1251.

[24] Li W, Guo F, Ling H, et al. High-performance Nonvolatile Organic Field-effect Transistor Memory based on Organic Semiconductor Heterostructures of Pentacene/P13/Pentacene as both Charge Transport and Trapping Layers[J]. Advanced Science, 2017, 4(8): 1700007.

[25] Zhang L, Wu T, Guo Y, et al. Large-area, Flexible Imaging Arrays Constructed by Light-charge Organic Memories[J]. Scientific Reports, 2013, 3(1): 1080.

[26] Lee S A, Kim D Y, Jeong K U, et al. Molecular-scale Charge Trap Medium for Organic Non-volatile Memory Transistors[J]. Organic Electronics, 2015, 27: 18-23.

[27] Zhou Y, Han S T, Yan Y, et al. Solution Processed Molecular Floating Gate for Flexible Flash Memories[J]. Scientific Reports, 2013, 3(1): 3093.

[28] Aimi J, Lo C T, Wu H C, et al. Phthalocyanine-cored Star-shaped Polystyrene for Nano Floating Gate in Nonvolatile Organic Transistor Memory Device[J]. Advanced Electronic Materials, 2016, 2(2): 1500300.

[29] Tseng C W, Huang D C, Tao Y T. Azobenzene-functionalized Gold Nanoparticles as Hybrid Double-floating-gate in Pentacene Thin-film Transistors/Memories with Enhanced Response, Retention, and Memory Windows[J]. ACS Applied Materials & Interfaces, 2013, 5 19: 9528-9536.

[30] Tseng C W, Huang D C, Tao Y T. Organic Transistor Memory with a Charge Storage Molecular Double-floating-gate Monolayer[J]. ACS Applied Materials & Interfaces, 2015, 7(18): 9767-9775.

[31] Chen H, Cheng N, Ma W, et al. Design of a Photoactive Hybrid Bilayer Dielectric for Flexible Nonvolatile Organic Memory Transistors[J]. ACS Nano, 2016, 10(1): 436-445.

[32] Singh T B, Marjanović N, Matt G J, et al. Nonvolatile Organic Field-effect Transistor Memory Element with a Polymeric Gate Electret[J]. Applied Physics Letters, 2004, 85(22): 5409-5411.

[33] Baeg K J, Noh Y Y, Ghim J, et al. Polarity Effects of Polymer Gate Electrets on Non-volatile Organic Field-effect Transistor Memory[J]. Advanced Functional Materials, 2008, 18(22): 3678-3685.

[34] Chou Y H, Chang H C, Liu C L, et al. Polymeric Charge Storage Electrets for Non-volatile Organic Field Effect Transistor Memory Devices[J]. Polymer Chemistry, 2015, 6(3): 341-352.

[35] Wu W, Zhang H, Wang Y, et al. High-performance Organic Transistor Memory Elements with Steep Flanks of Hysteresis[J]. Advanced Functional Materials, 2008, 18(17): 2593-2601.

[36] Baeg K J, Khim D, Kim D Y, et al. Organic Nano-floating-gate Memory with Polymer:[6,6]-Phenyl-C61butyric Acid Methyl Ester Composite Films[J]. Japanese Journal of Applied Physics, 2010, 49(5): 05EB01.

[37] Shi N, Liu D, Jin X, et al. Floating-Gate Nanofibrous Electret Arrays for High Performance Nonvolatile Organic Transistor Memory Devices[J]. Organic Electronics, 2017, 49: 218-225.

[38] Han ST, Zhou Y, Wang C, et al. Layer-by-layer-assembled Reduced Graphene Oxide/Gold Nanoparticle Hybrid Double-floating-gate Structure for Low-voltage Flexible Flash Memory[J]. Advanced Materials, 2013, 25(6): 872-877, 793.

[39] Kim Y J, Kang M, Lee M H, et al. High-performance Flexible Organic Nonvolatile Memories with Outstanding Stability Using Nickel Oxide Nanofloating Gate and Polymer Electret[J]. Advanced Electronic Materials, 2020, 6(6): 2000189.

[40] Jiang T, Shao Z, Fang H, et al. High-performance Nanofloating Gate Memory based on Lead Halide Perovskite Nanocrystals[J]. ACS Applied Materials & Interfaces, 2019, 11(27): 24367-24376.

[41] Schmidt L C, Pertegás A, González-Carrero S, et al. Nontemplate Synthesis of $CH_3NH_3PbBr_3$ Perovskite Nanoparticles[J]. Journal of the American Chemical Society, 2014, 136(3): 850-853.

[42] Yang H, Yang Q, He L, et al. Flexible Multi-level Quasi-volatile Memory based on Organic Vertical Transistor[J]. Nano Research, 2022, 15(1): 386-394.

[43] Pei J, Wu X, Liu W J, et al. Photoelectric Logic and in Situ Memory Transistors with Stepped Floating Gates of Perovskite Quantum Dots[J]. ACS Nano, 2022, 16(2): 2442-2451.

[44] Yang T, Wang H, Zhang B, et al. Enhanced Memory Characteristics of Charge Trapping Memory by Employing Graphene Oxide Quantum Dots[J]. Applied Physics Letters, 2020, 116(10): 103501.

[45] Lee HS, Min S W, Park M K, et al. MoS_2 Nanosheets for Top-gate Nonvolatile Memory Transistor Channel[J]. Small, 2012, 8(20): 3111-3115.

[46] Wang Q, Wen Y, Cai K, et al. Nonvolatile Infrared Memory in MoS_2/PbS Van Der Waals Heterostructures[J]. Science Advances, 2018, 4(4): eaap7916.

[47] Ling H, Li W, Li H, et al. Effect of Thickness of Polymer Electret on Charge Trapping Properties of Pentacene-based Nonvolatile Field-effect Transistor Memory[J]. Organic Electronics, 2017, 43: 222-228.

[48] Kim J, Lee S C, Lee H S, et al. Effects of Film Microstructure on the Bias Stability of Pentacene Field-effect Transistors[J]. Organic Electronics, 2016, 29: 7-12.

[49] Guo Y, Di CA, Ye S, et al. Multibit Storage of Organic Thin-film Field-effect Transistors[J]. Advanced Materials, 2009, 21(19): 1954-1959.

[50] Wang L, Zheng C, Fu J, et al. Influence of Molecular Weight of Polymer Electret on the Synaptic Organic Field-effect Transistor Performance[J]. Advanced Electronic Materials, 2022, 8(9): 2200155.

[51] Li W, Yi M, Ling H, et al. Analysis of Temperature-dependent Electrical Transport Properties of Nonvolatile Organic Field-effect Transistor Memories based on Pmma Film as Charge Trapping Layer[J]. Journal of Physics D: Applied Physics, 2016, 49(12): 125104.

[52] 凌海峰. 基于聚合物驻极体的有机场效应晶体管存储器及其光调控研究[D].南京: 南京邮电大学, 2017.

[53] Ji D, Li T, Fuchs H. Patterning and Applications of Nanoporous Structures in Organic Electronics[J]. Nano Today, 2020, 31: 100843.

[54] Li R K, To H, Andonian G, et al. Surface-plasmon Resonance-enhanced Multiphoton Emission of High-brightness Electron Beams from a Nanostructured Copper Cathode[J]. Physical Review Letters, 2013, 110(7): 074801.

[55] Shabanpour J, Beyraghi S, Ghorbani F, et al. Implementation of Conformal Digital Metasurfaces for Thz Polarimetric Sensing[J]. OSA Continuum, 2021, 4(4): 1372-1380.

[56] Li M, Pernice W H P, Tang H X. Tunable Bipolar Optical Interactions between Guided Lightwaves[J]. Nature Photonics, 2009, 3(8): 464-468.

[57] Lee H, Heo S G, Bae Y, et al. Multiple Guidance of Light Using Asymmetric Micro Prism Arrays for Privacy Protection of Device Displays[J]. Opt Express, 2021, 29(2): 2884-2892.

[58] Vala M, Ertsgaard C T, Wittenberg N J, et al. Plasmonic Sensing on Symmetric Nanohole Arrays Supporting High-Q Hybrid Modes and Reflection Geometry[J]. ACS Sensors, 2019, 4(12): 3265-3274.

[59] Huang X, Jiang Ka, Niu Y, et al. Configurable Ultra-low Operating Voltage Resistive Switching between Bipolar and Threshold Behaviors for Ag/TaO$_x$/Pt Structures[J]. Applied Physics Letters, 2018, 113(11): 112103.

[60] Lei Y, Chim W K. Shape and Size Control of Regularly Arrayed Nanodots Fabricated Using Ultrathin Alumina Masks[J]. Chemistry of Materials, 2005, 17(3): 580-585.

[61] Zhang G, Hsu C, Lan C, et al. Tailoring Nanohole Plasmonic Resonance with Light-responsive Azobenzene Compound[J]. ACS Applied Materials & Interfaces, 2019, 11(2): 2254-2263.

[62] Ruiz R, Kang H, Detcheverry F A, et al. Density Multiplication and Improved Lithography by Directed Block Copolymer Assembly[J]. Science, 2008, 321(5891): 936-939.

[63] Wang Y, Cui H, Zhu M, et al. Tailoring Phase Transition in Poly (3-Hexylselenophene) Thin Films and Correlating Their Crystalline Polymorphs with Charge Transport Properties for Organic Field-effect Transistors[J]. Macromolecules, 2017, 50(24): 9674-9682.

[64] Ling H, Lin J, Yi M, et al. Synergistic Effects of Self-doped Nanostructures as Charge Trapping Elements in Organic Field Effect Transistor Memory[J]. ACS Applied Materials & Interfaces, 2016, 8(29): 18969-18977.

[65] Zheng C, Tong T, Hu Y, et al. Charge-storage Aromatic Amino Compounds for Nonvolatile Organic Transistor Memory Devices[J]. Small, 2018, 14(25): e1800756.

[66] Lee W H, Park Y D. Organic Semiconductor/Insulator Polymer Blends for High-performance Organic Transistors[J]. Polymers, 2014: 1057-1073.

[67] Arias A C, Endicott F, Street R A. Surface-induced Self-encapsulation of Polymer Thin-film Transistors[J]. Advanced Materials, 2006, 18(21): 2900-2904.

[68] Wang X, Lee W H, Zhang G, et al. Self-stratified Semiconductor/Dielectric Polymer Blends: Vertical Phase Separation for Facile Fabrication of Organic Transistors[J]. Journal of Materials Chemistry C, 2013, 1(25): 3989-3998.

[69] Aimi J, Lo C T, Wu H C, et al. Phthalocyanine-cored Star-shaped Polystyrene for Nano Floating Gate in Nonvolatile Organic Transistor Memory Device[J]. Advanced Electronic Materials, 2015, 2(2).

[70] Moons E. Conjugated Polymer Blends: Linking Film Morphology to Performance of Light Emitting Diodes and Photodiodes[J]. Journal of Physics:Condensed Matter, 2002, 14(47): 12235-12260.

[71] Lee W H, Lim J A, Kwak D, et al. Semiconductor-dielectric Blends: A Facile All Solution Route to Flexible All-organic Transistors[J]. Advanced Materials, 2009, 21(42): 4243-4248.

[72] Chua L L, Ho P K H, Sirringhaus H, et al. Observation of Field-effect Transistor Behavior at Self-organized Interfaces[J]. Advanced Materials, 2004, 16(18): 1609-1615.

[73] Lee W H, Kwak D, Anthony J E, et al. The Influence of the Solvent Evaporation Rate on the Phase Separation and Electrical Performances of Soluble Acene-polymer Blend Semiconductors[J]. Advanced Functional Materials, 2012, 22(2): 267-281.

[74] Yang Y, Li Z, Wu C, et al. Nanostructured Interfacial Dipole Layers for High-performance and Highly Stable Nonvolatile Organic Field-effect Transistor Memory[J]. Journal of Materials Chemistry C, 2022, 10(9): 3292-3299.

[75] Wang K, Ling H, Bao Y, et al. A Centimeter-scale Inorganic Nanoparticle Superlattice Monolayer with Non-close-packing and Its High Performance in Memory Devices[J]. Advanced Materials, 2018, 30(27): e1800595.

[76] Rao C N R, Kalyanikutty K P. The Liquid-liquid Interface as a Medium to Generate Nanocrystalline Films of Inorganic Materials[J]. Accounts of Chemical Research, 2008, 41(4): 489-499.

[77] Ohara P C, Heath J R, Gelbart W M. Self-assembly of Submicrometer Rings of Particles from Solutions of Nanoparticles[J]. Angewandte Chemie International Edition, 1997, 36(10): 1078-1080.

[78] Lin X M, Jaeger H M, Sorensen C M, et al. Formation of Long-range-ordered Nanocrystal Superlattices on Silicon Nitride Substrates[J]. The Journal of Physical Chemistry B, 2001, 105: 3353.

[79] Korgel B A, Fitzmaurice D. Condensation of Ordered Nanocrystal Thin Films[J]. Physical Review Letters, 1998, 80(16): 3531-3534.

[80] Liu S, Maoz R, Schmid G, Sagiv J. Template Guided Self-assembly of [Au55] Clusters on Nanolithographically Defined Monolayer Patterns[J]. Nano Letters, 2002, 2(10): 1055-1060.

[81] Mendes P M, Jacke S, Critchley K, et al. Gold Nanoparticle Patterning of Silicon Wafers Using Chemical E-beam Lithography[J]. Langmuir, 2004, 20: 3766-3768.

[82] Yu Y, Bian L Y, Chen J G, et al. 4,5-diazafluorene-based Donor-acceptor Small Molecules as Charge Trapping Elements for Tunable Nonvolatile Organic Transistor Memory[J]. Advanced Science, 2018, 5(12): 1800747.

[83] Tseng C W, Huang D C, Tao Y T. Organic Transistor Memory with a Charge Storage Molecular Double-floating-gate Monolayer[J]. ACS Applied Materials & Interfaces, 2015, 7(18): 9767-9775.

[84] Sun C, Lin Z, Xu W, et al. Dipole Moment Effect of Cyano-substituted Spirofluorenes on Charge Storage for Organic Transistor Memory[J]. The Journal of Physical Chemistry C, 2015, 119(32): 18014-18021.

[85] Zhang J, Xie M, Xin Y, et al. Organophosphine-sandwiched Copper Iodide Cluster Enables Charge Trapping[J]. Angewandte Chemie International Edition, 2021, 60(47): 24894-24900.

[86] Shiono F, Abe H, Nagase T, et al, Naito H. Optical Memory Characteristics of Solution-processed Organic Transistors with Self-organized Organic Floating Gates for Printable Multi-level Storage Devices[J]. Organic Electronics, 2019, 67: 109-115.

[87] Xu T, Guo S, Xu M, et al. Organic Transistor Nonvolatile Memory with an Integrated Molecular Floating-gate/Tunneling Layer[J]. Applied Physics Letters, 2018, 113(24): 243301.

[88] Shi N, Zhang J, Ding Z, et al. Ultrathin Metal-organic Framework Nanosheets as Nano-floating-gate for High Performance Transistor Memory Device[J]. Advanced Functional Materials, 2022, 32(12): 2110784.

[89] Wang H, Yan D. Organic Heterostructures in Organic Field-effect Transistors[J]. NPG Asia Materials, 2010, 2(2): 69-78.

[90] Huang T Y, Chen C H, Lin C C, et al. UV-sensing Organic Phototransistor Memory Devices with a Doped Organic Polymer Electret Composed of Triphenylamine-based Aggregation-induced Emission Luminogens[J]. Journal of Materials Chemistry C, 2019, 7(35): 11014-11021.

[91] Zhang L X, Gao X, Lv J J, et al. Filter-free Selective Light Monitoring by Organic Field-effect Transistor Memories with a Tunable Blend Charge-trapping Layer[J]. ACS Applied Materials & Interfaces, 2019, 11(43): 40366-40371.

[92] Kösemen Z A, Kösemen A, Öztürk S, et al. Performance Improvement in Photosensitive Organic Field Effect Transistor by Using Multi-layer Structure[J]. Thin Solid Films, 2019, 672: 90-99.

[93] Liao M Y, Elsayed M H, Chang C L, et al. Realizing Nonvolatile Photomemories with Multilevel Memory Behaviors Using Water-processable Polymer Dots-based Hybrid Floating Gates[J]. ACS Applied Electronic Materials, 2021, 3(4): 1708-1718.

[94] Jin R, Wang J, Shi K, et al. Multilevel Storage and Photoinduced-reset Memory by an Inorganic Perovskite Quantum-dot/Polystyrene Floating-gate Organic Transistor[J]. RSC Advances, 2020, 10(70): 43225-43232.

[95] Kang M, Cha A N, Lee S A, et al. Light-sensitive Charge Storage Medium with Spironaphthooxazine Molecule-polymer Blends for Dual-functional Organic Phototransistor Memory[J]. Organic Electronics, 2020, 78.

[96] Dashitsyrenova D D, Lvov A G, Frolova L A, et al. Molecular Structure-electrical Performance Relationship for OFET-based Memory Elements Comprising Unsymmetrical Photochromic Diarylethenes[J]. Journal of Materials Chemistry C, 2019, 7(23): 6889-6894.

[97] Qian Y, Li W, Li W, et al. Reversible Optical and Electrical Switching of Air-stable OFETs for Nonvolatile Multi-level Memories and Logic Gates[J]. Advanced Electronic Materials, 2015, 1(12).

[98] Leydecker T, Herder M, Pavlica E, et al. Flexible Non-volatile Optical Memory Thin-film Transistor Device with over 256 Distinct Levels based on an Organic Bicomponent Blend[J]. Nature Nanotechnology, 2016, 11: 769.

[99] Meijer E J, de Leeuw D M, Setayesh S, et al. Solution-processed Ambipolar Organic Field-effect Transistors and Inverters[J]. Nature Materials, 2003, 2(10): 678-682.

[100] Singh T B, Günes S, Marjanović N, et al. Correlation between Morphology and Ambipolar Transport in Organic Field-effect Transistors[J]. Journal of Applied Physics, 2005, 97(11).

[101] Cheng S S, Huang P Y, Ramesh M, et al. Solution-processed Small-molecule Bulk Heterojunction Ambipolar Transistors[J]. Advanced Functional Materials, 2014, 24(14): 2057-2063.

[102] Sun L, Zhang J, Zhao F, et al. Ultrahigh near Infrared Photoresponsive Organic Field-effect Transistors with Lead Phthalocyanine/C_{60} Heterojunction on Poly(Vinyl Alcohol) Gate Dielectric[J]. Nanotechnology, 2015, 26(18): 185501.

[103] Park Y, Baeg K J, Kim C. Solution-processed Nonvolatile Organic Transistor Memory based on Semiconductor Blends[J]. ACS Applied Materials & Interfaces, 2019, 11(8): 8327-8336.

[104] Liscio A, Veronese G P, Treossi E, et al. Charge Transport in Graphene-polythiophene Blends as Studied by Kelvin Probe Force Microscopy and Transistor Characterization[J]. Journal of Materials Chemistry, 2011, 21(9): 2924-2931.

[105] Lyuleeva A, Holzmüller P, Helbich T, et al. Charge Transfer Doping in Functionalized Silicon Nanosheets/P3HT Hybrid Material for Applications in Electrolyte-gated Field-effect Transistors[J]. Journal of Materials Chemistry C, 2018, 6(27): 7343-7352.

[106] Park L Y, Munro A M, Ginger D S. Controlling Film Morphology in Conjugated Polymer: Fullerene Blends with Surface Patterning[J]. Journal of the American Chemical Society, 2008, 130(47): 15916-15926.

[107] Liu K, Yan Q, Chen M, et al. Elastic Properties of Chemical-vapor-deposited Monolayer MoS_2, WS_2, and Their Bilayer Heterostructures[J]. Nano Letters, 2014, 14(9): 5097-5103.

[108] Kalihari V, Ellison D J, Haugstad G, et al. Observation of Unusual Homoepitaxy in Ultrathin Pentacene Films and Correlation with Surface Electrostatic Potential[J]. Advanced Materials, 2009, 21(30): 3092-3098.

[109] Fan F R F, Yao Y, Cai L, et al. Structure-dependent Charge Transport and Storage in

Self-assembled Monolayers of Compounds of Interest in Molecular Electronics: Effects of Tip Material, Headgroup, and Surface Concentration[J]. Journal of the American Chemical Society, 2004, 126(12): 4035-4042.

[110] Zhang Y, He W. Study of *I-V* Characteristics of ZnO Film on Si Substrate with Ag Buffer Layer by C-AFM[J]. Microelectronics International, 2012, 29(1): 35-39.

[111] France C B, Schroeder P G, Parkinson B A. Direct Observation of a Widely Spaced Periodic Row Structure at the Pentacene/Au(111) Interface Using Scanning Tunneling Microscopy[J]. Nano Letters, 2002, 2(7): 693-696.

[112] Riss A, Wickenburg S, Gorman P, et al. Local Electronic and Chemical Structure of Oligo-acetylene Derivatives Formed through Radical Cyclizations at a Surface[J]. Nano Letters, 2014, 14(5): 2251-2255.

[113] Li H, Qi X, Wu J, et al. Investigation of MoS_2 and Graphene Nanosheets by Magnetic Force Microscopy[J]. ACS Nano, 2013, 7(3): 2842-2849.

[114] Pingree L S C, Reid O G, Ginger D S. Scanning Probe Microscopy: Electrical Scanning Probe Microscopy on Active Organic Electronic Devices (Adv. Mater. 1/2009)[J]. Advanced Materials, 2009, 21(1).

[115] Kondo Y, Osaka M, Benten H, et al. Electron Transport Nanostructures of Conjugated Polymer Films Visualized by Conductive Atomic Force Microscopy[J]. ACS Macro Letters, 2015, 4(9): 879-885.

[116] Boer E A, Brongersma M L, Atwater H A, et al. Localized Charge Injection in SiO_2 Films Containing Silicon Nanocrystals[J]. Applied Physics Letters, 2001, 79(6): 791-793.

[117] Palermo V, Palma M, Samorì P. Electronic Characterization of Organic Thin Films by Kelvin Probe Force Microscopy[J]. Advanced Materials, 2006, 18(2): 145-164.

[118] Palermo V, Palma M, Tomović Z, et al. Influence of Molecular Order on the Local Work Function of Nanographene Architectures: A Kelvin-Probe Force Microscopy Study[J]. Chemphyschem: A European Journal of Chemical Physics and Physical Chemistry, 2005, 6(11): 2371-2375.

[119] Silva-Pinto E, Neves B R A. Charge Injection on Insulators Via Scanning Probe Microscopy Techniques: Towards Data Storage Devices[J]. Journal of Nanoscience and Nanotechnology, 2010, 10(7): 4204-4212.

[120] Lin Z Q, Liang J, Sun P J, et al. Spirocyclic Aromatic Hydrocarbon-based Organic Nanosheets for Eco-friendly Aqueous Processed Thin-film Non-volatile Memory Devices[J]. Advanced Materials, 2013, 25(27): 3664-3669.

[121] Muller E M, Marohn J A. Microscopic Evidence for Spatially Inhomogeneous Charge Trapping in Pentacene[J]. Advanced Materials, 2005, 17(11): 1410-1414.

[122] McMorrow J J, Cress C D, Affouda C A. Charge Injection in High-k Gate Dielectrics of Single-walled Carbon Nanotube Thin-film Transistors[J]. ACS Nano, 2012, 6(6): 5040-5050.

[123] Jespersen T S, Nygård J. Charge Trapping in Carbon Nanotube Loops Demonstrated by Electrostatic Force Microscopy[J]. Nano Letters, 2005, 5(9): 1838-1841.

[124] Jaquith M, Muller E M, Marohn J A. Time-resolved Electric Force Microscopy of Charge Trapping in Polycrystalline Pentacene[J]. The Journal of Physical Chemistry B, 2007, 111(27): 7711-7714.

[125] Annibale P, Albonetti C, Stoliar P, et al. High-resolution Mapping of the Electrostatic Potential in Organic Thin-film Transistors by Phase Electrostatic Force Microscopy[J]. The Journal of Physical Chemistry A, 2007, 111(49): 12854-12858.

[126] Wang J, Wang X, Xu W J, et al. Detection of Trapped Charges in the Blend Films of Polystyrene/SFDBAO Electrets by Electrostatic and Kelvin Probe Force Microscopy[J]. Physical Chemistry Chemical Physics, 2016, 18(14): 9412-9418.

[127] Wang J, Wang X, Xu J J, et al. The Trapping, Detrapping, and Transport of the Ambipolar Charges in the Electret of Polystyrene/C_{60} Blend Films[J]. Organic Electronics, 2017, 44: 247-252.

[128] Valasek J. Piezo-electric and Allied Phenomena in Rochelle Salt[J]. Physical Review, 1921, 17(4): 475-481.

[129] Cheng L, Sun H, Xu J, et al. Emulation of Synaptic Behavior by Organic Ferroelectric Tunnel Junctions[J]. Physics Letters A, 2021, 392: 127138.

[130] Hayashi T, Togawa D. Preparation and Properties of $SrBi_2Ta_2O_9$ Ferroelectric Thin Films Using Excimer UV Irradiation and Seed Layer[J]. Japanese Journal of Applied Physics, 2001, 40(Part 1, No. 9B): 5585-5589.

[131] Kabir E, Khatun M R, Nasrin L, et al. Pure β-phase Formation in Polyvinylidene Fluoride (PVDF)-Carbon Nanotube Composites[J]. Journal of Physics D: Applied Physics, 2017, 50: 163002.

[132] Knotts G, Bhaumik A, Ghosh K, et al. Enhanced Performance of Ferroelectric-based All Organic Capacitors and Transistors through Choice of Solvent[J]. Applied Physics Letters, 2014, 104(23): 233301.

[133] Furukawa T. Ferroelectric Properties of Vinylidene Fluoride Copolymers[J]. Phase Transitions, 1989, 18: 143-211.

[134] Tian B, Liu L, Yan M, et al. A Robust Artificial Synapse based on Organic Ferroelectric Polymer[J]. Advanced Electronic Materials, 2019, 5(1): 1800600.

[135] Yan M, Zhu Q, Wang S, et al. Ferroelectric Synaptic Transistor Network for Associative Memory[J]. Advanced Electronic Materials, 2021, 7(4): 2001276.

[136] Jang S, Jang S, Lee E H, et al. Ultrathin Conformable Organic Artificial Synapse for Wearable Intelligent Device Applications[J]. ACS Applied Materials & Interfaces, 2019, 11(1): 1071-1080.

[137] Panzer M J, Frisbie C D. High Carrier Density and Metallic Conductivity in Poly(3-hexylthiophene) Achieved by Electrostatic Charge Injection[J]. Advanced Functional Materials, 2006, 16(8): 1051-1056.

[138] Said E, Crispin X, Herlogsson L, et al. Polymer Field-effect Transistor Gated Via a Poly(Styrenesulfonic Acid) Thin Film[J]. Applied Physics Letters, 2006, 89(14): 143507.

[139] Cho J H, Lee J, Xia Y, et al. Printable Ion-gel Gate Dielectrics for Low-voltage Polymer Thin-film Transistors on plastic[J]. Nature Materials, 2008, 7(11): 900-906.

[140] Liu F, Xie W, Shi S, et al. Coupling of Channel Conductance and Gate-to-channel Capacitance in Electric Double Layer Transistors[J]. Applied Physics Letters, 2013, 103(19): 193304.

[141] Hyun W J, Secor E B, Rojas G A, et al. All-printed, Foldable Organic Thin-film Transistors on Glassine Paper[J]. Advanced Materials, 2015, 27(44): 7058-7064.

[142] Robinson N D, Svensson P O, et al. On the Current Saturation Observed in Electrochemical Polymer Transistors[J]. Journal of The Electrochemical Society, 2006, 153(3): H39.

[143] Saxena V, Shirodkar V, Prakash R. Copper(Ⅱ) Ion-selective Microelectrochemical Transistor[J]. Journal of Solid State Electrochemistry, 2000, 4(4): 234-236.

[144] Rivnay J, Inal S, Salleo A, et al. Organic Electrochemical Transistors[J]. Nature Reviews Materials, 2018, 3: 17086.

[145] Bernards D A, Malliaras G G. Steady-state and Transient Behavior of Organic Electrochemical Transistors[J]. Advanced Functional Materials, 2007, 17(17): 3538-3544.

[146] Liu Y H, Zhu L Q, Feng P, et al. Freestanding Artificial Synapses based on Laterally Proton—Coupled Transistors on Chitosan Membranes[J]. Advanced Materials, 2015, 27(37): 5599-5604.

[147] He Y, Nie S, Liu R, et al. Spatiotemporal Information Processing Emulated by Multiterminal Neuro-transistor Networks[J]. Advanced Materials, 2019, 31(21): e1900903.

[148] Oh S, Cho J I, Lee B H, et al. Flexible Artificial Si-in-Zn-O/Ion Gel Synapse and Its Application to Sensory-neuromorphic System for Sign Language Translation[J]. Science Advances, 2021, 7(44): eabg9450.

[149] Wan C, Cai P, Guo X, et al. An Artificial Sensory Neuron with Visual-haptic Fusion[J]. Nature Communications, 2020, 11(1): 4602.

[150] Ling H, Wang N, Yang A, et al. Dynamically Reconfigurable Short-term Synapse with Millivolt Stimulus Resolution based on Organic Electrochemical Transistors[J]. Adv Mater Technol-Us, 2019, 4(9): 1900471.

[151] 仲亚楠. 有机薄膜忆阻器和记忆晶体管[D]. 苏州: 苏州大学, 2019.

[152] Zheng C, Liao Y, Xiong Z, et al. Mimicking the Competitive and Cooperative Behaviors with Multi-terminal Synaptic Memtransistors[J]. Journal of Materials Chemistry C, 2020, 8(18): 6063-6071.

[153] Zhong Y N, Gao X, Xu J L, et al. Selective UV-gating Organic Memtransistors with Modulable Levels of Synaptic Plasticity[J]. Advanced Electronic Materials, 2020, 6(2): 1900955.

[154] Riggert C, Ziegler M, Schroeder D, et al. Memflash Device: Floating Gate Transistors as Memristive Devices for Neuromorphic Computing[J]. Semiconductor Science and Technology, 2014, 29(10): 104011.

[155] Ziegler M, Kohlstedt H. Mimic Synaptic Behavior with a Single Floating Gate Transistor: A Memflash Synapse[J]. Journal of Applied Physics, 2013, 114: 194506.

[156] Zhong Y N, Wang T, Gao X, et al. Synapse-like Organic Thin Film Memristors[J]. Advanced Functional Materials, 2018, 28(22): 1800854.

[157] Gong Y, Wang Y, Li R, et al. Tailoring Synaptic Plasticity in a Perovskite QD-based Asymmetric Memristor[J]. Journal of Materials Chemistry C, 2020, 8(9): 2985-2992.

[158] Vu Q A, Shin Y S, Kim Y R, et al. Two-terminal Floating-gate Memory with Van Der Waals Heterostructures for Ultrahigh ON/OFF Ratio[J]. Nature Communications, 2016, 7(1): 12725.

[159] Vu Q A, Kim H, Nguyen V L, et al. A High-ON/OFF-ratio Floating-gate Memristor Array on a Flexible Substrate Via CVD-grown Large-area 2D Layer Stacking[J]. Advanced Materials, 2017, 29(44).

[160] Tran M D, Kim H, Kim J S, et al. Two-terminal Multibit Optical Memory Via Van Der Waals Heterostructure[J]. Advanced Materials, 2019, 31(7): e1807075.

[161] Ling H, Liu S, Zheng Z, et al. Organic Flexible Electronics[J]. Small Methods, 2018, 2(10): 1800070.

[162] Kang G W, Park K M, Song J H, et al. The Electrical Characteristics of Pentacene-based Organic Field-effect Transistors with Polymer Gate Insulators[J]. Current Applied Physics, 2005, 5(4): 297-301.

[163] Yoon M H, Yan H, Facchetti A, et al. Low-voltage Organic Field-effect Transistors and Inverters Enabled by Ultrathin Cross-linked Polymers as Gate Dielectrics[J]. Journal of the American Chemical Society, 2005, 127(29): 10388-10395.

[164] Li J, Yan F. Solution-processable Low-voltage and Flexible Floating-gate Memories based on an N-type Polymer Semiconductor and High-k Polymer Gate Dielectrics[J]. ACS Applied Materials & Interfaces, 2014, 6(15): 12815-12820.

[165] Xu T, Fan S, Cao M, et al. Flexible Organic Field-effect Transistor Nonvolatile Memory Enabling Bipolar Charge Storage by Small-molecule Floating Gate[J]. Applied Physics Letters, 2022, 120(7): 073301.

[166] Qu T Y, Sun Y, Chen M L, et al. A Flexible Carbon Nanotube Sen-memory Device[J]. Advanced Materials, 2020, 32(9): 1907288.

[167] He H, He W, Mai J, et al. A Flexible Memory with Low-voltage and High-operation Speed Using an Al_2O_3/Poly(a-methylstyrene) Gate Stack on a Muscovite Substrate[J]. Journal of Materials Chemistry C, 2019, 7(7): 1913-1918.

[168] Wang W, Hwang S K, Kim K L, et al. Highly Reliable Top-gated Thin-film Transistor Memory with Semiconducting, Tunneling, Charge-trapping, and Blocking Layers All of Flexible Polymers[J]. ACS Applied Materials & Interfaces, 2015, 7(20): 10957-10965.

[169] Pak K, Choi J, Lee C, et al. Low-power, Flexible Nonvolatile Organic Transistor Memory based on an Ultrathin Bilayer Dielectric Stack[J]. Advanced Electronic Materials, 2019, 5(4): 1800799.

[170] Zhou Y, Han S T, Xu Z X, et al. The Strain and Thermal Induced Tunable Charging Phenomenon in Low Power Flexible Memory Arrays with a Gold Nanoparticle Monolayer[J]. Nanoscale, 2013, 5(5): 1972-1979.

[171] Yang H, Yang Q, He L, et al. Flexible Multi-level Quasi-volatile Memory based on Organic Vertical Transistor[J]. Nano Research, 2021.

中国电子学会简介

中国电子学会于 1962 年在北京成立，是 5A 级全国学术类社会团体。学会拥有个人会员 10 万余人、团体会员 1200 多个，设立专业分会 47 个、专家委员会 17 个、工作委员会 9 个，主办期刊 13 种，并在 26 个省、自治区、直辖市设有相应的组织。学会总部是工业和信息化部直属事业单位，在职人员近 200 人。

中国电子学会的 47 个专业分会覆盖了半导体、计算机、通信、雷达、导航、微波、广播电视、电子测量、信号处理、电磁兼容、电子元件、电子材料等电子信息科学技术的所有领域。

中国电子学会的主要工作是开展国内外学术、技术交流；开展继续教育和技术培训；普及电子信息科学技术知识，推广电子信息技术应用；编辑出版电子信息科技书刊；开展决策、技术咨询，举办科技展览；组织研究、制定、应用和推广电子信息技术标准；接受委托评审电子信息专业人才、技术人员技术资格，鉴定和评估电子信息科技成果；发现、培养和举荐人才，奖励优秀电子信息科技工作者。

中国电子学会是国际信息处理联合会（IFIP）、国际无线电科学联盟（URSI）、国际污染控制学会联盟（ICCCS）的成员单位，发起成立了亚洲智能机器人联盟、中德智能制造联盟。世界工程组织联合会（WFEO）创新专委会秘书处、中国科协联合国咨商信息与通信技术专业委员会秘书处、世界机器人大会秘书处均设在中国电子学会。中国电子学会与电气电子工程师学会（IEEE）、英国工程技术学会（IET）、日本应用物理学会（JSAP）等建立了会籍关系。

关注中国电子学会微信公众号

加入中国电子学会